THE
FUTURE
OF
MEDIA
SERIES

未 来 媒 体 丛 书
高 等 院 校 新 媒 体 系 列 教 材

网络视频

NETWORK　　　VIDEO

梁晓涛　汪文斌　主编

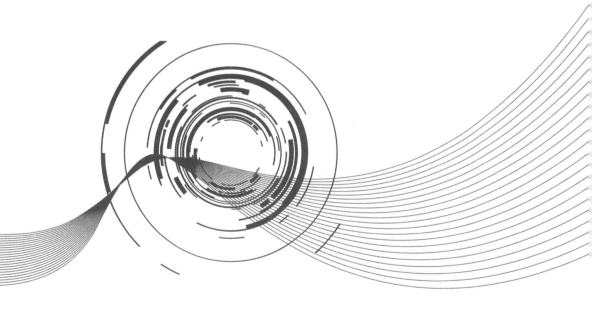

WUHAN UNIVERSITY PRESS
武汉大学出版社

图书在版编目(CIP)数据

网络视频/梁晓涛,汪文斌主编. —武汉:武汉大学出版社,2013.7
未来媒体丛书
高等院校新媒体系列教材
ISBN 978-7-307-11367-1

Ⅰ.网…　　Ⅱ.①梁…　②汪…　　Ⅲ.计算机网络—视频系统—高等学
校—教材　　Ⅳ.TN941.3

中国版本图书馆 CIP 数据核字(2013)第 166247 号

责任编辑:陈　红　唐　伟　　责任校对:黄添生　　版式设计:马　佳
─────────────────────────────────
出版发行:**武汉大学出版社**　　(430072　武昌　珞珈山)
　　　　　(电子邮件:cbs22@whu.edu.cn 网址:www.wdp.com.cn)
印刷:湖北金海印务有限公司
开本:787×1092　1/16　　印张:20.25　　字数:477 千字　　插页:2
版次:2013 年 7 月第 1 版　　2013 年 7 月第 1 次印刷
ISBN 978-7-307-11367-1　　定价:42.00 元

THE
FUTURE
OF
MEDIA
SERIES

未 来 媒 体 丛 书
高 等 院 校 新 媒 体 系 列 教 材

丛书编委会

主编　梁晓涛　汪文斌

编委　张虎生　曾一昕　朱国宾　问永刚　晋延林　高小平

　　　刘　平　夏晓晖　韦　宁　张令振　张相君　张宇霞

　　　王　华　王　莉　王一如　宋维君　陈　珊　胡江南

序言

　　网络新媒体的蓬勃发展和日新月异无疑是全球传媒界最引人瞩目的变革。广大受众以高度的热情欢迎技术创新所带来的各种全新体验。作为专业媒体从业者，透过现象探求其发展规律，科学应对这场变革，把握传媒业的未来，是当前亟待破解的一个新课题。

　　这套《未来媒体丛书》试图对互联网上衍生的新业态进行一次全景式的扫描，选取其中具有代表性的移动互联网、社交网络服务、微博、搜索和网络视频五个形态进行深度剖析和研究。

　　《移动互联网》对 iOS、安卓、Windows 等三大国际智能终端操作系统，在技术对比的基础上，通过典型案例对各操作系统上的应用商城，特别是移动应用进行了研究。

　　《社交网络服务》选取著名社交网站为对象，从业务、技术、应用、界面、安全、运营等方面进行了全面对比和分析。

　　《搜索》解剖了各具特色的搜索引擎服务商，提出专业化、个性化、智能化是搜索引擎未来的三个发展方向。

　　《网络视频》选取了国际主流视频网站和 CNTV、Youku 等国内视频网站为样本，从技术架构、业务特征、运营模式等角度进行了深入分析。

　　《微博》以国内外主流微博平台为对象，从信息管理、技术特征、设计风格等方面进行了比较研究。

　　这套丛书基本涵盖了新兴媒体领域内具有典型性的运营机构及其应用和服务。其中既包括大型互联网公司，也包括仅有 10 名员工的微小企业；既有依靠技术创新、借助资本市场的力量迅速崛起的新媒体服务机构，也有历史悠久，依托资金、人才和资源优势的传统媒体巨头。事实上，在由高科技推动的大众媒介日益走向融合的今天，传统媒体与新媒体的边界已难以区分，因此丛书有意回避了"新媒体"这一概念，统一称之为"未来媒体"。

系统性地针对新兴媒体进行全面分析和研究是一件很有意义的工作。它有助于帮助我们把握媒体的未来脉搏。近年来，中国网络电视台在网络视频、IP电视、互联网电视、移动电视等方面进行了诸多探索，也积累了一些经验，我们希望和广大媒体从业者以及关注新媒体发展的读者共同分享这些体会与认识。

鉴于网络媒体是一个日新月异、飞速发展的领域，过去的经验不断受到挑战，既有的规律也不断被打破，这方面的研究工作还有待深入，中央电视台也将与大家一起继续探索和思考。

2012. 12

目 录
CONTENTS

1 / 网络视频服务概述

伴随着网络技术的提高和宽带的普及，网络视频逐渐成为网络媒体乃至媒体发展的主流介质和发展方向。显然，网络视频代表着一种新兴的媒介技术和形式。本章就网络视频的概念、特性、发展历程和分类等进行简要介绍。

1.1 网络视频的相关概念

≫ 1.1.1 网络视频相关定义

1. 三网融合

三网融合是指电信网、广播电视网、互联网在向宽带通信网、数字电视网、下一代互联网演进的过程中，其技术功能趋于一致，业务范围趋于相同，网络互联互通、资源共享，能为用户提供语音、数据和广播电视等多种服务。

三网融合后，网络视频的客户端将更加多元化，如电话、电视、个人电脑或新型终端设备等，用户可以通过不同的接入网络接入互联网，三屏联动，获得融合的业务。

2. 新媒体

1998 年 5 月联合国新闻委员会年会正式提出新媒体概念。与报纸、广播、电视等传统媒介相比，"新"媒体在传播介质、传播的符号载体、传播的信号内容等方面具有新特性。新媒体的产生和发展依赖于互联网技术的出现和革新，其标志性特征即数字化特征。

在《2005 年中国数字媒体技术发展白皮书》中，具有数字化特性的新媒体被定义为：网络技术是传播载体，数字化作品作为内容，内容的流动依靠的是数字平台的服务体系。信息消费指的是数字内容通过这个服务体系，在互联网中实现传递到客户终端以及使用者的全过程。

3. 网络视频

作为网络传播中的又一新型的媒介传播形式，网络视频（Network Video）就是以网络为载体，借助浏览器、客户端播放软件等工具，通过以各种形式的流媒体类型为主的视频内容来进行的有关个人、公共或商业行为的一种信息交流方式。

网络视频最主要的特征体现在它的分享性和互动性上。从已开展的业务的角度来看，网络视频平台就是一种可以提供视频点播、视频直播和视频分享等多种互动性业务的数字媒体服务技术。

4. 视频网站

视频网站是指基于宽带、流媒体和 P2P 等技术的运用基础，以提供视频资讯和视频文件等服务的网站。

目前，全球的视频网站在经营主体、技术、内容和定位上存在诸多差异，因此分类标准也各有不同，详见 1.3 节。

5. 网络视频产业

作为文化产业的组成部分，网络视频服务涉及电影、电视服务（提供在线影视作品观赏服务）以及网络文化服务。网络视频产业就是指以公共互联网为传播媒介，向上网用户提供视频播放、点播、分享及下载等网络文化服务，并获得盈利的产业。业内企业主要包括视频分享、P2P 直播、在线影视等几种类型。

网络视频产业具有视频内容来源多元化（包括电视台、视频企业及用户）和接收终端丰富化（PC、智能电视、智能手机、PAD 产品）的特点。目前，网络视频已成为最具传播魅力的互联网业务，其经济规模、社会效应越来越引人注目，对传统视频产业也产生了全面冲击。

6. 网络视频服务

网络视频服务商为用户提供的各种服务，主要包括视频分享、P2P 直播（P2P 流媒体）、视频点播（在线影视）等。

7. P2P 直播

P2P 是英文"Point to Point"的简写，意思为"点对点"。点对点的主要表现形式是在客户端下载主机的数据（如网络视频文件）的同时，客户端还扮演主机的角色，为其他客户端提供下载数据源。P2P 技术的最大优点是减轻宽带和服务器压力。P2P 技术主要应用在互联网下载领域，如 BT（BITTORREN，一种文件分发协议）、电驴（EMULE，一种文件分发协议）以及 QQ 旋风、网际快车、迅雷等下载软件都运用了 P2P 技术。正是基于日臻成熟的 P2P 技术，基于互联网的网络视频服务才得以实现。

流媒体（Streaming Media）实际上是一种传输方式，这种传输方式是将整个 A/V、3D 等多媒体文件经过特殊的压缩方式分成若干个压缩包，由视频服务器向用户计算机连续、实时传送。在采用流式传输方式的系统中，用户不必等整个文件全部卜载完毕后再进行相关操作，而只需经过短时间的启动延时即可在客户端对其进行解压、播放和观看，与此同时多媒体文件的剩余部分将在后台的服务器内继续下载。

P2P 直播是指用户在线观看的视频由网站实时提供，观看同一视频的用户进度相同。同时，观看同一视频的各个用户之间可以通过 P2P 技术进行该视频资源的共享，每个用户也可为其他用户提供下载/上传服务。

8. 视频分享

视频分享类网站一般同时提供分享与点播服务，用户可以自己上传视频内容到网站并被其他用户所观看；同时每个用户可以随时点播网站上网友上传的开放视频片段进行观看。而对于被加密的视频，只有在正确输入密码之后，才可以正常播放，实际上这也是微观的分众的一种体现。

9. 在线影视

在线影视服务模式，允许用户通过网页在线浏览影视作品。视频点播网站采用的播放技术与视频分享网站一致，但视频点播网站的内容一般由网站提供，而视频分享网站的内容一般由网友上传。

10. 网络电视

网络电视是指一种利用宽带网的基础设施，以家用电视机（或计算机）为主要终端设备，集互联网、多媒体、通信等多种技术于一体，通过互联网络协议（IP）向家庭用户提供包括数字电视在内的多种交互式数字媒体服务的崭新技术。伴随着网络视频相关概念的逐步演进，这一概念经历了如下发展历程。

交互式网络电视（Internet Protocol TV，IPTV）主要是指通过 IP 网络传输可交互式的视频。这一术语最早出现于 1995 年美国一家软件公司开发的一款互联网视频产品 IPTV。1999 年在英国、加拿大等国开始出现 IPTV 的商用服务。2008 年前后它在我国成为产业热点。

互联网电视（Over The Top TV，OTT TV）是指通过互联网传输视频节目，并在电视上播放。2005 年，"OTT TV"开始转化为"Internet TV"，用以指互联网电视。2011 年，OTT TV 在我国开始迅速发展。

手机电视（Mobile TV）主要指在手机等移动终端上播放电视内容。1997 年韩国最早采用 3G 移动网络及地面微波传输数字多媒体广播、卫星传输 DMB 提供手机电视服务。自 2009 年 3G 移动网络在国内商用以来，我国手机电视发展开始升温，并在 2011—2012 年开始爆发。

智能电视（Smart TV）是指可以与互联网连接，并具有开放的操作系统平台，可以对应用功能进行升级的新型电视机。2011 年是我国智能电视元年。

从上述传输形态来看，网络电视的承载网络可以是 IP 网（城域网、广域网）、同轴电缆网和移动网（第二、三代移动、无线局域网）。传输通路决定了网络电视可根据接收终端的不同分为各种形式，包括 PC 平台、TV（电视+机顶盒）平台和手机平台。网络电视的最主要特征就在于其互动性，基于这种特性，可以开展诸如视频点播、互动资讯服务等多种业务。这也是它与传统电视内容最主要的一个区别。

11. 播客

播客，最早源于美国的一种叫做"Podcasting"的数字广播技术，网民可将音乐或广播等数码声讯文件下载到自己的 iPod、MP3 播放器或其他便携式数码声讯播放器中随身收听，也可将自己的声讯或视频文件上传到网络上与他人共享。目前，"播客"既可以指使用这一传播方式的一类人，也可以指制作好的音频视频文件。早在播客之前，就已经有网络电台、在线收听，但这些节目仍由传统的电台制作和发布，而播客则降低了在线广播的技术壁垒，让每个人都可以成为 DJ 或节目主持人。"人人皆可成为媒体"成为播客的口号。播客主要分为视频播客和音频播客。

视频播客主要是以传播、上传和下载各类视频为主，如国外著名的视频播客网站 Youtube、我国的土豆网、优酷网、菠萝网等。网站口号彰显着自媒体时代的特色，如土豆网将"每个人都是生活的导演"作为招牌，中国播客网则在首页上写有"新的网络时代，文字往往容易淹没在浩瀚的比特流中"。

音频播客主要是以传播、上传和下载各类音频为主，如我国音频播客网站派派网、以"我的声音我做主"为口号的专业音频播客"爱播吧"等，在这些网站上可以下载大量的音频。

与传统媒介相比，播客传播的娱乐功能的作用形式更加多样，表现形式也更加丰富，体现了娱乐表现形式的后现代化；而播客这些自身特性同时也对社会产生了极大的影响。

▶▶▶ 1.1.2　网络视频的媒体类型

所谓媒体，是指传播信息资讯的载体，即信息传播过程中从传播者到接收者之间携带和传递信息的一切形式的物质工具，简单来说即信息传播平台。传统的四大媒体分别为：报纸、杂志、广播、电视，此外，还应有户外媒体，如路牌灯箱的广告位等。随着科学技术的发展，逐渐衍生出了新的媒体，如 IPTV、互联网、手机等，它们是在传统媒体的基础上发展起来的，但与传统媒体又有着质的区别。网络视频就是一种最有代表性的新兴的媒介技术和形式。按照载体的终端类型分，网络视频的媒体类型主要有网络电视、互联网视频和移动网络视频。按照内容的题材分，网络视频的媒体类型最常见的是电影、电视剧、动漫、娱乐、体育等。另外，按照媒体的传播者和受众分，网络视频的媒体类型主要有个人媒体和大众媒体。

个人媒体是指以个人为传播者，借助互联网络或无线通信新技术，以点对点传播方式，传播视听微内容的小众传播媒体，如播客、多媒体网络手机等视听个人媒体。在个人媒体中，个人拥有制作、编辑、加工、自由发布信息等权利。个人媒体体现了以参与性为主要特征的新媒体的潜在价值，即自媒体、草根性、平民化。

大众媒体是指利用现代信息和通信技术，通过不同的信息服务设施，创新和丰富网络视听服务形式，为公众提供的跨越时空的全天候视听服务平台，如门户类视频网站、垂直类视频网站和国家网络视听公共服务平台。

1.2 网络视频的发展历程

在网络媒体的各种介质中，视频最具传播魅力。YouTube——"你的电视机"，是世界上第一个视频网站，是一个以提供各种视频短片的共享和搜索为主的网友分享自拍影片的影音平台。YouTube 最重要的贡献是利用先进的技术使在线分享视频变成了主流概念，并在全球范围内普及。其丰富的信息表达形式和快捷的信息传递渠道，正吸引着越来越多的用户。目前，网络视频俨然成为网络媒体乃至媒体发展的主流介质和发展方向，曾在传统媒体中出现的一幕——电视媒体一家独大必将会在网络媒体上重演，即网络视频称雄于网络多媒体世界。

▶▶▶ 1.2.1 网络视频技术发展历程

作为一种网络新媒体，网络视频是在网络流媒体技术的基础上而不断发展成熟起来的，是 Web2.0 时代（第二代互联网）的代表。从技术角度来看，网络视频历经了如下三个发展阶段。

网络视频的产生：这一阶段，数字压缩技术成熟，窄带网络环境，上传下载采取的是 C/S 实现方式，但实时性无法得到保证。

网络视频的兴起：这一阶段，宽带普及，实现了基于流媒体方式的实时传播技术以及 CDN 推送方式。

网络视频的发展：随着 Web 2.0 时代的到来，从技术实现来看，P2P 逐渐取代 CDN；从视频内容来看，用户自创内容得到了极大丰富；从应用形式来看，视频广告、视频点播、视频搜索等多种形式，充实了服务类型。

▶▶▶ 1.2.2 我国网络视频发展历程

我国视频网站最早兴起于 2000 年，当时称之为 VOD，即在线视频点播。2006 年被称为"中国网络视频元年"，网络视频在国内网站中遍地开花。2008 年，由于北京奥运会的举办，网络视频成为主流网站奥运报道的核心竞争介质，由此推动中国网络视频节目的制作水平完成了第一次整体性大飞跃。当前，包括门户网站在内的网络企业都在谋求发展网络视频业务，而网络视频服务市场的发展与演变本质上依托于互联网基础网络架构的升级与演进。从最开始少量的、分散的在线视频到现在的产业化发展，中国网络视频用了不到十年的时间。我国网络视频发展大致上经历了培育——突进——动荡——平缓的过程。

1. 培育期（2006 年之前）

这个阶段以各种流媒体为主，指那些通过数字压缩技术让用户通过特定软件来一边下载一边收听或观看多媒体资料。早期由于技术上不成熟和宽带条件的限制，流媒体并不是当时互联网的主体，不论是在用户数量还是在影响力上都十分有限，BBS（网络论坛）仍旧是当时最有影响力和用户渗透率的互联网主体。2000 年后，鉴于这个领域巨大的发展潜力，国外一些公司逐步进入这个领域，早先于我国开始了对网络视频的应用和对视频网站的建立及经营。2005—2006 年，我国出现了以用户需求为驱动的网络视频商业网站，主要包括 PPLive、PPStream、土豆、优酷、酷 6 等。

2. 爆发期（2006—2008 年）

这是中国网络视频发展突飞猛进的一个阶段。这个时期中国网络宽带建设和使用人数快速发展，2006 年中国宽带用户突破了 8000 万，这是视频发展最重要的推动之力。期间有两个典型事件，它们使得网络视频进入了更为广大的受众视野。一个是 2006 年胡戈的网络短片《一个馒头引发的血案》走红网络；另一个是 2008 年北京奥运会网络视频，掀起了网民选择网络视频观看奥运比赛的热潮。2007 年开始，国内多家视频网站以各种形式掀起了融资高峰和上市潮，以土豆、优酷、乐视为代表的视频网站和以 PPStream 为代表的网络电视逐步进入了更多网民的视野。

3. 动荡期（2008—2010 年）

经过前一个阶段的发展，中国网络视频开始朝着产业化方向不断挺进。主要体现在：一方面随着竞争的初期阶段的结束，大浪淘沙后几个龙头视频网站突出重围成为用户认知度和渗透率较高的视频网站；另一方面，这些网站开始上市融资和摸索进一步发展的模式。在发展的同时也出现了很多问题，在政策方面面临着运营资格的问题；在内容方面则是版权等问题带来的法律纠纷；在行业内部竞争开始加剧，视频点播网站与视频分享网站之间竞争激烈，"国家队"中国网络电视台于 2009 年底正式亮相，这些方面错综复杂的联系与作用都使得这个阶段的发展呈现出动荡起伏的态势。2009 年，我国政府相关部门开始推进三网融合战略，对行业进一步加大了规范监管力度。同年 8 月，原国家广电总局发布《关于加强以电视机为接收终端的互联网视听节目服务管理有关问题的通知》，要求厂商应取得"以电视机为接收终端的视听节目集成运营服务"的信息网络传播视听节目许可证，即业内所称的"互联网电视"牌照。

4. 平缓期（2010 年至今）

该阶段的特点是网络视频产业化发展在经过了一个狂热期后，开始逐渐冷静下来。一方面国家对这个领域的监管更加严格，三网融合带来了巨大的冲击；另一方面网络视频自身出现了运营及盈利模式的困境，发展趋势比较平缓。这是网络视频发展中一个摸索和阵痛的阶段。

>>> 1.2.3　我国网络视频发展现状

目前，我国网络视频行业发展的现状可以从用户现状、运营和竞争现状等方面来了解。

1. 用户现状

用户数量。根据近五年中国互联网络信息中心（CNNIC）发布的信息来看，我国的视频用户数量总体上呈较快的上升趋势。

用户行为。我国视频用户主要以在线收看为参与方式，下载和上传共享内容所占用户比例低。值得注意的是，我国视频用户一直认为网络节目就应该是免费的，对于付费性的节目有着习惯性的排斥。这种习惯性心理在一定程度上也制约了我国视频网站经营模式的探索。

用户目的。收看影视内容目前是视频用户最主要的目的，此外还包括收看一些综艺类节目。除了在一些特定时期，比如奥运会期间对赛事的在线收看率较高外，通常情况下仍是以影视节目为主，这表明了视频用户以休闲娱乐为主要目的。利用网络视频来了解最新咨询或获取信息并不是用户主要的接触目的，这一特点决定了我国视频网站的主要内容。

用户特点。现阶段，我国网络视频用户的特点主要表现在两个方面。一方面，视频用户对收看视频的网站粘黏性和忠诚度不高，大部分用户根据内容来选择网站，流动性大。其次，视频用户主要集中在青年人，他们喜欢追求个性、时尚和新鲜事物并且受外国潮流文化影响较大，这在一定程度上影响着他们选择网站的决定性标准或依据。

2. 运营和竞争现状

目前，我国网络视频的运营还处于一个瓶颈阶段，在大跨步的发展过后如何进一步在盈利模式、产业经营等方面有所突破，如何规划网站长期的发展路径是各个视频网站所面临的共同问题和挑战。现在我国网上的视频节目绝大多数是免费的，盈利模式仍然是传统媒体的"二次销售"方式：通过点击率或者关注度来获取广告投放并以此获利。在产业经营上，网络视频企业早期获得了大额风险投资继而开始纷纷上市融资。但上市后，在原有运作模式基础上很难有什么突破。同时，技术的升级和政策的鼓励所带来的三网融合又像双刃剑，既带来了前所未有的机遇也带来了意料之中的冲击。

在竞争方面，首先是同类型网站之间的竞争，它表现为竞争激烈但竞争者之间区别度不大，自身的竞争优势不够明显。其次是不同类型网络视频间的竞争，在争夺受众的过程中分享型网站现阶段还是拥有着最大用户群。新闻资讯类门户网站的视频节目有上升趋势，但不够稳定，受众流失率较高。而以影视剧为主要收视目的的网络电视，其用户基本保持在一个较为稳定的水平上。最后，是民营和国有资本之间的竞争。从 2009 年中国网络电视台创办开始，民营资本一统网络视频天下的局面被打破了。两支力量争夺市场，各有优劣，竞争格局仍不清晰。总体看来，网络视频竞争还处在"圈地"的阶段，更进一步的优势竞争、特色竞争正处在萌芽状态。

1.3 网络视频的分类

　　网络视频的分类可以从两个不同的视角出发：一是在网络上传播的视频；二是传播视频的网络环境。按照不同的划分标准，会有不同的分类结果。例如，按产业链划分，网络视频主要包括视频内容与应用、内容分发渠道，其中内容与应用的业务模式主要有用户产生内容（UGC）和专业内容提供两种；按接收终端类型来划分，网络视频可分为互联网（PC）视频、网络电视和手机电视三种类型；按视频表现的内容侧重点，大致可分为商务广告类、视频教学类、体育直播类、娱乐休闲类等几种常见类型；根据视频长度划分，有长视频网站（以爱奇艺为代表）和微视频网站（以第一视频为代表）；按照视频平台运营商或运营主体划分，网络视频可以分为门户类、电视机构类、视频搜索类、P2P流媒体类以及视频分享类等类型；按照网络视频的播放方式，可分为视频点播、视频直播和视频录播等类型。其中，视频点播按照网络平台与用户互动程度的强弱，又可以分为视频宽频点播和视频分享点播两类。

　　不同类型的网络视频往往面向不同的用户群体，而各类视频的发展现状和技术特点也是大相径庭。下面从网站技术、展示内容和资本背景三个维度对视频网站做个梳理。

≫≫≫ 1.3.1 基于主体内容的分类

　　目前，视频网站的内容多样。一般有三种：购买版权的视频、视频网站自创内容、网站用户自制的视频。购买版权的视频：购买各个传媒集团、电视台、电影厂等创作的作品（电影、电视节目、电视剧等），为用户提供优质的网络资源。在目前视频网站以内容为王的时代，优质的网络资源是视频网站留住用户的根基，是吸引用户前来网站的重要资源，也是保证流量的重要法宝。视频网站自创内容：视频网站自制剧集和栏目。网站用户自制的视频：以用户自制视频为主体内容，即用户自制内容并上传到视频网站，供其他用户分享。

　　同一网站的内容在一定时间内保持相对稳定，而不同网站在主体内容上往往差异较大。

　　（1）视频分享类：主要代表有优酷、土豆、酷6、六间房等。

　　（2）影视剧类：主要代表有爱奇艺、搜狐视频、暴风影音、迅雷看看、九州梦网、优度、网尚文化、网乐互联等。

　　（3）新闻资讯类：如看看新闻、凤凰宽频、第一视频等。

　　（4）综合类：如新浪视频、互联星空、雷搜、PPLive、激动等。

　　（5）网络电视台类：如中国网络电视台、悠视、QQLive、联合网视等。

　　（6）社区共享类：如56.com等。

≫≫≫ 1.3.2 基于网站技术的分类

1. 网络电视

主要指以 P2P 流媒体传输技术起家的网络视频运营商，利用 P2P 技术提供在线直、点播服务，视频内容多是直播类节目以及专题电影栏目。多数运营商提供了客户端和网页在线两种观看方式。代表网站有 QQLive、PPLive、PPStream、暴风影音、爱奇艺、激动、凤凰宽频、中国网络电视台等。其技术特点如下：

（1）每个用户都可以直接与其他用户进行连接，使用的用户越多，网络传输效果越好。

（2）运营成本低，主要是服务器、带宽成本低。

（3）需要安装插件才能播放，观看节目前需要一定的缓冲时间。

（4）主动发布内容，即内容存放在网站自有服务器中。

2. P2P 下载观看

采用 P2P 技术，具体表现为 BT、P2P 等网络技术，实现了视频文件的预览、观看与下载同步，克服了传统 P2P 下载只能等视频文件全部下载完成后才能观看的缺点。代表网站有迅雷看看。其技术特点如下：

（1）起到了中间平台的作用，即内容多为网友提供，然后分享下载。

（2）需要安装 P2P 软件。

3. 视频分享

视频分享网站主要提供网络视频服务，并给用户分享的自由和空间。视频分享网站通过丰富的视频内容吸引用户，借此凝聚了大量的人气。主要采用 Flash FLV 视频播放技术，含有视频上传、分享和评价等功能。国内这一类型的网站多参考 Youtube 网站模式。代表网站有优酷、土豆、酷6、六间房、56.com、看看新闻等。其技术特点如下：

（1）无须安装插件，即点即播，用户使用舒适度较好。

（2）对服务器及网络带宽需求量较大，运营成本较高。

（3）视频多为网友上传，版权不好界定。

随着视频行业的发展，视频分享网站正在逐步转型与扩展业务范围，因此视频分享的概念也被逐渐淡化。在未来，视频分享网站将不再被定义为某一种类型的视频网站，视频分享将仅是其提供的一种服务类型。

4. 电信平台

电信运营商自行开设的视频网站，代表网站有中国电信的互联星空。其技术特点如下：

（1）收费观看视频。有按次、包月等收费方式，通过手机、固定电话和宽带费等缴纳。

（2）由全国各省的电信运营商提供服务器、带宽，节目提供商提供内容或者整体提供网站平台及内容。

（3）分站点节目质量参差不齐。

5. 付费观看

依托电信平台，采取提供正版内容、用户付费观看的运营模式。代表网站有九州梦网、优度、联合网视等。其技术特点有：

（1）主要和电信平台合作，通过电信平台赚取利润。

（2）版权变现能力强，具有较强的版权购买力。

6. 网吧视频网站

通过向加盟网吧提供影视节目，收取加盟费。代表网站有网尚文化、网乐互联等。其技术特点有：

（1）以网吧用户为服务对象，在网吧设立中转服务器，将内容寄存在其中，通过网络或卫星传输。

（2）以收取网吧加盟费为主。

7. 门户视频网站

门户网站设立的视频频道，代表网站有搜狐视频、新浪视频、腾讯视频等。其技术特点有：

（1）多种视频模式混合，集合了 P2P、UGC 模式。

（2）依托门户网站，版权购买力较强。

（3）与其门户内相关产品结合度高，具有组合优势。

（4）运营没有专业视频网站细致。

8. 视频搜索网站

视频搜索网站是指提供视频搜索服务的一类网站。代表网站有雷搜、百度视频搜索、谷歌视频搜索等。其技术特点有：

（1）采用搜索技术搜索互联网的视频资源，自身不提供内容，仅提供入口或预览服务。

（2）视频搜索技术难度大，研发成本高，较先进的视频搜索技术需要配套建立庞大的索引库。

≫ 1.3.3 基于资本背景的分类

1. 民营资本

主要有雷搜（力矩传媒）、激动（激动集团）、酷6（盛大集团）、九州梦网（宁波成功多媒体）、优度（上海优度科技）、联合网视（北京联合网视文化）、网尚文化（北京网尚文化）、网乐互联（北京网乐互联）等。

2. 风险投资

主要有 PPLive、悠视、暴风影音、迅雷看看、优酷、土豆、六间房、56.com 等。

3. 门户网站拓展资本

主要有爱奇艺（百度）、搜狐视频（搜狐）、新浪视频（新浪）、QQLive（腾讯）等。

4. 媒体集团拓展资本

主要有凤凰宽频（凤凰卫视）等。

5. 国有控股

主要有中国网络电视台（中央电视台）、看看新闻网（上海文广集团）、互联星空（中国电信）、第一视频（国企控股）等。

1.4 网络视频的基本特性

作为始终保持在新媒体发展前沿的网络视频，其传递信息的高速、清晰、便捷、海量、共享、互动都集中体现了鲜明的新媒体特性，尤其在技术应用和传播形式方面凸显了其与传统媒体之间的距离。

≫ 1.4.1 技术特性

网络视频是网络平台和影像技术相结合的产物，具有新媒体的数字化技术特征。

1. 网络视频的信息形态

尽管网络视频涵盖了电视媒体的内容，但不等于复制电视媒体。超链接、超媒体、海量存储使网络视频具有内容上更为丰富、信息含量大、传播更新速度快、方便检索、互动性强等优势，成为人际传播和大众传播相结合的新型传播方式。另外，用户还可以根据网络环境或自身需求调控视频的分辨率大小。

2. 网络视频的播放形式

网络视频自身独特的技术特征，进而决定了其特有的视频影像表现形式和观看方式。由于网络媒体与电视媒体在技术上的区别，与电视媒体相比网络视频更具随意性、包容性。同时网络视频克服了电视媒体在播放时间上的局限、地域性传播的限制以及电视节目不可变的线性编播时间等缺点。

网络视频的播放形式主要有两种。一种是以 PPstream 为代表的通过软件的形式进行点播播放；另一种是以共享类视频网站为代表的通过页面的形式进行网络视频播放。后者一方面可以实现网友上传视频的功能，另一方面还提供了视频搜索服务。

流媒体技术的出现与革新，成为网络视频得以飞速发展的技术支持。网络视频从传统的服务器点播技术发展到了 P2P 流媒体技术，其内容格式以 WMV、RM、RMVB、FLV 以及 MOV 等流媒体类型为主。"流媒体（Streaming Media）"实际上是一种连续、实时的传输方式。正是流媒体技术的连续性和实时性特征克服了用户必须下载整个文件才能观看的缺点，实现了即点即播模式，克服了以往必须下载到电脑上才可以观看的缺点，迎合了网民的需求。

网络视频的这种流媒体类型使其本身又具有如下特点：

第一，网络视频在上传或者发布时需要经过服务器处理，一个完整的媒体文件首先需要在服务器端经过压缩，变成流媒体形式，在这个过程中媒体文件被分为若干小块，每一小块都被独立编号并建立索引，以便用户下载播放时可以按照编号将小块组织起来进行播放。

第二，网络视频的流媒体类型需要特定网络协议的支持，并非所有连接互联网的终端（电视、手机、电脑）都可以使用流媒体技术，只有支持用户协议的终端才可以流畅地播放流媒体文件。

第三，网络视频的流媒体类型需要缓存的支持，而缓存则像一个蓄水池，将数据流积累起来供用户播放。即使关闭了已打开的视频网站，视频仍被保留在客户端的缓存中。

3. 网络视频的制作方式

网络视频都是以数字格式存在的，因此凡是可以数字格式存贮的视频拍摄工具都可以成为网络视频的制作设备；传统媒体所采用的记录方式如胶片、磁带等也都可以通过相关设备实现数字格式的转换。因此，网络视频的制作方式是多元化的，其来源是广泛的。它既可以整合以往各种媒体的视频，成为自身的内容；也可以通过各种数字化的视频制作工具进行创作。从视频创作设备普及率的角度来看，最具代表性的网络视频制作方式有数码摄像机、具有摄像功能的数码相机、具有摄像功能的手机和电脑摄像头等。

▶▶▶ 1.4.2　传播特性

视频网站运用先进的传播技术和产业化手段，进行"大规模的信息生产和传播活动"，在不断吸收新的技术以争夺更多市场的同时，作为最具有影响力的信息传播工具，其传播的内容、方式都得到了不断的丰富。网络视频从最初的宣传功能发展到成为集教育、娱乐、文化、艺术等多功能于一体的传播媒介，其功能日益多元化，传播的作用也越来越突出。

（1）具有传播信息的功能。网络视频传播的可视性使得其传播手段具有大众性和普遍的可理解性，它的直观形象使其传播的地位不断提高。无论你身在何方，居于何地你都能通过网络视频获得最新的新闻事件，能更容易地收集到自己需要的信息。

（2）具有大众娱乐的功能。网络视频服务提供的多种娱乐形式构成了人们日常生活的一个不可或缺的组成部分，对人类的思维方式和生活方式产生了巨大影响。网络视频可以把世界变成一个"娱乐村"，其娱乐功能比以往传统媒体更加具有吸引力。

（3）具有引导舆论的功能。网络视频的一个特点就是传播效果逼真。从传播效果来看，它是最具影响力的传播方式，是引导社会舆论的主要载体，通过对不同事物和不同信息以及不同价值观念的有选择性的传播，引导大众舆论。

与传统电视和其他移动流媒体等视频媒介相比，网络视频的传播特点赋予了其强大的竞争优势，可以概括为以下几个方面。

（1）网络视频的时空灵活性。与传统媒介不同，网络视频的传播不受固定时间表的限制，互联网技术保证了任何有接收终端和网络传输保障的受众可以全天候无限制地浏览网络视频内容、分享视听体验、反复接收自选信息。网络视频在时间上的灵活性赋予了受众更多的主观选择权。随着个人网络终端的多样化普及，网络视频取代了传统电视以电视机作为单一固定接收终端的模式，无论是公共场所还是私人空间，国内抑或国外，只要拥有可接收的终端处理器，网络视频用户就可以随时随地接收来自全世界的网络视频信息，彻底打破了电视等传统媒体在时间和地域上的限制。

（2）网络视频传播渠道的多元化。网络视频取代了电视等传统媒介采用单一固定的接收终端或传播媒介的模式，凭借其技术上的先进性实现了多元化终端的融合和通用。除了最普遍的个人计算机处理终端，即台式机和笔记本电脑，手机、机顶盒、掌上电脑等移动多媒体数据终端也成为网络视频的接收平台，并且成为新兴的趋势。

（3）网络视频资源的多样性。从横向看，互联网的互通性打破了个人、组织、地域、语言和文化间的诸多隔阂和限制，赋予了网络视频的受众对世界范围内互联网资源的选择权；从纵向看，互联网打破了传统媒体单向传播的形式，大量用户原创的资源得以被分享。大量网络受众将原创性的视频上传至这一平台，赋予了其更丰富的视频资源和更广泛的传播范围，这些都是网络视频产业所具有的独特优势。

1.5　网络视频的功能

≫≫≫ 1.5.1　文化功能

视频网站作为信息交流的平台，是观众获取新闻、娱乐、体育、艺术等信息的重要渠道，承担了大量的文化传播与交流的功能。网络视频技术的发展与成熟，使网络视频成为继文本、图像语言后互联网的主要呈现方式，它已汇集成一种独特的网络亚文化，即"网络视频文化"。作为网络文化的重要组成部分，网络视频目前已成为中国网民继即时通信、搜索、音乐、新闻之后的第五大应用，已经超越了网络，成为现实文化的重要组成部分。

网络视频文化就是一种基于新的传播方式的文化，与传统媒体相比，网络视频的草根性决定了网络视频文化的去精英化；网络视频的交互性决定了网络视频文化的去中心化；网络视频的过度娱乐性导致了网络视频文化的泛娱乐化等特点。如以土豆网为代表的视频分享网站以宣传"草根文化"为主，它通过提供轻松搞笑的原创短片、影视剧、音乐、艺术等视频，在满足大众的娱乐需求、释放大众工作生活压力的同时，丰富了文化的多样性，形成了一种新的文化形态和大众文化潮流，表达了普通民众的诉求。健康向上的草根文化是对主流文化的重要补充，对社会发展有进步意义。

目前，视频内容开始由早期的娱乐向实用、专业的方向发展，视频业务细分市场也逐渐成形，这对丰富网络生活有着重要意义，也有利于网络文化的健康发展。如以 CNTV 为代表的电视机构类视频网站，本身是传统电视机构宣传功能的延伸和拓展，是党和政府的喉舌。它以弘扬主旋律为导向，以正面宣传、教育为主，宣扬国家主流文化和精英文化，传播国际国内重大政治、经济、社会、文化、体育等信息。

▶▶▶ 1.5.2　政治功能

视频网站也具备一定的政治宣传和舆论导向的功能。从传播效果来看，视频传播是最具影响力的传播方式。网络视频传播涵盖大众社会生活的方方面面，是社会舆论形成的最重要场所，不管是政府机构还是社会团体都要借助网络视频传播媒介来宣传其价值理念、树立公众形象。网络视频传播媒介成为引导社会舆论的主要载体。作为视频传播的中间介质，媒体能形成大众共同关心的话题，反映民意，引导舆论。媒体借助视频传播，通过视觉文化把其想要传播的信息表达得清晰立体。当媒体作为中介机构能引起公众的关注时，媒体的功能就不是仅仅局限在网络视频传播信息的范围之内，而是有了引导舆论，影响政治的深度功能。网络视频的出现将会把视频传播的这一功能继续深化。

在我国，从汶川地震到北京奥运会，我们看到了网络视频所具有的潜在的社会影响力和政治功能，网络视频的娱乐功能不再居于中心位置，其功能的多元化将会越来越明显。国外的视频网站已成为政治人物竞选的重要工具，如 YouTube 一度被美国总统候选人视为政治宣讲的最好的讲坛，也为总统候选人和民众的交流与互动提供了交流平台。目前很多传统电视台都开办了自己的视频网站，依托传统电视台的内容和资源，使其紧跟技术发展步伐和潮流，获得新的生存和发展空间。以 CNTV 为例，该网站包含几乎所有的中央电视台节目，节目内容弘扬主旋律、致力于以正确的舆论引导观众。

▶▶▶ 1.5.3　社交功能

视频网站在为用户提供精彩视频的同时，还可实现用户在观看视频过程中扩大人脉圈的功能。如 YouTube 通过社交网络服务（SNS）系统，将全球网民紧密联系到以视频分享为纽带的用户社区。同时，网络视频所特有的传播特性使其更容易形成"滚雪球"的效果，即"用户—视频—新用户—新视频"的良性循环，基于此用户的网络社交圈将变得越来越大，越来越互动和娱乐。

≫ 1.5.4   经济功能

视频网站代表了一种新的投资方向，网络视频产业就是以互联网为传播媒介，以视频播出为主要形式并获得盈利的产业，已经成为文化产业的一个重要组成部分。纵观国内外，视频网站的兴起和繁荣引起了众多风险投资商的热情和巨额注资，以期创造出巨大的经济价值、获得丰厚的经济回报。

目前，视频网站的主要收入来源是广告，植入式广告是视频网站的重要业务。版权分销、电子商务等新拓展的业务，正处于探索期和市场培育期。虽然目前它们对视频网站的收入贡献很小，但随着三网融合的发展和用户多样化需求的不断增加，在未来发展中，这些业务将有重要的发展潜力。

虽然视频行业仍没有实现大规模盈利，但其巨大的市场潜力已经得到了市场认可。全球互联网视频业务正在迅速崛起，各式各样的商业模式、各类新型终端和丰富多彩的业务内容都在不断涌现，产业链和业务形态日益清晰。

1.6   网络视频的文件格式

网络视频文件可以分为两大类型：影像视频文件和流式视频文件。这两种类型的网络视频文件格式种类繁多，各具特点。影像视频文件是指我们日常所见的 VCD、DVD 等；流式视频文件则是随着 Internet（国际互联网）的发展而诞生的，如在线实况转播、在线观看等，是建立在流式视频技术之上的后起之秀。

≫ 1.6.1   影像视频文件

影像视频文件不仅包含大量图像信息，同时还容纳大量音频信息，因此其数据容量一般较大。目前，网络视频常用的影像文件格式主要有 AVI、MOV、MPEG 和 MKV 等。

1. AVI 格式

AVI（Audio Video Interleaved），即音/视频交错格式，是 Microsoft 公司开发的一款数字音频和视频同步组合在一起的文件格式。AV 格式允许视频和音频交错在一起同步播放，支持 256 色和 RLE 压缩，但 AVI 文件并未限定压缩标准，即视频和音频后缀名同是AVI，却由不同的算法压缩。因此，AVI 文件格式只是作为控制界面上的标准，不具有兼容性，用不同压缩算法生成的 AVI 文件，必须使用相应的解压缩算法才能播放出来。常用的 AVI 播放驱动程序，主要是 Microsoft Video for Windows 或 Windows 95/98 中的 Video 1

以及 Intel 公司的 Indeo Video。

这种视频的优点是可以跨平台使用、兼容性好、调用方便且图像质量较好，缺点是体积过于庞大，压缩标准不一致而经常导致视频编码出现问题。但由于其压缩比较高，因此应用范围非常广泛。AVI 格式最初仅用于微软的视窗视频操作环境（Microsoft Video for Windows，VFW），目前已被大多数 PC 机操作系统直接支持，主要应用在多媒体光盘上，用来保存动画、电影、电视等影像信息以及 Internet 上供用户下载、欣赏新影片的精彩片断。

2. MOV 格式（QuickTime）

MOV（Moviedigital Video Technology）是 Apple 公司开发的一种音频、视频文件格式。MOV 格式中媒体描述和媒体数据是分开存储的，媒体描述或元数据（meta-data）叫做电影（movie），包含轨道数目、视频压缩格式和时间信息。同时 movie 包含媒体数据存储区域的索引。媒体数据是所有的采样数据，如视频帧和音频采样，媒体数据可以与 MOV movie 存储在同一个文件中，也可以存储在一个单独的文件或者在几个文件中。MOV 格式的视频文件可以采用不压缩或压缩的方式，其压缩算法包括 Cinepak、Intel IndeoVideo R3.2 和 Video 编码。

MOV 文件格式支持 25 位彩色，支持 RLE、JPEG 等领先的集成压缩技术，提供 150 多种视频效果，并配有提供了 200 多种 MIDI 兼容音响和设备的声音装置。MOV 具有领先的多媒体技术、较小的存储空间要求、技术细节的独立性以及系统的高度开放性等技术特点，采用了有损压缩方式的 MOV 格式文件，画面效果稍优于 AVI 格式，目前已成为数字媒体软件技术领域的事实上的工业标准。国际标准化组织已选择 MOV 文件格式作为开发 MPEG 4 规范的统一数字媒体存储格式。

作为处理图像及数字视频的系统结构，MOV 提供了两种标准图像和数字视频格式，即可以支持静态的 *.PIC 和 *.JPG 图像格式，动态的基于 Indeo 压缩法的 *.MOV 和基于 MPEG 压缩法的 *.MPG 视频格式。

QuickTime 也可以作为一种流文件格式。新版的 QuickTime 进一步扩展了基于 Internet 应用的关键特性，能够通过 Internet 提供实时的数字化信息流、工作流与文件回放功能，为了适应这一网络多媒体应用，QuickTime 为多种流行的浏览器软件提供了相应的 QuickTime Viewer 插件（Plug-in），能够在浏览器中实现多媒体数据的实时回放。该插件的快速启动（Fast Start）功能，可以令用户几乎能在发出请求的同时便收看到第一帧视频画面，而且，该插件可以在视频数据被下载的同时就开始播放视频图像，用户不需要等到全部下载完毕就能进行欣赏。QuickTime 还提供了自动速率选择功能，当用户通过调用插件来播放 QuickTime 多媒体文件时，能够自己选择不同的连接速率下载并播放影像，当然，不同的速率对应着不同的图像质量。QuickTime 还采用了一种被称为 QuickTime VR（简称 QTVR）技术的虚拟现实（Virtual Reality，VR）技术，用户通过鼠标或键盘的交互式控制，可以观察某一地点周围 360 度的景象，或者从空间任何角度观察某一物体。

3. MPEG/MP4/DAT 格式

MPEG（Moving Pictures Experts Group，动态图像专家组）由国际标准化组织和国际电工委员会于 1988 年联合成立，专门致力于运动图像（MPEG 视频）及其伴音编码（MPEG 音频）的标准化工作。

MPEG 格式是运动图像压缩算法的国际标准，针对运动图像而设计。MPEG 标准包括 MPEG 视频、MPEG 音频、MPEG 系统（视频、音频同步）三个部分，MP3 音频文件是 MPEG 音频的一个典型应用，VCD、SVCD、DVD 是全面采用 MPEG 技术生产出来的新型消费类电子产品。MPEG 标准的视频压缩编码技术是针对运动图像而设计的，其基本方法是：在单位时间内采集并保存第一帧信息，然后只存储其余帧相对第一帧发生变化的部分。换句话说，利用具有运动补偿的帧间压缩编码技术以减小时间冗余度，使用 DCT 技术以减小图像的空间冗余度以及使用熵编码表示技术以减小统计冗余度，从而在保证影像质量的同时获得高压缩比。MPEG 的平均压缩比为 50：1，最高可达 200：1。MPEG 标准主要有 MPEG-1、MPEG-2、MPEG-4、MPEG-7 及 MPEG-21。

MP4，全称 MPEG-4 Part 14，是一种使用 MPEG-4 的多媒体电脑档案格式，扩展名为.mp4，以储存数位音讯及数字视频为主。MP4 封装格式基于 Quick Time 容器格式定义，媒体描述与媒体数据分开，目前被广泛应用于封装 h.264 视频和 ACC 音频，是高清视频/HDV 的代表。

DAT（Digital Audio Tape）技术又称为数码音频磁带技术，也叫 4mm 磁带机技术，最初是由惠普公司（HP）与索尼公司（SONY）共同开发出来的。这种技术以螺旋扫描记录（Helical Scan Recording）为基础，将数据转化为数字后再存储下来，主要应用于记录声音、存储数据等。DAT 格式的影音文件是流格式，DAT 是数据流格式，即 VCD。DAT 文件也属于 MPEG 格式，是 VCD 刻录软件将符合 VCD 标准的 MPEG-1 文件自动转换而成的。

4. MKV 格式

Matroska 是一种新的多媒体封装格式，也称多媒体容器（Multimedia Container）。Matroska 可将多种不同编码的视频及 16 条以上不同格式的音频和不同语言的字幕流封装到一个 Matroska Media 文件当中。它定义了三种类型的文件：MKV 是视频文件，包含音频和字幕；MKA 是单一的音频文件，但可能有多条及多种类型的音轨；MKS 是字幕文件。这三种文件以 MKV 最为常见，其最大特点就是能容纳多种不同类型编码的视频、音频及字幕流，但只是为这些音频、视频和字幕流提供外壳的"组合"和"封装"格式。

≫≫ 1.6.2　流媒体文件

目前网络上传输音/视频（A/V）等多媒体信息的方式主要有下载和流式传输两种。下载即非实时方式，是将多媒体文件下载到本地磁盘之后，再播放该文件的方式。另一种方式是实时方式，即将经过压缩处理后的连续的影像和声音信息等放在网站服务器上，用户逐步地将多媒体信息下载到本地缓存中，在下载的同时播放已经下载了的部分。

流媒体就是基于实时的传输方式应运而生的，它并非一种媒体，而是指在 Internet/ Intranet 中使用流式传输技术进行传输的新技术。流媒体实现的关键技术即流式传输，其传输的原理就是将原来连续不断的音频、视频分割成一个一个带有顺序标记的小数据包，并将这些小数据包通过网络进行传递，在接收的时候再将这些数据包重新按顺序组织起来播放。如果网络质量太差而导致有些数据包丢失或延缓，这些数据包则会被跳过，从而保证用户收听或观看的内容基本上是连续的。流媒体具有传输速率高、数据同步、稳定性高等特性，为广大用户带来了极大的便利，避免了大量不必要的等待，为用户在线观看现场直播等带来了可能。流媒体技术已广泛地应用于网上新闻发布、实况广播、网络广告、远程教育、实时视频会议等实时性、连续性的多媒体信息传输领域。

根据实现原理，流式传输可分为顺序流式传输和实时流式传输两种方式。顺序流式传输即顺序下载，在下载文件的同时用户可在线播放媒体，用户只能播放已下载的内容而不能跳到未下载的内容。视频播放完之后，整个文件也就保存到了计算机上。顺序流式传输适合于播放短小的、要求播放质量高的流媒体文件，如广告、精彩片段和歌曲。而实时流式传输则是一种根据用户连接的带宽和速度进行动态调整以保证媒体信号带宽与网络连接带宽相匹配，使用户真正实现实时播放。实时流式传输适合现场直播、视频点播、视频广播等。

从不同的角度看，流媒体数据有三种格式：压缩格式、文件格式、发布格式。其中流媒体压缩格式描述了流媒体文件中媒体数据的编码、解码方式；流媒体文件格式是指服务器端待传输的流媒体组织形式；流媒体发布格式是一种呈现给客户端的媒体安排方式。本节主要讨论的是流媒体文件格式，常见的有以下几种格式。

1. RM/RMVB（Real Media）格式

Real Networks 公司的 Real Media 是流媒体的始祖，包括 Real Audio、Real Video 和 Real Flash 三类文件。其中 Real Audio 用来传输接近 CD 音质的音频数据；Real Video 用来传输不间断的视频数据；Real Flash 则是 Real Networks 公司与 Macromedia 公司联合推出的一种高压缩比的动画格式。

Real Video 定位在视频流的应用方面，可以在 56K Modem 拨号连接上网的条件下实现不间断的视频播放，网络连接速率不同，客户端所接收的音频质量也不同。

RM 是由 Real Networks 公司所指定的音频视频压缩规范，用户使用 RealPlayer 或 RealOne Player 实况转播符合 RealMedia 技术规范的网络音频/视频资源，并且可以根据不同的网络传输速率制定不同的压缩比率，从而实现在低速率的网络上进行影像数据的实时传送和播放。这种格式还可以为用户提供在线播放。

RMVB 是由 RM 视频格式升级延伸出的一款新视频格式。它打破了 RM 平均压缩采样的方式，在保证平均压缩比的基础上合理利用比特率资源，即动作场面较少和完全静止的画面场景采用较低的编码速率，而快速运动的画面场景则使用更多的带宽空间，以实现优化配置。RMVB 格式相对于其他格式来说节省内存，并且还具有内置字母和无需外挂插件支持等独特的优点。

2. ASF/WMV（Advanced Streaming Format）格式

ASF（Advanced Stream Format）是 Microsoft 公司推出的一种可以直接在网上观看视频节目的视频文件压缩格式，针对 RM 应运而生。ASF 格式是 Windows Media 的核心，音频、视频、图像以及控制脚本等多媒体信息通过这种格式，实时地以网络数据包的形式传输，从而实现流式多媒体内容的发布。用户可以直接使用 Windows 自带的 Windows MediaPlayer 对其进行播放。Microsoft 将 ASF 定义为同步媒体的统一容器文件格式。它的视频部分采用先进的 MPEG-4 压缩算法，音频部分采用了优于 MP3 的 WMA 压缩格式。

ASF 具有以下几个主要特征：①可扩展的媒体类型。ASF 文件允许制作者很容易地定义新的媒体类型。②部件下载。特定的有关播放部件的信息（如解压缩算法和播放器）能够存储在 ASF 文件头部，这些信息能够为客户机用来找到合适的所需的播放部件的版本——如果它们没有在客户机上安装。③可伸缩的媒体类型。ASF 被设计用来表示可伸缩的媒体类型的带宽之间的依赖关系。ASF 存储各个带宽就像一个单独的媒体流。④多语言。一个多语言 ASF 文件指的是包含不同语言版本的同一内容的一系列媒体流，其允许客户机在播放的过程中选择最合适的版本。⑤目录信息。ASF 提供可继续扩展的目录信息的功能，该功能的扩展性和灵活性都非常好。所有的目录信息都以无格式编码的形式存储在文件头部，并且支持多语言。

WMV（Windows Media Video）是一种独立于编码方式的在 Internet 上实时传播多媒体的技术标准，一种体积很小的流式网络视频格式。WMV 的视频编码采用的是 MPEG-4 视频压缩技术，被称做 Microsoft MPEG-4 Video Codec，音频编码采用的是微软自行开发的一种编码方案，在低流量下提供了令人满意的音质和画质。Windows 系统给予了 Windows Media Video 很好的支持，Windows Media Player 可以直接播放这些文件。WMV 的主要优点包括：支持本地/网络回放、媒体类型可伸缩扩充、提供部件下载、流的优先级化、丰富的流间关系、环境独立性、支持多语言以及扩展性等。WMV 的局限性首先在于它必须依赖 Windows 生存，PC 机的主板是起码必备的，这就影响了视频广播点播的普及。其次，WMV 技术的视频传输延迟通常需要十几秒，其时间之久对用户的使用有一定的影响。

3. FLV 格式

FLV 是 FlashVideo 的简称，随着 Hash MX 的推出发展而来。它是一种全新的流媒体视频格式。它的出现有效地克服了视频文件导入 Flash 后导致 SWF 文件体积过于庞大而不能在网络上很好地使用等缺点。FLV 的优点在于可以不通过本地的微软或者 Real 播放器播放视频。其体积小巧并且适合制作短片，清晰的 FLV 视频 1 分钟在 1MB 左右，一部电影在 100MB 左右，是普通视件体积的 1/3。FLV 对 CPU 占有率低，播放视频质量良好，还可以很好地保护原始地址，不容易被用户下载，有助于保护版权。目前在互联网上提供 FLV 视频的网站有两种：一种是专门的视频分享网站，如美国的 YouTube 网站、国内的优酷、土豆等；另一种是门户网站提供的自身独有的视频博客板块，如新浪视频博客等。此外，百度推出了视频搜索功能，其中的视频基本采用了 FLV 格式。

4. 3GP 格式

3GP 是一种简化的 MP4 格式的流媒体视频编码格式，主要是为了配合 3G 网络的高传输速度而开发的，是目前手机播放视频中最为常见的一种视频格式。3GP 应用在手机、MP4 播放器等移动设备上，优点是文件所占空间小，减少了储存空间，频宽需求较低，使用户可以使用手机上有限的储存空间；移动性强，适合移动设备使用。缺点是在 PC 机上兼容性差，支持软件少，并且播放质量差，帧数低，比 AVI 格式差很多。

2 / 网络视频服务的产业模式

2.1 网络视频服务产业链

网络视频产业存在一条较为独特的供应链，这与其核心产品的特殊性有关。从产业链角度来看，网络视频行业主要涉及三个主体：内容提供商、视频运营商和终端用户。终端用户指的就是观看视频的网民；视频运营商即上述各类视频网站；内容提供商是指向视频运营商提供视频内容的企业或个人，包括传统的电视台与影视制作公司、专业的视频制作公司以及一部分网民。网络视频行业的外围主体包括广告商、硬件/技术支持、风险投资、监管部门等。网络视频产业链如图 2-1 所示。

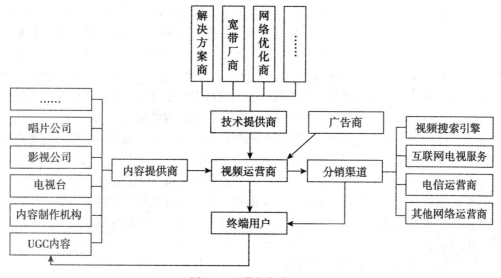

图 2-1 网络视频产业链

≫ 2.1.1　网络视频服务的核心平台

对于网络视频服务行业来说，核心企业便是大大小小的提供内容分享平台和服务的网站。作为网络视频行业的核心环节，视频运营商在产业链中起到组织、协调、推动的作用。一方面，视频运营商聚合各类视频资源，来源主要包括传统的电视台、影视公司以及专业的视频制作公司或个人。一些视频运营商本身也进行网络视频作品的制作或加工。另一方面，视频运营商吸引了大量的视频用户资源，并培养了他们观看、甚至上传分享网络视频的习惯。视频分享网站是与用户交互性最强的网络视频运营商，其特有的 UGC（用户创造内容），也让一部分用户成为内容制作者。

视频网站平台营运商，需要技术支持。技术支持主要表现在三个方面：①电信支持，营运视频网站需要电信网络将自身的服务器接入互联网中以供客户进行访问；②网站建设支持，很多平台运营商将网站建设外包给网站制作公司，甚至服务器都是租赁而来；③视频技术支持，内容提供商提供的视频内容以及网络视频用户上传的自制视频需要经过流媒体转码才能提供视频点播服务。

网络视频平台运营商的收入主要来自于视频网站上的页面广告和插入在网络视频中的视频广告。一部分视频网站营运商将广告业务外包给广告代理商，让其吸收广告；另一部分视频网站营运商则是自己成立部门吸收广告。4A 广告公司等是比较出名的网络广告代理商。

≫ 2.1.2　网络视频服务的内容基础

没有新鲜内容的注入就意味着一个视频网站血液的枯竭。因此，在网络视频产业循环中，内容提供商至关重要，处于上游，是网络视频行业能够正常运转的基础。一个好的、具有影响力的视频网站，不管其是以原创视频为先锋，还是以影视视频为主导，甚至以娱乐搞笑为立命之本，都必须保证优质内容源的持续稳定的供应。内容提供商主要包括：①网络视频用户个人，如 UCG 产品提供者；②拥有影视作品播放版权的企业和个人，这样的内容供应商将影视作品的播放、收益权转让给网络视频平台营运商；③电视台等传统媒体。实际上，内容提供商控制着整个网络视频服务行业的内容源。

视频网站的内容来源，直接影响到其盈利模式和营销策划等细节。根据目前视频网站上所展示的视频来看，其内容供应源主要有如下类型：

（1）购买版权（信息网络传播权等）：可分独家版权和非独家版权两种，购买独家版权，具有占据内容的独特优势；购买非独家版权，可以在有限的资金内尽可能拥有更多的版权资源。许多公司采取兼而有之的战略：用非独家版权建立海量片库，再用独家的精品作为主推产品。

（2）音像版权附带信息网络传播权。

（3）购买信息网络传播权再分销。

（4）公版影片：利用节目版权的期限特征进行海量老片的推广。

（5）与版权方分账：如 JOOST，以分成为主进行内容合作，广告收益分账。优酷等视频分享网站也以分账形式购买一些版权。

（6）与其他具有版权资源的网站合作：有两种模式：一种是营销分成模式，如迅雷与九州梦网、捷报、优度、网乐互联等国内主流网络内容提供商展开合作，并与合作方共享广告收益；迅雷主攻技术，为用户提供更流畅、更清晰的网络视频服务。另一种是垄断性合作，一般是部分节目的合作，如央视国际将奥运视频网络转播权以非独家版权的形式转售给搜狐、新浪、网易、腾讯、悠视、PPLive、PPStream 和酷 6 等 8 家网站，后者总计付给前者几亿元的费用。

（7）网友上传：如土豆等视频分享网站，一般采用社区和奖金激励、用户分成等形式来鼓励用户上传。

（8）广告商上传：如一些网站的游戏视频频道的主体内容。

（9）与广告商联合建立频道：例如 2008 年初，七星购物和土豆联合推出商品频道。电视购物与视频网站合作可以更精准、更快捷，不需要打电话直接就能链接到网站上选购商品。

（10）交换：以交换的形式从内容集成商、内容提供商那里获取合适的内容，如 56. com 与 NBA 达成合作，获得 NBA 在中国的视频点播权利。另外，进行战略合作的网站之间彼此可以在内容上互通有无，这是降低成本的有效办法。

（11）与明星、集团等建立战略合作：如 56. com 建立了刘德华全球独家官方视频网站。

（12）自己制作：如激动网的"纠客"，PPLive 与凤凰新媒体合作的网络互动剧等。

（13）与电视台等传统影视媒体进行战略合作。

对视频分享类网站来说，网民原创也是其视频内容的重要来源。一部分传统媒体内容提供商开始涉足网络视频平台的组建与运营，视频制作公司也开始进入视频点播领域，内容提供商向视频运营商转化的一体化进程十分明显。

目前，网络视频的内容日趋正版化。国内主流视频网站，如优酷、土豆等大多采取分享模式，由网民上传电影电视剧，侵权风险很大，也导致广告商不敢轻易投放广告。而购买正版内容需要大量投入，在发展初期，视频网站一般不愿意大规模购买正版内容，但若存在版权问题，上市融资则是根本不可能的。正是基于自身内容方面的优势，国资背景的视频网站逐步进入网络视频领域，逼迫早期发展的民营网站加大正版内容的投入。

▶▶▶ 2.1.3 网络视频服务的终端用户

网络视频用户是一切努力的目的和终结。在网络视频领域，消费者扮演着双重角色，一方面自己作为消费者被动地接受视频网站提供的广告，另一方面，网络视频用户又扮演着生产者的角色，为视频网站源源不断地生产产品，这就是网络视频用户的特殊之处。与传统媒体不同，视频网站通过互联网内容传输平台以及电视、PC 电脑、智能手机、平板电脑和跨媒体平台等多种终端，为视频用户提供丰富的信息咨询等服务。

对于任何新媒体企业，开发受众始终是其最关心的战略目标。用户的注意力、满意度，或者说用户黏性是各种类型的视频网站都十分关心的问题，而这些问题的焦点正是

"用户体验"。什么是用户体验？简单来说，用户体验是指用户在与网站、产品、软件等进行交互的过程中，获得的主观感受。好的用户体验，可以从心理上提升用户满意度；从行动上增强用户黏性；从效果上扩大口碑传播。如何使用户体验最优化，或者说如何保证网站用户的忠实度和黏性，一直是各大视频网站追求的核心目标。

优质的用户体验可以增强用户对视频分享网站的信赖，扩大网站口碑，使视频用户的黏性提高，并且可以吸引更多潜在的用户加入进来，进而促使网站 PV（Page View，页面的浏览量或点击量）的提高。PV 对于网站的影响就像收视率对电视的影响，它在很大程度上成为衡量网站商业价值的重要指标。为此，视频网站必须在视频内容上下足工夫，加大对带宽和服务器等硬件的投入，提供差异化的精彩视频内容，开辟多元化的用户互动渠道，让用户能够享受到清晰、流畅的视频播放服务。

▶▶▶ 2.1.4 网络视频服务的盈利要素

盈利模式是指探求企业利润来源、生成过程和产出方式的系统方法，即企业在市场竞争中逐步形成的企业特有的赖以盈利的商务结构及其对应的业务结构，是企业从客户那里获得现金流的策略和技术。盈利的高低取决于行业盈利要素以及要素之间的匹配程度。视频网站的盈利模式与传统媒体，甚至其他网络媒体的盈利模式相比有很大的差别。对于视频网站来说，盈利模式的构成要素可以概括为"一个核心，四个基本点"。一个核心就是价值创造活动，其价值体现在为用户提供多样的差异化的视听服务，而价值的直接来源则是视频网站的内容，因此可以这样认为，视频网站的盈利模式的核心就是把视频内容的价值发挥到最大化。四个基本点指的是盈利增长点、盈利的对象、盈利的措施和盈利的屏障。盈利增长点反映的是找到那些能给企业带来利润的内容，而盈利的对象是指能为这些内容买单的用户，盈利的措施是将这些内容以合理的方式展现在用户面前并向其收取费用，而盈利的屏障则是为了保持用户的忠诚度而给他们提供更好的内容和服务的过程。

从图 2-1 可知，在网络视频服务产业中，最主要的几个盈利要素包括技术提供商、内容提供商、广告商、终端用户及外延要素。现阶段，视频网站的最主要盈利方式是广告。因此，网络视频广告商便成为盈利模式上最重要的盈利要素。与传统的电视媒体相比，视频广告商在视频网站上投放广告的方式更多样化，投放模式也更加灵活。必须看到的是，面对连年亏损的压力，视频网站也在积极探索除广告之外的新型盈利模式，主要包括版权分销、向用户收费和 3G 增值服务等。具体内容将在 2.4 节展开讨论。

2.2 网络视频服务的运营模式

▶▶▶ 2.2.1 国际网络视频运营模式

从网络视频的定义可知，目前主流的网络视频主要提供两种播放形式：一种是通过浏览器直接在线播放，如 YouTube、HULU、优酷、爱奇艺等；另一种是通过终端软件在线播放，如 Joost、迅雷看看、PPLive 等。根据视频网站的内容及其播放形式，全球网络视频行业的运营模式可以划分为三种：①以 YouTube 为代表的视频分享模式（以下简称 UGC（User Generated Content）模式）；②以 HULU 为代表的正版视频点播模式（以下简称 HULU 模式）；③通过终端软件在线播放模式（以下简称 P2P 模式）。从播放技术来看，前两种模式属于传统的运营模式，主要是通过浏览器直接在线播放，而 P2P 模式则是通过终端软件在线播放。网络视频运营模式对比如表 2-1 所示。

表 2-1　　　　　　　　　　　　网络视频运营模式对比

运营模式	代表网站	内容来源	是否免费	主要盈利方式
UGC	YouTube、Youku	用户上传	免费	广告
HULU	HULU、CNTV	合作公司提供	免费+收费	广告
P2P	Joost、QQLive	不生产视频，主要传播视频	免费+收费	广告

从表 2-1 中可以看出，UGC 模式和 HULU 模式最大的不同就是网络视频的来源不同，这直接导致二者的经营模式和倡导思想截然不同。YouTube 是 UGC 模式的鼻祖，所倡导的商业模式是视频分享，即用户生产内容，只要能拍摄 DV，谁都可以成为视频上传者，其用户群非常庞大，但多数视频没有版权。HULU 模式多由专业影视创作机构提供带有版权的数字影视作品，走专业路线的商业模式。这两种模式都很好地迎合了消费者的心理。一方面，网络视频消费者有分享网络视频的愿望；另一方面，网络视频用户渴望看到高质量的电影电视剧作品。因此，在美国这两种模式都取得了巨大的成功。

正是二者的内容供应源不同，导致了它们的商业模式存在较大差异。从收费模式上来看，YouTube 提倡共享精神，一直对用户免费提供服务；HULU 也是打着免费的旗号，在 HULU 中大多数频道是可以免费浏览的，但不同的是 HULU 开设有收费频道，浏览这些收费频道的内容，每个月需要交纳月费。但这种"月费"并不高，类似于有线电视的做法。从盈利模式上看，两者的主要盈利方式都是广告，其次是版权分销和视频付费服务。但在 YouTube 的视频内容中能够植入广告的版权内容不足总量的 3%，而 HULU 中将近 80% 的视频作品可以和广告联系起来，因为其视频内容具有合法的版权。在 HULU 中每播放一集节目时，会在节目开始前强行插入一段短时间的视频广告。一般来说，网络视频的广告时间相比传统电视的广告时间要短很多，更容易被消费者所接受。网络视频用户也理解这种插入广告的行为，毕竟视频网站的根本目的是盈利。除了广告盈利之外，YouTube 和 HULU 等美国互联网视频网站还和电信等相关通信部门联合起来进行盈利。YouTube 可以向互联网服务提供商（Internet Service Provider，ISP）收取其播放 YouTube 的视频节目而产生的流量费。HULU 也开通了收费订阅业务，每天发送最新的网络视频信息给在 HULU 上注册的手机用户。随着国外视频网站的不断发展，更多的盈利方式和渠道将会出现。

与上述两种模式相比，通过终端软件在线播放的运营模式比较独特，这主要取决于其自身的技术特点。这种通过终端软件来播放网络视频的模式的特点是，网络视频用户的计算机中必须安装相应的视频软件，且只有通过视频软件才可以浏览网络视频。网络视频软件厂商为用户提供免费的视频资源，并通过对插播在视频中的广告进行收费来盈利；同时也开设有付费频道，直接收取网络视频用户的视频浏览费用。目前，我国通过终端软件进行在线视频播放主要有PPStream、PPLive、迅雷看看和QVOD等模式。这种通过终端软件在线播放网络视频的模式和通过浏览器在线播放网络视频的模式的区别在于：

首先，使用工具不同，两者都需要连入互联网，但是视频分享和正版视频点播无需软件支持就可以在浏览器中进行播放，主要借用FlashPlayer技术，而PPStream等需要专门的软件客户端才可以播放。

其次，不同的播放终端意味着播放视频的方式不同。在通过浏览器在线播放网络视频的网站中浏览视频，需要在网页中选择视频进行播放，而对于PPStream等来说这个步骤需在终端软件中完成。

最后，播放画质不同，两者使用的技术不同导致两者的视频画质差异较大。适合网页播放的视频由于视频格式的影响（一般为FLV格式）画质模糊；而用软件客户端播放的视频由于P2P技术的成熟画质更为清晰，可以播放文件更大的视频，用户体验也更好。

目前，网页播放和客户端播放呈现出逐步融合的趋势。很多视频网站开始提供客户端支持，如土豆开发了P2P客户端飞速土豆，而PPStream、PPLive等则开发了视频浏览网页，通过给浏览器安装插件的方法使用户也可以通过浏览器进行网络视频播放。

QVOD是近年来在网络视频市场上流行起来的另一种模式。QVOD是一种开源技术，同样运用了P2P技术进行NVOD（准视频点播）。简单来说，就是合作网站提供视频文件的链接，用户点击链接后就开始通过软件下载该视频文件并播放（边下边播），这类似于使用软件客户端播放网络视频，比如迅雷看看。与PPStream相比，虽然两者都使用P2P技术，但是由于QVOD的开源性，很多经营QVOD的视频网站并不直接提供视频给用户，仅提供视频的链接。通过链接，QVOD用户可以下载其他用户的资源并进行视频播放。这种隐蔽的方式使得网络视频市场管理更加困难，网络视频的版权纠纷更难以处理。同样，QVOD视频网站也是以广告作为主要收入来源。但与传统网络视频运营模式（这里指视频分享、正版视频点播模式）相比，QVOD模式只传播视频，并不生产视频。

▶▶▶ 2.2.2 我国网络视频运营特点

我国的网络视频运营模式一直都在模仿美国的视频网站。目前，我国主要有两种运营模式：一种是结合了YouTube和HULU两种模式的混合型运营模式，如土豆、优酷、酷6等，这类视频网站一手紧握YouTube的视频分享不放，另一手摸索并紧抓HULU的正版视频点播；另一种是纯HULU的运营模式，如爱奇艺。实际上，视频分享和正版视频点播这两种模式各有利弊。视频分享模式版权成本小，但版权纠纷风险大；而正版视频点播模式版权费用较大，且会给视频运营商带来巨大的成本压力。另外，近年来P2P模式也逐渐发展并占有了一席之地，不容小视。目前，整体上形成了由门户网站、传统媒体和民营站点构成的三级梯队，且具有逐渐走向融合的趋势。

在2009年肃清网络环境之前，国内的网络视频市场非常混乱，视频分享网站的运营成本中并不包含版权成本，因为所有视频都有用户上传，即使电影、电视剧也是如此。但随着国家加大对网络视频版权的管理，行业间的竞争日趋激烈，影视作品的版权费用也越来越高，迫使网络视频平台营运商必须寻求新的方式来降低成本。于是，网络自制剧应运而生了。

网络自制剧是指网络视频营运商自筹资金拍摄的电影电视剧作品，这种"自产自销"的方式很大程度上节约了高昂的版权成本。而且，营运商拥有版权，可以通过版权分销的方式卖给其他媒体机构进行盈利。网络自制剧相比电视剧而言，除了播放平台不同之外，其成本更低廉，针对的受众面更集中，主要面向在网络视频用户中所占比例很大的年轻观众。尽管网络自制剧出现的时间不长，但已经成为许多视频网站的盈利点，如优酷的《老男孩》、酷6的《男得有爱》等。

总的来看，网络自制剧在一定程度上缓解了国内网络视频节目同质化的现象。对于国内整个视频行业来说，网络自制剧的出现丰富了国内的视频市场，在一定程度上满足了网络视频用户的需要，同时也为国内的其他相关产业提供了良好的模式参考。

2.3　网络视频服务的播放模式

2.3.1　视频下载

视频下载，顾名思义，就是把用户需要的资源通过下载的方式保存至本地，以便能在本地脱机播放视频文件。目前国内的很多主流网站都支持这种模式，如优酷、土豆、爱奇艺等，但是下载的前提是确保 PC 机已安装了与网站相对应的特有客户端，如优酷提供的优酷客户端。视频下载极大地方便人们通过脱机的方式观赏视频，且不必因不必要的等待浪费大量的时间。下载完的视频文件也可以备份、转移等。

2.3.2　在线点播

视频点播（Video On Demand，VOD），也称交互式视频点播系统，是指随时根据用户的需要播放相应的视频节目。通信科技学将其定义为："在用户需要时向用户传送其点播的高质量、简便、快捷的视频服务业务。"视频点播最早应用在电视上。机顶盒也有视频点播功能，但需要收取一定费用。

2.3.3　视频直播

视频直播（Live Broadcasting），是网上直播的一种形式，即把活动现场的音频或视频信号经过压缩后发送到特定的多媒体服务器，在 Internet 上供广大用户或授权特定人群收听或收看，用户可通过远程网络观看现场活动直播，如新闻发布会、商业活动、娱乐节目、讲座、体育比赛等。其特点是同步性、实时性以及时效性。视频直播促进了远程教育的发展，拓宽了人们接受教育的方式，给人们带来了极大的便利。如在中国网络电视台（China Network Television，CNTV）只需下载相应的客户端或直接登录相应的网站就可以收看需要的节目。

视频直播融合了多媒体计算机技术、网络通信技术和视听技术，彻底地改变了用户被动收看节目的状态，可以按需收看节目和进行任意播放，能为用户提供实时、交互和按需点播的服务。

▶▶ 2.3.4 视频轮播

视频轮播即视频的轮流播放，用户不必再去选择播放视频，而是直接按照相应的播放模式来进行轮流播放。

▶▶ 2.3.5 视频搜索

视频搜索是网络视频用户浏览网络视频的主要手段之一。面对视频网站每天更新的大量视频，人们经常感到无所适从，想要搜索到自己需要的视频也比较困难，因此视频搜索方式为人们带来了极大的便利。

视频搜索可分为两种方式：①在特定的视频网站中搜索视频；②根据《互联网视频开放协议》（百度视频搜索制定的搜索引擎视频源收录标准），各个视频网站可将发布的视频内容制作成遵循此开放协议的 XML 格式的网页（独立于原有的视频发布形式）供搜索引擎索引，并将网站发布的视频主动、及时地告知百度搜索引擎。

2.4 网络视频服务的盈利模式

视频网站上游的内容供应保证了供应链的延续性。在供应链中游，视频网站需要解决如何才能通过产品盈利和拓展增值空间等问题，才能发展壮大。与传统的电视媒体相比，视频网站的最主要盈利方式仍是广告，除此之外还有版权分销、向用户收费和3G增值服务等日益多样化的新模式。

▶▶ 2.4.1 网络视频广告模式

网络视频是一种新型的传播工具，它为网络视频广告的发展提供了肥沃的土壤。网络视频广告是伴随着网络新媒体技术的发展而产生的一种全新的网络广告形式。网络视频广告不但继承了网络媒体覆盖范围广、互动性强、投放精准等优点，还具备了传统电视广告的生动、直观、声画并茂等特性，极大地增强了其自身的亲和力和影响力，加强了广告对网络视频用户的劝说效果，具有明显的传播优势。凭借其独特的媒介营销价值，网络视频广告获得了越来越多的广告主的青睐，并成为视频网站盈利的主要方式。

1. 网络视频广告的定义

与传统媒体平台不同，网络视频广告可以是投放在视频媒体上的广告，包括视频贴片广告、视频浮层广告以及视频植入式广告等多种形式；也可以是以视频形式出现的广告，如微电影。而且，网络视频广告是以网络视频网站为载体的，随着计算机、电视、手机等视频网络终端的多样化，现在的网络视频广告也出现了多屏化趋势。综上来看，网络视频广告是指以视频网络终端的屏幕为载体，利用屏幕上的任何视频形式进行的广告活动。

2. 网络视频广告的形式

视频网站的广告形式，直接影响到营销策划的细节。网络视频广告集文字、视频、音频、动画等于一体，具有丰富的表现力，且不受时间和地域的限制，传播范围广，传播形式多样，与用户的交互性强。按照不同的划分依据，网络视频广告有不同的分类形式。

根据网络流量的不同，网络视频广告可分为窄带类和宽带类两种形式（如图 2-2 所示）。窄带类网络视频广告是指在视频内容周边投放的文字广告、图片链接等，占用带宽少，网络视频媒体平台通过统计页面流量、点击率来评估平台的广告价值。宽带类网络视频广告是指在网络视频内容中投放的广告，主要包括冠名广告、产品嵌入、节目定制、视频贴片等形式，交互性更强。

根据投放位置，网络视频广告可分为核心性视频广告与附加性视频广告两大类。核心性视频广告是处于视频主体播放区中的广告，包括植入式和贴片式两类；附加性视频广告是在视频主体播放区以外所呈现的广告，包括前置式广告、后置式广告、角标广告和牛皮癣广告等。

根据实际投放的类型，网络视频广告可分为五种：前置式广告、视频贴片广告、视频浮层广告、播放器背景广告、植入式广告。

（1）前置式广告

前置式广告是指在视频内容播放之前插播的视频广告。这是一种视频区域内的强制性广告形式，它很好地利用了视频下载缓冲的时间，一般持续数秒钟，因而不会使用户产生反感。前置式广告面积较大，视觉冲击力也较强，而且还能反映出广告主想要跟踪的几乎每一项指标，如持续观看时间、点击率、人均观看成本等。因此，它是最受客户欢迎的广告形式之一。其不足之处在于，无法充分利用互联网独有的互动性特点。

（2）视频贴片广告（又称 Pre-roll 视频插播广告）

视频贴片广告是指分别插播于视频播放前、视频播放期间的缓冲时段和视频播放完成时的广告。这也是一种在视频区域内的强制性广告形式，一般分为前、中、后三种插播形式。用户在网上观看一个节目或一段视频之前，将会看到一段数秒钟的广告，即"前播"广告，有时候广告插播在节目中间等待缓冲的时间（中播广告）和节目播放完毕后（后播广告）。其优点是广告主通过这种广告可以获得客观、全面的广告受众数据，但弱点是互动性不强，在一定程度上容易招致视频用户的反感，导致部分受众转移。

（3）视频浮层广告（又称 Overlay 视频覆盖广告）

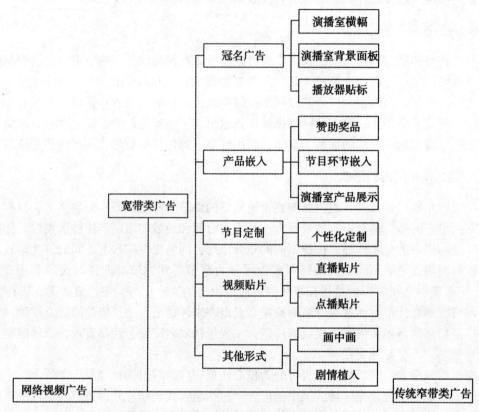

图 2-2　网络视频广告的分类

　　视频浮层广告是指当播放视频内容时广告会短时间内浮现在视频窗口顶端或底端。这种广告是一种非强制性的广告。只有当用户将鼠标指向或点击广告时，才会弹出更大的广告幅面，或者打开新网站。其优点是，广告与视频内容可以同步进行，不会打断用户的观看过程，因此被很多网站采用。其不足之处在于：部分用户会将广告误认为是视频节目的一部分，或直接将其视做一种打扰。

　　（4）播放器背景广告（又称 Companion 视频伴随广告）

　　播放器背景广告是指当视频播放时，播放器页面的背景变为产品或品牌宣传图片。这是一种视频区域外的广告形式，当用户打开视频节目时，广告会以图片或文字的形式展现在视频区域外围，作为视频页面的背景。其优点是视频内容播放的整个过程都在传达广告中产品的信息，并吸引受众点击广告链接，访问广告主的网站。该种模式的受众具有很强的自主性，在视频全屏播放时无法为这些广告保留足够的位置，但视频区域外的广告仍然能影响到潜在的受众。

　　（5）植入式广告（又称 User-Generated Advertising，UGA）

　　植入式广告是指把广告元素巧妙地嵌入有情节、可看性较高的视频中，使广告与视频内容融为一体，成为剧情发展的一部分。其优点是视频内容本身可能就是广告。这种广告形式具有很高的可看性，并且容易通过上传而得以在互联网上大量扩散，从而较好地体现了 Web2.0 时代的用户互动性。植入式广告的出现，使视频分享网站和传统网站的广告竞争更加剧烈。但这种广告的缺陷也是明显的，它不具备共性，很难将制作过程标准化，制作成本较高。

3. 网络视频广告的商业价值

网络视频广告是随着网络视频媒体平台的发展而迅速成长的，网络视频的浏览量越大，网络视频广告的商业价值就越大。网络视频广告凭借其带来的强感官体验性，营销服务的精准性，广告主和受众之间一对一的互动性，其商业价值已经为越来越多的企业和营销机构看好。

（1）对广告主的商业价值

广告是以盈利为目的的活动。从广告主来看，网络视频广告对广告主的价值体现在两个方面。第一，网络视频广告有利于节约广告主的广告成本。网络视频广告是依靠吸引网民注意力而获取经济回报的一种广告活动，与传统电视广告相比，其制作和传播成本很低。这是因为一方面它可以直接利用传统电视媒体的广告内容，另一方面它还可以通过电脑技术制作。广告主可以利用比传统媒体更少的资金带来同样的甚至更好的传播效果。传统电视媒体与网络视频媒体广告制作成本对比如表 2-2 所示。第二，网络视频广告对广告主的价值还表现在企业视频官网上。企业视频官网具有广告的功能，很多企业自建官网或者将自家官网托管到视频媒体平台上，视频官网能对产品和品牌进行有效的宣传。企业利用视频官网能与受众进行面对面的交流，一定程度上增加了相关产品或品牌的宣传频率，提高了广告的传播效率，扩大了企业知名度和美誉度。

表 2-2 　　　　　　　　　　**传统电视媒体与网络视频媒体广告制作成本对比**

广告制作成本	传统电视媒体	网络视频媒体
创意制作费用	高	非常低
投放技术制作费用	非常低	较低
创意制作时间	长	短
广告制作人力	多	少
广告技术在同类媒体中的适用性	高	一般

（2）对视频受众的商业价值

视频受众可以在视频媒体平台上上传原创视频内容，并参与视频广告分成。与传统媒体广告不同，在网络视频广告中受益的不仅是媒体平台，还包括视频受众，这是一个"双赢"的模式。网络视频受众通过制作高质量的原创视频内容提升视频的知名度，丰富视频媒体平台的内容，增强对其他视频受众的吸引力，从而赢得更多的点击率，进而从视频广告中得到更多的利益分成。这是网络视频广告给受众带来的商业价值。以酷 6 为例，2011 年 8 月酷 6 推出"广告分成计划"，鼓励网络用户上传优质的原创视频内容，以网站的影响力进行推广，与用户达到互惠互利。该计划在短时间内就吸引了大量视频拍摄爱好者，截至 2011 年 10 月，酷 6 单日上传视频总量突破 10 万条。

（3）对视频媒体平台的商业价值

网络视频广告收入是视频媒体平台的主要收入来源。网络视频媒体平台通过对网络视频内容的收集整理为视频用户提供视频内容，并在首页推荐这些视频，通过网络视频的内容吸引受众，提高网站的流量和点击率，进而吸引企业投放广告，获取利润来源。另外，网络视频媒体还接受一些企业视频官网的托管，这也是网络视频媒体收入的重要组成部分。被托管官网利用网络视频媒体积累的庞大受众群体及其影响力来宣传产品，并向视频媒体托管商支付一部分费用。

4. 网络视频广告的投放特点

在受众方面，网络视频广告的投放更精准。网络视频投放的精准性不仅在于受众接受广告信息的"主动性"的影响，而且还在于网络视频媒体对受众信息的收集。传统的广告媒体如广播、报纸、杂志、电视，在将广告信息传递给受众的过程中，受众是被动地接受；而网络视频广告更强调受众的主动性，受众可以自主选择感兴趣的视频，并主动接触相关广告信息。受众的这种"主动性"使网络视频广告的投放更加精准。目前，视频网站都将视频内容分门别类，根据受众的属性、收视偏好和关注度来制定相应的广告策略，这种基于受众定位的广告投放策略，显然比传统媒体的传播效果更加理想。

网络视频广告的投放呈现受众分众化、中心化的趋势。作为一种新型的媒介形式，网络视频的受众也呈现分众化、小众化的特点，这就要求网络视频广告的投放必须根据受众的特点，针对不同的受众群体进行分众化投放，以满足不同受众群体的需求。网络视频媒体的传播方式和受众接受信息的"主动性"，将受众推到了广告信息传播的中心位置。网络视频广告的投放是以受众为中心的，允许受众选择不同的广告信息，来满足受众了解产品的需求。受众通过网络视频媒体的服务发布评论，对广告信息加以讨论，提高广告的可信度，使受众与广告主"零距离"接触。

网络视频广告的内容制作呈现个性化和定制化的趋势。与传统媒体广告相比，网络视频广告的传播渠道更加广泛，广告信息也由传统媒体的单向传播转变为网络媒体的交互式传播。因此，广告主和网络视频媒体在投放广告时，必须根据网络视频媒体的自身特点来制作广告。在各类网络视频广告中，视频网站广告的主动性更强，如汽车类广告，用户可以全方位观看汽车外形，还能通过参与在线模拟驾驶，获得切身的感受；移动设备的网络视频广告灵活性更好，如 3G 手机网络视频，不但受众的自由度最广，而且通过特定服务能绑定目标人群。

网络视频广告的投放方式更加合理化、多样化和结构化。传统媒体广告以突出产品特性和提升品牌效应为理念，而网络视频受众对广告信息选择的"主动性"的增强使广告主更加注重用户的选择，必须采取更加合理化、高效的、结构化的广告投放方式。例如，采取"聚集式"投放策略，把相同产品和服务聚集到同一频道、同一版面、同一空间上进行"聚集式"播放，增强广告传播的冲击力。还可以采取"差异化"投放策略，把同一产品竞争者的广告在不同栏目、不同视频内容中进行投放，避免广告信息互相干扰以及广告信息被其他竞争者的同类广告信息淹没，彰显自身的特色。

5. 网络视频广告的投放模式

网络视频广告信息要呈现给视频受众，必须经过一定的投放过程。由于网络视频载体不同，其投放模式也不同。根据网络视频广告的技术特点，其投放模式可分为六种：推送模式、UGA 模式、赞助模式、病毒模式、视频搜索模式、渠道模式。

（1）推送模式

推送模式是直接将广告推送到网络视频受众面前，如视频贴片广告和视频区域外围广告。这种模式是应用最广泛的网络视频广告操作模式，不仅能使网络视频广告取得与传统电视广告同样的效果，而且更直观，受众注意程度高。随着网络技术的发展，推送模式也在不断完善。一方面，视频媒体根据视频内容将相关广告推送到受众面前，视频内容和广告是相关的。另一方面，考虑到很多视频跟广告没有很大的关联性，广告容易被人遗忘，网络媒体会针对不同的受众随机推送其感兴趣的广告来增强广告的传播效果。

（2）UGA 模式

UGA 模式是指用户产生广告，受众不仅观看广告，还可以积极参与广告主发起的主题创意活动。这是视频分享网站区别于其他网络视频媒体平台的最大特性之一，它打破了传统电视广告的单向传播模式，受众与广告主可以实现"双向"沟通，提高了受众参与广告制作的积极性。一方面，使"广告内容化，广告即视频"，广告受众成了广告的生产者，利用受众精准和高信任度的接受心理，不仅增强了广告的娱乐性，而且提升了品牌的价值。另一方面，在 UGA 模式中，受众处于中心位置，既是传播的主体又是分销的渠道，通过用户间的相互联系有效地把媒介传播和人际传播结合起来，扩大了传播效果。UGA 模式的不足之处在于其广告制作过程标准化低、流程烦琐、投放复杂。

（3）赞助模式

无论在传统电视媒体还是网络电视媒体中，赞助模式都是一种比较流行的广告操作模式。在网络视频媒体中，赞助模式是指广告主通过赞助的形式，运用技术手段将网络视频中与自身品牌诉求相关联的视频内容整合成一类专题或视频频道，这类专题或视频频道并不一定与企业有关，但其视频内容可能与企业的文化、价值理念有着相似或相通之处。受众对网络视频具有选择性，他们通过选择自己感兴趣的视频内容而进入企业品牌的视频专区或频道，并可以在视频页面显眼的位置看到广告主投放的广告。赞助模式不仅可以更精准地锁定目标受众，而且潜移默化地加强了品牌的亲和力，提高了品牌的认知度。相比推送模式，赞助模式具有更强的目标导向性，对消费者行为的把握也更加精确。

（4）病毒模式

网络视频广告的病毒模式是指广告主通过支付一定的费用，将有创意、对受众有吸引力的产品信息或者所提供服务的信息利用网络视频作为传播载体传递给目标受众，并刺激他们将产品信息或所提供服务的信息主动、快速、有效地传给他人的网络广告操作模式。在这种操作模式中，负载于网络视频中的广告信息在网络视频受众间无成本地传播，并使广告信息像"病毒"一样随着视频的"转发"而蔓延开来。在病毒模式中，要使视频受众自愿传播带有广告信息的视频，该视频内容就必须对受众具有吸引力，并在一定程度上能满足受众的某种心理需求，使之成为传播的中转站。常见的病毒模式传播渠道有：E-mail、即时信息（IM）、BBS博客、SNS等。

（5）视频搜索模式

面对海量的网络视频信息，网络视频受众已不再满足于网络视频媒体平台的首页推荐，越来越多的人更多地利用搜索引擎搜索相关的视频。网络视频广告的视频搜索模式是指在高层语义上检索和浏览视频，并实时地在一段视频内容中相应的位置处插播相应的广告。

传统的文本搜索方式，大多建立在低级特征的提取上，如视频标题、视频介绍、视频评论等，无法搜索真正的视频内容，如视频内容之中出现的商场、车、饭馆等场景。这种搜索引擎一般在所搜索到的视频首尾或在视频文件特定位置插播相应的广告信息，这并不能满足广告主的需求。而网络视频广告的视频搜索模式，不仅是基于文本搜索的广告投放，也是基于视频内容的搜索投放，如当视频中出现商场的场景时，在搜索到的视频周围会出现相关产品和该商场的折扣信息。

目前，在视频搜索模式的应用领域，首推全球最大的搜索引擎Google，它于2008年推出的InVideo广告服务，根据搜索的视频内容来自动插入广告，视频播放的时候，在视频下方的1/5的区域是广告的位置，点击下面出现的广告，原视频暂停，视频内弹出广告窗口播放广告内容，播放完成后原视频继续播放。这种广告模式给了受众很强的主动性，受众能根据自己的意愿选择观看或不观看广告，也满足了广告主的广告需求。

（6）渠道模式

渠道模式是指广告主或网络视频媒体运用网络技术，将广告信息实时插播到原始的不含广告信息的视频中的广告操作模式。该模式不管受众是在线观看还是下载播放，也不管受众从何种渠道获得原视频内容都可以使用，一定程度上弥补了广告主和影视公司因为盗版所损失的利益。渠道模式既给网络视频媒体平台带来了丰厚的利润，也为内容制作商在合作运营中获得正版内容的合理的投资回报提供了保障，从而使视频的内容创造出最大价值。目前，许多影视类公司通过软件（如azureus、utorrent等）将一些正版影片在网络平台上发布，用户可以选择付费无广告观看，也可以选择免费有广告观看。这种模式一方面保证了利润，另一方面也保证了视频广告投放的个性化、分众化，加强了广告投放效果。

6. 网络视频广告的用户体验

目前，用户体验被越来越多的行业关注，已成为生产者与消费者沟通的一个重要指标。现有网络视频广告普遍存在交互设计不足、用户体验差的现象。具体来说，以受众看到为目的和以受众欣赏为目的的网络视频广告（网页嵌入式视频广告、视频贴片广告、视频浮层广告、播放器背景广告）的交互性差，以受众参与为目的的网络视频广告（植入式广告）的交互性强，用户体验良好。从网络视频广告商业价值的角度来看，广告主及媒体策划人员应注重网络视频的附加价值：参与性与互动性，即从互联网本身的特性出发对广告进行交互式设计创新，以多种形式吸引用户参与，改善收看效果，以达到更好地传播广告主的产品信息和品牌的目的。

首先，在技术上让受众拥有收看选择权。传统的电视插播广告具有强制收看性，这种模式显然不适宜于网络环境。如何尽量减少对视频用户的干扰，吸引受众观看，除了增强视频广告的趣味性和故事性外，采取一定的技术手段也必不可少。如半透明的活动重叠式广告，出现在视频底端的 1/5 处，如果受众对其感兴趣，只需要单击即可获得一个更深入互动的视频广告，而此时受众正在观看的视频会暂时停止。如果受众对其视而不见，它会在保持 10 秒钟后自动消失，不会给观看带来任何骚扰。这种新广告模式完全由用户控制，这一点使其备受欢迎。又如爬虫式广告形式，在网民观赏视频内容时，会发现一个小虫逛街似的小图标爬过当前画面，最后驻足在画面的最下方。它不会影响短片的播放，反而会引起用户关注，甚至愿意点击图标，而此时更多的广告信息才会在你的同意下显示出来。上述这些技术手段充分考虑了用户的使用体验，在不干扰用户的基础上，吸引了用户的注意力，取得了良好的广告效果。

其次，广告内容化，广告即视频。充分利用互联网的交互性和网民的创造性，鼓励和吸引用户参与视频广告的制作，并提交推销他们的创意，使用户从广告的消费者转变为生产者，使网络视频广告的制作、发布、传播都更加符合互联网的特性，使广告效率更高、效果更好。从用户生成内容到用户生成创意，不仅增强了娱乐性与欣赏性，也是从广告主的角度帮助其完成营销的一种手段。除了吸引网民参与网络视频广告的生产过程外，广告商投拍娱乐化的广告剧情片也是一种很好的广告手段。

再次，提高网络视频广告的体验性、参与性。网络视频广告与传统电视广告相比，很大的区别在于其参与性与实时互动性。让受众在观看广告的同时融入其中，评头论足，形成一个互动的视频环境，这无疑会深化广告传播效果。这种视频广告模式无法在传统电视节目中投放，但却是互联网真正需要的视频广告形式。借助互联网互动技术，广告主在投放电视广告和网络广告前后，可以对广告效果进行事前、事中、事后测评，并及时采取措施，减少投放的不确定性。

最后，利用网络视频广告的多元化营销推广手段。在网络视频的帮助下，广告主可以让既有的市场营销投入发挥更大的价值，将网络社会化进行到底。所有在广告片场记录下的视频素材都可以被深度再加工，变成网民喜闻乐见的幕后花絮或者 NG 镜头集锦，并受到网民的热情追捧。网络视频广告不是简单的用户被动收看，用户有很多参与途径，如推荐、评论、BBS 和博客的嵌入等。用户会转发喜爱的视频给朋友，并进行积极的评论，甚至到产品的官网进一步了解详细信息。网络视频广告也不再是单一的信息传播工具，而是集信息传播与产品销售于一体。因此，衡量网络视频广告传播效果的评估指标应该综合化。

≫≫ 2.4.2 版权分销模式

对于网络视频行业来说，版权分销主要是指网络视频营运商将拥有版权的影视作品转让给其他网络营运商、传统媒体或其他相关企业，从中赚取差价的一种商业方式，这个过程是可逆的。也就是说，拥有影视作品版权的传统媒体不但可以购买网络视频营运商的影视作品版权，同时也可以将自己拥有版权的作品卖给其他网络视频营运商。

版权分销历来是版权分销商的核心业务。近几年随着网络视频行业版权环境的不断完善，视频网站对版权内容的追捧导致版权价格飙升，视频网站已将其纳入业务范围并作为一种盈利模式加以利用。各大视频网站均做过版权分销，如搜狐视频用 3000 万元拿下《新还珠格格》的网络独播权后旋即将其分销给优酷、土豆、乐视等，每家分销费用均在数百万元，通过一轮分销搜狐视频收回了一半以上的成本。由此可见，版权分销的主要目的是缓解视频网站购剧带来的现金流压力，通过与其他视频网站共同承担版权费用，摊薄成本，降低购剧风险。在版权价格持续上涨的时期，版权分销的出现有其积极意义。版权分销让那些拥有大量版权内容的视频网站终于摆脱亏损率先迎来了盈利的春天，2010 年乐视成为业内首个盈利的视频网站，其年报显示，版权分销收入在总收入中的比例已经达到 40%。

▶▶▶ 2.4.3　付费点播模式

除了版权分销，向用户收费也是视频网站为缓解盈利困境而进行的积极探索。这种模式依靠用户通过各种支付平台点播节目、在线观看，形成了比较稳定的点播收入及广告收入。另外，该模式点播附加值的隐性收入也不容忽视，如通过手机付费，在提示收费等环节中植入广告或提供会员服务，以提升附加值。这种模式盈利的关键在于，降低版权成本、扩大点播量和附加值的整合策划。由于盗版、非独家版权、网友搜索观看习惯、转码画质等原因，该模式目前仅在部分影视节目中可以实现盈利。

2011 年初随着《让子弹飞》的热映，视频网站从中看到了向用户收费的曙光，搜狐视频率先进行收费尝试，用户支付 5 元即可在线收看《让子弹飞》的四川话、普通话两个版本。随后各大视频网站积极跟进，先后成立了各自的付费频道。2011 年 3 月 17 日，由乐视发起，联合腾讯、激动、迅雷、暴风影音、PPTV、PPStream 七家视频网站共同组建的"电影网络院线发行联盟"在北京成立，宣布共同推进网络视频的付费点播模式。同年 3 月底，优酷、凤凰也加入该联盟。联盟提出了三个统一的理念——统一上线时间，统一播放品质，统一资费，这标志着视频网站集体进入收费时代。

在收费内容上，最初大多数视频网站选择的都是热映的新电影，后期付费内容呈现多元化特征：优酷引入国外经典电影期望用"经典"吸引用户，搜狐视频则将收费对象延伸到教育、公务员考试领域。除了内容本身的价值，播放流畅高清、无广告打扰也是付费视频的优势所在。在收费形式上，视频网站大多采取单片点播与包月（季、年）相结合的方式。为了吸引用户，付费内容的价格不断降低。在支付方式上，视频网站大多采取手机话费支付和在线支付两种方式，优酷还推出了固话支付，其支付方式相对多样。作为新型盈利模式，目前付费观看的收入占视频网站整体收入的比例微乎其微。要想让习惯了"免费时代"的受众改变思路养成付费观影习惯，确实需要视频网站多下工夫。

▶▶▶ 2.4.4　视频搜索模式

如前所述，随着互联网的高速发展，网络视频受众越来越依赖于搜索引擎。目前网络视频搜索引擎的发展还处于初级阶段，仍是投资的热点，这可能成为视频领域另一个蓝海。作为垂直搜索引擎的一种，视频搜索引擎的开发具有较高的技术难度，国外从2004年下半年开始，陆续有许多网站开始提供视频搜索服务，这里面既有传统的通用搜索引擎，也有专业的视频搜索引擎。网络视频搜索的盈利模式的关键是营销策划中的营销传播和资本运作。目前，主要由三个部分组成：

①盗版视频监测、有害视频过滤服务可能成为网络视频重要的盈利模式之一。

②视频搜索网站发展视频广告精准投放平台以扩展盈利模式。

③部分视频搜索引擎技术提供商转向电视台提供视频数字化加工等服务。

▶▶▶ 2.4.5　其他盈利模式

网络视频的商业运作和竞争越来越趋向融合，已从初期的拼流量、抢地盘，过渡到构建成熟稳定的运作模式，探索新的盈利手段。

下载收费盈利模式。这种模式依靠用户下载观看收费，包括主动精准下载、软件植入自动推荐下载等。下载收费模式同样有附加值收入，且种类较点播在线观看要丰富得多，可以依靠下载界面、软件和网页等进行广告营销，广告到达率一般比流媒体在线观看高许多。这种模式盈利的关键在于，降低版权成本、扩大下载量、提高下载速度和进行广告创意营销。

客户端软件盈利模式（技术植入盈利模式）。这种模式涵盖本地播放、在线直播、在线点播、高清点播等视频播放服务形式，主要依靠广告盈利。该模式由于其产品进入用户桌面，广告价值极大，被一些视频网站和聚合运营商等广泛采用。这种模式盈利的关键在于，提升营销策划和广告的运作能力以及附加值等长尾效应。

社区盈利模式。这种模式是免费点播在线观看或下载观看网友上传的节目，依靠广告盈利。其互动性强，但是现在一般与版权节目混合使用，以增强其内容吸引力和逻辑性。这种盈利模式的关键是广告种类的开发和营销策划，内容差异化也是成败的关键。开拓多个行业以及多种形式的广告，已经成了此类网站的一种营销目标。播客的优秀内容也可以上贴片广告，还可以进行移植和深加工。

深加工盈利模式。这种模式是在原有的视频产品基础上进行剪辑、组合、包装等，形成更有市场的产品，这些产品不局限于自身网络来赢利。这种盈利模式的关键是深加工策划和谨慎的财务分析，就是能根据自身资源策划出那些增值项目并降低成本。

2.5　网络视频服务的拓展应用

▶▶▶ 2.5.1　网络视频监控

视频监控技术自20世纪80年代先后经历了模拟视频与近距离监控、模拟视频与远距离联网监控、数字视频与IP网络监控、数字视频与光纤网络监控四个发展阶段。随着光电信息、微电子、网络通信、数字视频、多媒体技术及传感技术的发展，视频监控技术已由传统的模拟走向高度集成的数字化、网络化、智能化的全数字网络视频监控时代。

随着网络视频技术的飞速发展，视频监控必将成为更多领域中的一个重要工具，如金融、商业、交通、住宅、社区等。在一些重大的体育赛事和场馆建设中，视频监控的应用是保证这些盛会成功举办的最基本条件。在城市的供热、供电、供气、交通、消防、医院等基础设施中应用视频监控可以保障城市居民的生活，实时发布和跟踪各种基础设施的安全与状态等。

⫸ 2.5.2　网络视频会议

网络视频会议是指利用多媒体通信网络和多媒体终端，使身处异地的与会者就同一议题参与讨论，与会者可以听到发言者的声音，看到发言者的图像及背景，还可以互传、交流、共享有关议题的数据、文字、图表等信息，实现远程即时且互动的沟通。一般网络视频系统支持多人视频会议、视频通信、多人语音、屏幕共享、动态 PPT 演讲、文字交流、短信留言、电子白板、多人桌面共享、文件传输等功能。

网络视频会议刚进入市场时，技术研发投入大、应用条件苛刻、兼容性能差、软硬件要求高等诸多原因造成其价格一直居高不下。而基于 Web 技术的网页版网络视频会议，大大降低了网络视频会议的门槛。它与几乎所有的浏览器兼容，无须额外下载安装任何插件，极大地提高了安全性。同时，由于采用了领先的云计算技术，大幅度提高了信息传输的速度和稳定性，还完全免除了用户在数据隐私方面的担忧。目前，网络视频会议已应用在远程办公、远程教育、远程招聘、远程应急指挥等领域。

⫸ 2.5.3　网络视频购物

网络视频购物是视频购物和电子商务的有机结合。网络视频购物平台通过互联网强大的互动平台和众多的用户群保障，有效地解决了传统电视购物的互动性差、播出时间受限制以及受众人群少等问题。对于传统的电子商务来说，这是一次技术性的革命，视频购物功能可以将其商品全方位立体式地展示给用户，增加用户的购物体验及真实感，增加交易双方的信誉。对于视频网站来说，与电子商务的有效结合可以助力视频网站的多元化发展，帮助视频网站开辟一条经营的新道路；还可以通过整合优势资源，构建更完善的网络购物渠道产业链，开辟未来视频购物领域发展的新途径。可以说，视频技术和网络购物相互融合和渗透必将成为未来视频购物领域的新趋势。如作为国内首家上线的视频购物平台，酷 6 视频购物频道立志于打造值得中国网民信赖的新购物模式，为树立网民对网络购物的信心服务，推动了中国电子商务和网络购物的整体化发展进程。

≫≫ 2.5.4 网络视频教育

网络视频教育可以实现实时"面对面"远程授课、视频课件点播、同步课业辅导、远程交流讨论、交互式答疑等丰富的教学功能，突破了课堂教学和课本教学信息单一化的局限，能充分开发、组合和利用各种教育信息资源，将多学科、多层次的丰富信息通过多种途径传播。

在网络视频教育方面，国外的视频网站在视频内容方面既有综合型的，如 YouTube，也有面向教育系统的，如 TeacherTube，它们在视频教育平台方面的风格定位各有侧重点，各有特色；就国内现状而言，主要有综合型的视频分享网站（如优酷）和少量的专业视频教育平台（如海盐教师优视）以及地方性教育机构和学校建设的视频教育专题网站。显然，这些视频网站已经取得了巨大的成功，其开放、共享的理念也给视频教育带来了一定的启示。目前，我国的网络视频教育的现状如下：首先，虽然网络教学、远程教育等领域已经广泛认可了视频点播技术，但绝大多数学校目前使用的视频点播系统的视频传播模式仍然是传统的一对多发布模式。其次，这些视频点播系统里的大部分教育资料来源单一，视频资源不够丰富。在这种环境里，学生只能被动地选择服务器上的资料。最后，很多学校视频点播系统中的资源主要由视频发布机构和相关人员收集，在数量和质量上都难以保证，很难满足不同专业、不同兴趣爱好的学生的需求。因此，将视频网站的开放、互助、参与、共享的思想与视频教育系统有机地结合，才是网络视频教育的发展方向，这能让普通公众参与进来，为各自适应社会发展和实现个体发展而进行贯穿一生的、持续的学习。

3 / 网络视频服务的相关技术

纵观对网络视频服务影响的各方面因素，网络视频服务的确切含义应该包含三个层面：

（1）压缩与传输技术层：用来实现媒体数字化及网络传输，不同格式的 A/V 压缩及传输控制技术；

（2）网络架构层：支撑数字媒体内容向终端用户传播的网络架构技术，该领域已经历了 C/S、CDN 到 P2P 方式的演变；

（3）应用表现层：网络视频服务在终端用户界面的具体呈现形式，如 VOD、视频直播、视频共享、视频会议等。

从网络视频服务的发展历程不难看出，网络视频服务的产生、发展与演进过程与互联网技术的发展存在着密切的关系。因此，对网络视频影响最大的技术革新首推 Web2.0，其次是流媒体技术和 P2P 技术。

3.1 压缩与传输技术

≫≫ 3.1.1 流媒体技术

1. 流媒体概念

流媒体服务提供商用一个视频服务器将节目打包发出，传送到网上，用户接收后通过解码器对这些数据进行解码后播放。流媒体数据流具有 3 个特点：连续性、实时性、时序性，即其数据流具有严格的前后时序关系。由于流媒体的这些特点，它已经成为在互联网上实时传输音频、视频的主要方式。本质上，流媒体技术是一种在数据网络上传递多媒体信息的技术。目前数据网络具有无连接、无确定路径、无质量保证的特点，这给多媒体实时数据在数据网络上的传输带来了极大的困难，流媒体技术的主要目标就是：通过一定的技术手段实现在数据网络上有效地传递多媒体信息流。

传统的流媒体服务大多是客户/服务器（C/S）模式，即用户从流媒体服务器点击观看节目，然后流媒体服务器以单播方式把媒体流推送给用户。当流媒体业务发展到一定阶段后，用户总数大幅度增加，这种 C/S 模式加单播方式来推送媒体流的缺陷便明显地显现出来了（如流媒体服务器带宽占用大、流媒体服务器处理能力要求高等），带宽、服务器等常常成为系统瓶颈。

2. 流媒体的关键技术

流媒体有三个关键技术：数据压缩/解压缩技术，流媒体的网络传输技术和媒体文件在流式传输中的版权保护技术。其中数据压缩/解压缩技术又是重中之重，是核心技术，流媒体的本质是媒体，流是媒体传递过程中的一种表现形式，和传统的传输方式相比，流媒体的关键是要降低文件的大小，使之能更容易在网络中传输。

流媒体数据流传送实时播放，只是在开始时有些延迟。显然，流媒体实现的关键技术就是流式传输，流式传输主要指将整个音频和视频及三维媒体等多媒体数据文件经过特定的压缩方式解析成一个个压缩包，由视频服务器向用户计算机顺序或实时传送。在采用流式传输方式的系统中，用户不必像采用下载方式那样等到整个文件全部下载完毕后才能播放和观看，而是只需经过几秒或几十秒的启动延时即可在用户的计算机上利用解压软件对被压缩的音频、视频等多媒体文件解压后进行播放和观看，此时多媒体文件的剩余部分将在后台的服务器内继续下载。与单纯的下载方式相比，这种对多媒体文件一边下载一边播放的流式传输方式不仅使启动延时大幅度地缩短，而且对系统缓存容量的需求也大大降低，极大地减少了用户等待的时间。流媒体工作模型如图 3-1 所示。

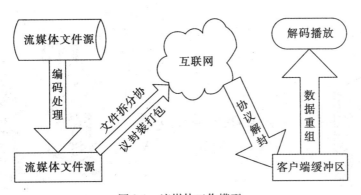

图 3-1 流媒体工作模型

流媒体的播放方式包括单播、组播、点播与广播。单播方式是指在每一个客户端与流媒体服务器之间需要建立一个单独的数据通道，从一台服务器送出的每个数据包只能传送给一台客户机。每个用户必须分别对流媒体服务器单独发送查询，而流媒体服务器必须向每个用户发送其所请求的数据包文件拷贝。这种巨大冗余会给服务器带来沉重的负担，增加响应时间，甚至使得播放停止；管理人员也被迫购买高性能的硬件和带宽来保证一定的服务质量。单播方式如图 3-2 所示。

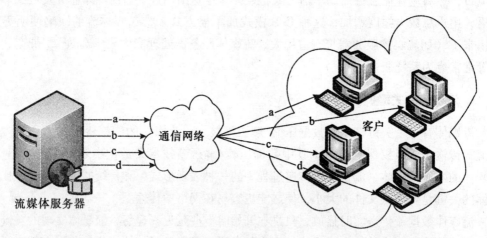

图 3-2　单播方式

组播方式使用了一种具有组播能力的网络，允许服务器一次将数据包复制到多个通道上。单台服务器能够对很多台客户机同时发送连续数据流而无延时。流媒体服务器只需要发送一个信息包，而不是多个，所有发出请求的客户端共享同一信息包，信息可以发送到任意地址的客户机。这种方式减少了网络上传输的信息包的总量，网络利用效率大大提高，成本大为下降。组播方式如图 3-3 所示。

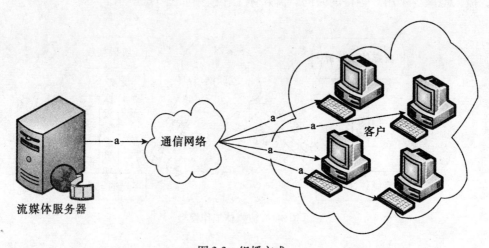

图 3-3　组播方式

点播方式是客户端与服务器之间的主动的连接。在点播连接中，用户通过选择内容项目来初始化客户端连接。用户可以开始、停止、后退、快进或暂停流。点播连接提供了对流的最大控制，但这种方式由于每个客户端各自连接服务器，会迅速耗尽网络带宽。

广播方式指的是用户被动接收流。在广播过程中，客户端接收流，但不能控制流。例如，用户不能暂停、快进或后退该流。广播方式中单独一个数据包的文件将发送给网络上的所有用户。使用单播方式发送时，需要将数据包复制成多个拷贝，以多个点对点的方式分别发送给需要它的那些用户；使用广播方式发送时，数据包的单独一个拷贝会被发送给网络上的所有用户，而不管用户是否需要，上述两种传输方式非常浪费网络带宽。组播方式吸收了上述两种发送方式的长处，克服了上述两种发送方式的弱点，将数据包的单独一个拷贝发送给那些需要的客户。组播不会复制数据包的多个拷贝传输到网络上，也不会将数据包发送给不需要它的那些客户，保证了网络上多媒体应用占用的网络带宽最小。

流媒体系统主要包括三部分：媒体制作服务器、媒体传输服务器和客户端播放器。媒体制作服务器的主要功能包括两项，第一项功能是流媒体节目的制作，将电视节目采集压缩后存储到硬盘上或者将其他压缩或未压缩的媒体格式转换成所需的格式，然后上载到媒体传输服务器上，供用户点播。第二项功能是实时直播功能，媒体制作服务器将电视信号或其他实时的音频信号采集压缩成所需的媒体格式，实时发送到媒体传输服务器上，用户可以进行实时观看。

流媒体传输服务器的主要工作是接受用户的视频播放请求，将视频信号发送给用户。客户端播放器将收到的音频信号解码后呈现给用户。流媒体系统示意图如图 3-4 所示。

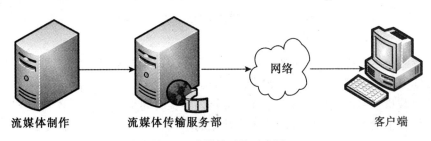

流媒体制作　　　　流媒体传输服务部　　　　　　　　客户端

图 3-4　流媒体系统示意图

3. 流式传输的方法

目前，实现流式传输有两种方法：实时流式传输（Realtime streaming）和顺序流式传输（Progressive streaming）。实时流式传输通常用于在线直播和视频会议等方面；而顺序流式传输常用于网上办公等领域。RTP、RTCP 和 RTSP 是流媒体传输的标准协议和关键技术。

实时传输协议（RTP）定义了流媒体中视频音频的标准数据包格式，以使其能在 IP 网络中进行发送传输。它广泛应用于通信和多媒体系统，包括视频电话和网络电话等。

RTCP 是 RTP 的姊妹协议。RTCP 提供 RTP 协议所需的控制功能。它提供 RTP 数据流的带外数据统计和流传输控制信息。它协助 RTP 对多媒体数据进行打包或传输，但本身不传输任何多媒体数据。它主要提供流媒体会话中周期性的服务质量统计，以反馈给参与用户。

实时流协议（RTSP）是应用级协议，用于建立和控制服务器与客户端之间的媒体会话。RTSP 提供了一个可扩展框架，提供音频与视频的播放、暂停等控制功能，实现了类似录像机的功能。数据源包括现场数据与存储在剪辑中的数据。

4. 流媒体内容分发技术演进

传统流媒体内容分发技术的主要缺点是数据来源单一，所有播放端数据全部由流媒体服务器提供，对服务器端设备要求极高。而在现有硬件条件下，即使提供大量资金可能也无法满足急剧增长的应用服务，即可扩展性差。传统流媒体内容技术结构图如图 3-5 所示。

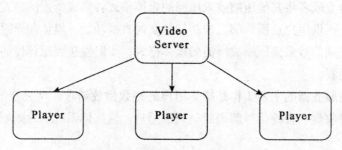

图 3-5　传统流媒体内容分发技术结构图

多服务器技术解决了传统流媒体内容分发技术中，数据来源有限的问题，是应用较广泛的流媒体内容分发技术。通过配置多个服务器，降低了单个服务器的压力，提高了服务器端总的承载量。但是该技术存在不同服务器内容实时同步性能差，单个服务器失效可能造成服务彻底中断等问题。而且随着用户数量的增长，势必增加服务器数量，以分流降低增加的负载，使其成本居高不下。多服务器流媒体内容分发技术结构图如图 3-6 所示。

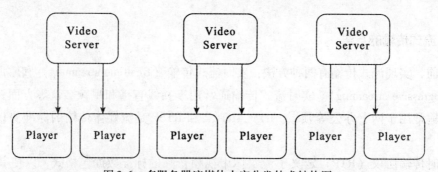

图 3-6　多服务器流媒体内容分发技术结构图

改进多服务器流媒体技术的重要进步是用户端可以选择从多个服务器获得数据，解决了单个服务器失效而造成的服务中断的问题。但是它仍然没有解决服务器内容实时同步能力不足的问题。并且在用户端增加的情况下，保证质量的唯一方法仍然是增加服务器数量，成本依然庞大。改进多服务器流媒体内容分发技术结构图如图 3-7 所示。

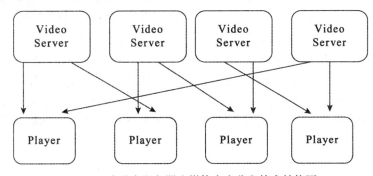

图 3-7　改进多服务器流媒体内容分发技术结构图

>>> 3.1.2　视频编码技术

原始视频数据会占用大量的带宽，为了提高视频传输的实时性和效率，有必要对视频进行压缩编码。所谓视频编码方式就是指通过特定的压缩技术，将某种视频格式的文件转换成另一种视频格式的文件的方式。网络视频压缩编码的理论基础是信息论。压缩即从时域、空域两方面去除冗余的信息，将可推知的确定信息去除。数字图像的压缩编码实质上是以最小比特数来传送图像，有效地减少图像数据量，降低视频图像实时性对带宽的要求，目的是提高信息处理、传输和存储效率。

数字图像压缩编码技术是多媒体信息处理的重要部分，它主要是解决图像声音信息的存储和传输。按照压缩编码所采用的算法不同，图像压缩编码的方法有三类：

1. 消除图像时间冗余度的预测编码方法

预测编码是基于图像相关性进行数据压缩的一种方法。视讯传输中，每一帧图像的内容与其前一帧图像差别不大，即相关性很强。利用这个相关性，首先将一副完整内容的图像传到对方，再用已传送的像素对当前的图像像素进行预测，对预测值与实际值的差值（预测误差）进行编码处理和传输。以后发送的每幅图像，只需把不同的内容传过去，从而可使传输的码率大大下降。这种编码方式，采用较少的量化分层，使量化噪声不易被人眼觉察，这样图像数据得到了压缩，而图像主观质量并不下降。

2. 消除空间冗余度的变换编码方法

（1）离散余弦变换（DCT）编码。图像数据具有空间相关性，通过 DCT 变换将图像数据从空间域变换到频域，视频图像的相关性明显下降，信号的能量主要集中在少数几个变换系数上，然后采用量化和熵编码可以有效地压缩其数据。

（2）长度编码（RLC）。DCT 编码中，通常变换系数经量化后会出现很多连续的零系数。在这种情况下，只要说明两个非零系数之间有多少个零，而不需要传送大量的零系数，解码时插入零系数即可。

（3）哈夫曼编码。哈夫曼编码是一种非等长编码方法。对 DCT 系数进行量化以后，在已知各量化值的出现概率不同的情况下，对出现概率高的量化值采用短码字，对出现概率低的量化值采用长码字，可以减少量化值的平均码长，达到压缩目的。

（4）运动补偿。视频图像数据具有时间相关性，相邻的两帧图像间可能具有相同的背景和一些运动的物体。如果能用尽量少的数据描述出这些相同的背景以及运动物体的移动情况，就可以大大减少数据量。运动补偿技术的主要内容包括：将视频图像分割成静止部分和运动部分，检测运动物体的位移，对分割出的运动物体在移动后的差值进行编码，对运动矢量进行编码。

3. 混合编码

信源编码的目的是压缩电视图像的时域和空域冗余量，降低视频数字化图像序列的比特率，从而提高传输和存储的效率。一般采用将前两类方法结合起来使用的所谓的混合编码。采用混合编码方式可以用 DCT 变换进行帧内编码压缩，用运动补偿和运动估计来进行帧间编码压缩，使用熵编码提高压缩的效率等。像 H. 261、H. 263、MPEG-1、MPEG-2 等标准都是采用这样的混合编码方式来实现的。

视频流传输中最为重要的编码标准有国际电联的 H. 261、H. 263，运动静止图像专家组的 M-JPEG 和国际标准化组织运动图像专家组的 MPEG 系列标准，此外在互联网上被广泛应用的还有 Real Networks 公司的 RealVideo、微软公司的 WMV 以及 Apple 公司的 QuickTime 等。下面我们将几种压缩算法简单地介绍一下。

（1）M-JPEG（动态 JPEG）。主要特点是基本不考虑视频流中不同帧之间的变化，只单独对某一帧进行压缩。目前基于该技术的视频卡也主要是完成数字视频捕获（Capture）功能，在后台由 CPU 或专门的 JPEG 芯片完成压缩工作，也就是我们常说的软压缩。

M-JPEG 压缩技术可以获取清晰度很高的视频图像，而且可以灵活设置每路视频的清晰度、压缩帧数，但缺点是在保证每路都有高清晰度的情况下，受处理速度限制，无法完成实压缩，有很强的丢帧现象，同时由于没有考虑到帧间变化，大量冗余信息被重复存储，因此单帧视频占用的空间较大，目前流行的 M-JPEG 技术最好的也只能做到 3K/帧，通常要 8～20K！

（2）小波变换（WAVELET）。压缩比 50～70，分辨率可达到 720×576，对静态画面处理较好。和 M-JPEG 类似，它所占用的带宽和硬盘空间仍然较大，网络传输要求仍然较高。

（3）MPEG。MPEG 是 Movyig pictures experts group（运动图像专家组）的英文缩写，这个专家组始建于 1988 年，专门负责为 CD 建立视频和音频标准，其成员均为视频、音频及系统领域的技术专家。MPEG 是 ISO/IEC/JTC/SC2/WG11 的一个小组。它的工作兼顾了 JPEG 标准和 CCITT 专家组的 H261 标准，于 1990 年形成了一个标准草案。

MPEG 标准由三个组成部分：MPEG 视频、MPEG 音频和视频与音频的同步。MPEG 视频是 MPEG 标准的核心。为满足高压缩比和随时访问两方面的要求，MPEG 采用了预测和插补两种帧间编码技术。MPEG 视频压缩算法中包含运动补偿算法等基本技术。运动补偿算法用来减少帧序列的空域冗余，是当前视频图像压缩技术中使用最普遍的技术之一。

MPEG 视频的特点是：①可随即存取；②快速正向/逆向搜索；③逆向重播；④视、音同步；⑤容错性。MPEG 视频的编码压缩算法采用帧内图像数据压缩和帧间图像数据压缩两种技术，以去除运动图像的空域和时域冗余，从而大大减少了存储空间占用率。MPEG 视频图像的类型有三种，即帧内图（I 帧）、预测图（P 帧）和双向预测图（B 帧）。采用 P 帧和 B 帧编码后，编码效率很高，既能大大减少存储空间，又能保证图像质量。但在采用 B 帧编码的过程中也增加了延迟，因为对第 N 帧的编码需要对第 N+k 帧的访问，因而在诸如视频会议这样的要求延迟低的应用场合采用 MPEG 编码技术不大合适。

MPEG 标准分为 MPEG-1、MPEG-2 和 MPEG-4 三个阶段。

MPEG-1 制定于 1992 年，为工业级标准的设计，可适合于不同带宽的设备，如 CD-ROM、Video-CD、CD-I。它可针对 SIF 标准分辨（对于 NTSC 制为 325×240；对于 PAL 制为 325×288）的图像进行压缩，传输速率为 1.5 Mbits/s，每秒播放 30 帧，具有 CD（指激光唱盘）音质，图像质量级别基本与 VHS 相当。MPEG 的编码速率最高可达 4 ~ 5 Mbits/s，但随着速率的提高，其解码后的图像质量有所降低。MPEG-1 也被用于数字电话网络中的视频传输，如非对称数字用户线路（ADSL），视频点播（VOD）以及教育网络等。同时，MPEG-1 也可被用做记录媒体或是在 internet 上传输音频。

MPEG-2 是在 MPEG-1 的基础上进行的扩展，它也包括系统、视频和音频等部分。MPEG-2 系统的作用是将一个或更多个视频、音频或其他的基本数据流合成单个或多个数据流，以便于存储和传输。它支持五项基本功能：①同步多基本流；②将多个基本流交织成单个数据流；③初始化解码缓冲区；④缓冲区管理；⑤时间识别。

MPEG-2 系统的编码有节目流和传输流两种，节目流和 MPEG-1 系统的定义相似，但作了一些扩展，定义了两个表，即节目流映象表和节目流目录表。传输流的定义更为复杂，它支持错误检测与纠正，也支持多服务和多节目，这里所说的服务是指一群逻辑上相关的基本流，回放时要求同步，并且使用同一个时间基准。

MPEG-2 视频体系必须与 MPEG-1 视频体系向下兼容，并且力求满足存储媒体、视频会议/可视电话、数字电视、高清晰度电视（HDTV）、数字广播、通信网络等应用领域中对媒体视频、音频通用编码方法日益增长的新需求，分辨率支持低（352×288）、中（720×480）、次高（1140×1080）、高（1920×1080）等不同档次，编码方法支持从简单到复杂等不同等级。MPEG-2 视频体系中引进了框架（Profile）和级别（Level）的编码方法，框架是 MPEG-2 标准中定义的语法的子集，而级别是一个特定框架内的参数所取值的集合，也就是说，一个框架可以包含一个或多个级别。框架和级别限定之后，解码器的设计和解码校验就可在限定的框架中进行，同时以框架和级别的形式定义规范，为不同的应用之间的数据交换提供了方便。

MPEG-2 在设计时的巧妙处理，使得大多数 MPEG-2 解码器也播放 MPEG-1 格式的数据，如 VCD。同时，MPEG-2 的出色性能表现，已能适用于 HDTV，使得原打算为 HDTV

设计的 MPEG-3，还没出世就被抛弃了。但是它有个致命的缺陷，就是压缩比较低（40：1），这样就需要很大的硬盘容量来满足长时间的录像存储。MPEG-2 压缩 PAL 制 25 帧/秒的画面，需要 3~10Mbits/s 的传输率，占用如此高的带宽导致其只能在局域网内传输。

MPEG-4 与 MPEG-1、MPEG-2 不同。MPEG-4 于 1998 年 11 月公布，原预计 1999 年 1 月投入使用。MPEG-4 不仅针对一定比特率下的视频、音频进行编码，而且更加注重多媒体系统的交互性和灵活性。尽管 MPEG-4 被定义为一个标准，但它实际上是一个压缩/解压缩格式以及面向窄带和宽带网络的交互式传输技术的集合。

MPEG-4 的特点是：①互操作性，它并非只适应于任何一种特定平台，而是适用于所有平台；②传输独立性，它将传输机制留给服务提供商自己选择，以便能将 MPEG-4 用在范围很宽的网络环境中；③能压缩和传输低码流到中等码流的富媒体；④交互性，允许内容制作者与观众决定怎样与媒体流进行交互；⑤延展性；⑥有多个不同的框架，以适应不同的应用。

MPEG-4 与 MPEG-1 和 MPEG-2 的主要区别在于：MPEG-4 与应用的级别有关，它是基于对象编码的，即将在网络上传送的内容定义为媒体对象和情景描述的构架；除了视频和音频以外，还允许将不同类型的内容包含在 MPEG-4 中，比如动画、计算机产生的三维物体等，而 MPEG-1 和 MPEG-2 则与音频、视频和码流有关。除了媒体对象的概念外，MPEG-4 并没有定义媒体流的传输机制，而是将之留给服务提供商和应用开发者。与 MPEG-1 和 MPEG-2 不同的是，MPEG-4 定义了传输、同步和内容播放三者之间的关系，以适应爆发性、可延展性内容的传输以及使得交互性成为可能。尽管 MPEG-4 或多或少地覆盖了 MPEG-1 和 MPEG-2 的编码范围，但它所针对的应用是不一样的。MPEG-4 定义了所谓的富媒体（Rich Media）的传输特性、交互性和延展性，因而按照 MPEG-4 标准压缩的内容可以在宽带和窄带互联网上进行传输，可用于交互式电视，或者可以传输到诸如蜂窝电话、PDA 等无线设备上。

MPEG-4 标准包括几个核心部分：①MPEG-4 系统，用于描述、多路复用、同步、缓冲区管理以及知识产权保护；②多媒体传送综合构架（Delivery Multimedia Integration Framework，DMIF），它定义了富媒体的传输机制；③MPEG-4 视频，它确定了自然的和人工的视频对象的表示；④MPEG-4 音频，它确定了自然的和人工的音频对象的表示。

（4）RealVideo。RealVideo 是 RealNetworks 公司开发的在窄带（主要的互联网）上进行媒体传输的压缩技术。

（5）WMV。WMV 是微软公司开发的在互联网上进行媒体传输的视频和音频编码压缩技术，该技术已与 WMV 服务器和客户机体系结构结合为一个整体，使用 MPEG-4 标准的一些原理。

（6）QuickTime。QuickTime 是一种存储、传输和播放媒体文件的文件格式和传输体系结构，所存储和传输的媒体通过多重压缩模式压缩而成，传输是通过 RTP 协议实现的。

（7）H.261。H.261 又称为 P×64，其中 P 为 64kbps 的取值范围，是 1 到 30 的可变参数，它最初是针对在 ISDN 上实现电信会议应用特别是面对面的可视电话和视频会议而设计的。实际的编码算法类似于 MPEG 算法，但不能与后者兼容。H.261 在实时编码时比 MPEG 所占用的 CPU 运算量少得多，此算法为了优化带宽占用量，引进了在图像质量与运动幅度之间的平衡折中机制，也就是说，剧烈运动的图像比相对静止的图像质量要差。因此这种方法属于恒定码流可变质量编码而非恒定质量可变码流编码。

H.261 同 MPEG1 的区别在于 H.261 是传送屏幕区域的更新信息，大幅度地降低了数据流的瞬时变化，在带宽有障碍的信道上传输是一种理想的方案。总体上其图像质量略逊于 MPEG1，适合在 ISDN、DDN、PSTN 网上传输运动的图像。

（8）H.263。H.263 是国际电信联盟远程通信标准化组织（ITU-T）的一个标准草案，是为低码流通信而设计的。但实际上这个标准适用于很宽的码流范围，而非只用于低码流，它在许多应用中可以取代 H.261。H.263 的编码算法与 H.261 一样，但做了一些改善，以提高其性能和纠错能力。H.263 的特点有：①H.263 的运动补偿使用半像素精度，而 H.261 则用全像素精度和循环滤波；②数据流层次结构的某些部分在 H.263 中是可选的，使得编码具有更好的纠错能力；③H.263 包含四个可协商的选项以改善性能；④H.263 采用无限制的运动向量以及基于语法的算术编码；⑤H.263 采用事先预测和与 MPEG 中的 P-B 帧一样的帧预测方法；⑥H.263 支持 5 种分辨率，即除了支持 H.261 中所支持的 QCIF 和 CIF 外，还支持 SQCIF、4CIF 和 16CIF，SQCIF 相当于 QCIF 一半的分辨率，而 4CIF 和 16CIF 的分辨率分别为 CIF 的 4 倍和 16 倍。

H.263 非常适合在固定带宽的信道中传输视频信号。MPEG-1、H.261、H.263 三种编码方式都是针对低成本的编码方案。MPEG-1 编码方式在 400Kbps～2Mbps 速率上传输 CIF 格式、每秒 5～30 帧的活动图像，在三种编码方式中图像质量最高；H.261 编码方式采用了区域更新的方法，进一步降低了码流速率，在 128～768Kbps 的速率上传输 CIF 或 QCIF 格式、每秒 5～25 帧的活动图像，图像质量略逊于 MPEG-1；H.263 编码方式是三种方式中数据流速率最低的一种，它在 H.261 的基础上增加了四种编码选项，将码流速率降到 128Kbps 以下，在 9.6～128Kbps 的速率上传输 CIF 或 QCIF 格式、每秒 1～15 帧的活动图像，特别适合在电话线上传输质量要求不高的活动图像。视频显示及图像传输要求对比如表 3-1 所示。

表 3-1　　　　　　　　　　　　　　　视频显示及图像传输要求对比

	原始图像 (320×40)	H.261	MPEG-1	MPEG-2	MPEG-4	M-JPEG	WAVELET
压缩比例	1	80	20	5	100	20	15
文件大小/帧/秒	230K	2.8K	11K	44K	2.2K	11K	14.7K
带宽 Kbit/秒	1,767	22	83.3	353	16.7	83.3	118
图像质量	极好	差	可以	极好	好	可以	好
应用		视像会议	本地网	本地	远程传输	本地网	本地网
备注		不适合于数码录像系统		要求储存量大	当前的行业趋势		

≫≫ 3.1.3 传输技术

1. 通信网络基础设施

数字视频网络传输的实现是以通信网络为前提的，离开了通信网络基础设施，数字视频网络传输就无从谈起。在当前可供使用的通信网络中，按类型来划分有线路交换网络、分组交换网络、ATM 网络和无线网络几大类。线路交换网络又可进一步划分为同步光纤网 SONET/SDH、密集波分复用网 DWDM、光纤到户 FTTH、数字用户线路 xDSL 和混合光纤同轴线缆 HFC 等，无线网络包括微波无线网络、数字蜂窝无线网络和通信卫星网络等。

就目前的情况来说，语音、数据、图像和视频等多媒体实时传输大多是通过公网或租用线路实现的，这些都属于线路交换的情形，其特点是能够提供服务质量保证，适合于实时应用和高速通信服务，但对于低密度的通信服务而言过于昂贵。目前人们对以 IP 分组交换为基础的因特网寄予了越来越高的期望，希望它能够成为多媒体通信技术的载体，但一般来说，目前的因特网还不适合于以 MPEG-1/MPEG-2 格式编码的高质量实时视频应用，只适合于采用 WMV 和 Real Video 格式编码的音频、视频媒体传输应用，且必须以增加时延为代价。

近些年来 ATM 公共网络服务的出现为视频网络通信增加了一种重要选择，成为人们寄予厚望的宽带网络技术。

大多数用户最容易看到的电信网络部分是把用户连接到电信中心局的接入网和前端设备，特别是，用户可以看到连接到建筑物并最终到达用户设备的最后一公里的引入线缆，在许多情况下，它就是运载基带模拟信号的双绞铜线。但这其实只是网络的一个组成部分，与接入网相对应的就是骨干网，上面提到的网络基础设施就是骨干网的情形。当前，接入网正在追随主干网经由同轴电缆并最终经过光纤演变，从模拟走向数字化，非对称数字用户线 ADSL、光纤到户 FTTH、光纤到路边 HTTC 以及无线系统等都是这一走向的选择。

就骨干网络而言，现存的通信技术基本上是利用光纤或双绞线上的脉冲传输技术和准同步数字体系 PDH 技术。此外，同步数字体系 SDH 光纤系统和北美的同步光纤网 SONET 也正被广泛采用。如果采用 SONET/SDH 技术与 ATM 技术相结合，那么 ATM 技术的优点将会得到更好的体现。

2. 可用的网络传输技术

尽管组网技术千差万别，但对于应用层所采用的传输协议来说，目前可用的面向多媒体通信能力的网络基本上是 IP 和 ATM 两种。

IP 网络协议原先不是设计用来做多媒体通信的，它不能满足诸如带宽、延迟和延迟抖动等要求。为了让 IP 网络技术具有多媒体通信能力，目前的 IP 协议已做了很大的扩展，增加了诸如实时传输协议 RTP 以及资源预留协议 RSVP 这样的新协议，并使 IP 协议具备多投点（Multicast）、实时投递、集成服务和保证服务质量等特点。

（1）IP 多投点技术的特点

IP 多投点技术允许路由器一次将数据包复制到多个通道上，并支持下列功能：

①物理上分散的端点可以动态地加入或离开组，没有控制组员关系的中心节点。

②一个结点可以同时属于几个组。

③一个结点可以使用三种发送方式中的一种，即只发送、只接收或发送和接收。

采用多投点技术，单台服务器可以向几十万台客户机同时发送连续的数据流而无延迟，服务器只需要发送一个数据包，所有发出请求的客户机共享同一数据包，从而减少了网络上的信息包的总量，大大提高了网络的利用率。

（2）实时传输协议 RTP

RTP 是用在 Internet 上针对多媒体数据流的一种传输协议，它被设计为在单投点或多投点传输的情况下工作，其目的是提供时间信息和实现流的同步。RTP 通常使用 UDP 来传输数据，但它也可以在 TCP 和 ATM 等其他协议下工作。

（3）ATM 技术的特点

ATM 是一种快速分组交换技术，它采用异步分时复用方法将信息流分成固定长度的信元进行高速交换。ATM 技术采用全新的不同于 ISO 协议的参考模型，由 4 个协议层组成，即用户层、ATM 适配层、ATM 层和 ATM 物理层。用户层支持各种用户服务；ATM 适配层负责将各种业务的信息适配成 ATM 信元流；ATM 层负责交换、路由选择和信元复用；ATM 物理层负责信息传输。

ATM 的最大优点在于它是一种通用的与服务无关的交换和多路复用技术，独立于基础的传输技术和速率，而且能够提供范围广泛的服务质量控制机制。ATM 技术已被国际电联确定为传输语音、数据、视频及多媒体信息的新工具。

≫≫ 3.1.4　优化技术

1. 负载均衡

负载均衡就是系统根据服务器距离用户的远近和服务器资源的占用情况而动态地为用户分配不同的服务器以提供服务，它分为全局负载均衡和本地负载均衡。全局负载均衡如图 3-8 所示。

全局负载均衡主要在分布式流媒体系统中应用。整个流媒体系统由许多分布在不同地区的流媒体服务器构成。用户首先接入流媒体 Web 网站，选择所要观看的节目，Web 网站接收到用户的请求后，分析用户的来源和所请求的节目，然后找出距离用户最近的流媒体服务器为用户服务，从而减少了用户观看的等待时间，同时由于该服务器距离用户最近，媒体流经过的网格环节少，不仅可以比较少地占用骨干网络资源，而且减少了发生数据丢包的风险，从而能保证提供给用户稳定流畅的媒体流。

由于流媒体服务器对服务器的系统资源要求比较高，服务器必须具备提供大量并发访问服务的能力，它的处理能力和 I/O 能力也是其提供服务的瓶颈之一。如果客户的增多导致通信量超出了服务器所能承受的范围，那么其结果必然是宕机。

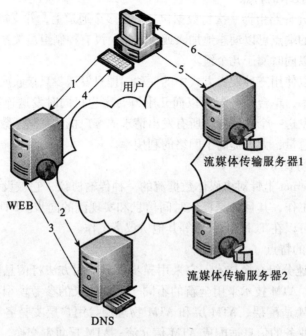

图 3-8　全局负载均衡

　　显然，单台服务器有限的性能不可能具备供几千个用户并发访问的能力，因此要求服务更多的用户就必须将多台服务器组成一个系统，并通过智能交换技术将所有用户请求平均分配给所有服务器，这样这个系统就能同时处理几千甚至上万的并发流。

　　在图 3-9 所示的本地负载均衡中，四层交换机屏蔽了所有的流媒体服务器，对用户来说它看到的只是一个 IP 地址。当用户接入该地址后，四层交换机会分析所有流媒体服务器的忙闲状况，找出一台相对空闲的服务器，将该用户的请求转发给它，从而可以实现多台服务器间的负载均衡。

2. 内容缓存

　　图 3-10 为内容缓存系统，其中 Publisher Hosts 是内容发布服务器，Subscriber Hosts 是用户服务器。

　　系统实现内容缓存的过程如下：

　　（1）数据中心存储所有的节目。

　　（2）用户服务器的存储空间分为两部分，一部分存储最流行的节目，另外一部分作为高速缓存存储空间。

　　（3）约90％的用户请求的内容，都可以在用户服务器上存储的最流行的节目中找到。

　　（4）当用户请求的节目不能在流行节目的存储空间中找到时，服务器就会在高速缓存中寻找，如果能找到，就可以马上发给用户。

　　（5）如果不能在用户服务器上找到时，用户服务器就会向内容发布服务器发送请求，

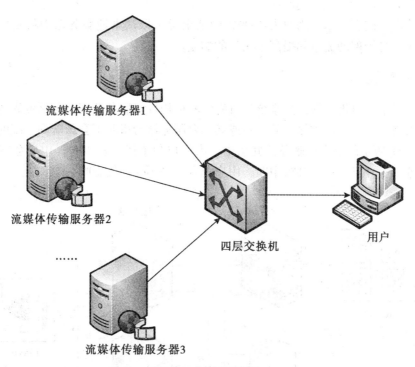

图 3-9 本地负载均衡

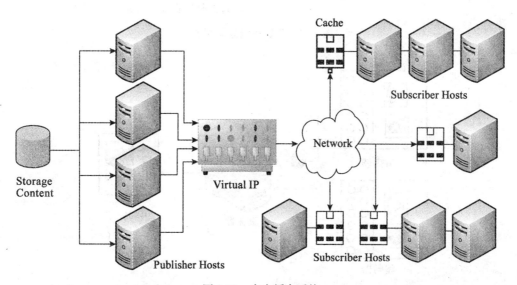

图 3-10 内容缓存系统

内容发布服务器就会将该节目发送给用户服务器。

（6）用户服务器将内容发送给用户，同时存储到高速缓存中，这样第二个用户请求同一个节目时，就会马上得到回应。

通过该高速缓存技术，用户大约 99% 的请求都可以从本地服务器中得到回应，从而极大地减少了骨干网的流量和提高了用户的响应。

3. 服务器冗余

服务器冗余可以极大地提高系统的可靠性和可用性。服务器冗余包括流媒体服务器冗余和编码器冗余，这样可以保证某一台或某几台服务器宕机时不会影响到系统的运行。

在图 3-11 所示的流媒体服务器冗余中，当用户初始接入宕机时，用户会被实时切换到备份服务器，并且播放不会被中断，用户观看几乎不受任何影响。

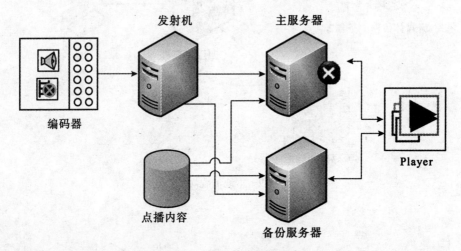

图 3-11　流媒体服务器冗余

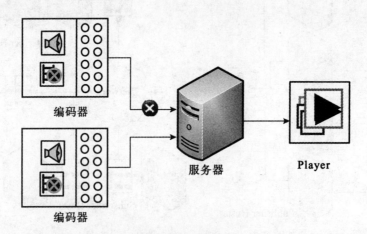

图 3-12　编码器冗余

在图 3-12 所示的编码器冗余中，当其中一个编码器宕机时，服务器会实时接收备份编码器的码流，从而不会干扰用户播放。

4. CDN 加速

CDN 加速是通过在现有的 Internet 中增加一层新的网络架构，将网站的内容发布到最接近用户的网络"边缘"，使用户可以就近取得所需的内容，并提高用户访问网站的响应速度。其主要技术是负载均衡、内容分发与复制、内容缓存等。

CDN 加速分为静态加速、动态加速、视频流媒体点播加速、视频流媒体直播加速和视频文件下载加速。

静态加速是通过利用智能 dns 技术及 cache 节点缓存技术，将用户的访问请求智能定向到距离用户访问路径最短的节点服务器上，从而减少了内容传输的节点路径，有效地避免了由于访问量过大或者带宽资源不足等原因而导致的访问过慢甚至失败的问题。它通过使用大容量缓存技术降低了源站服务器与各级节点的信息传输压力和频率，提高了网络速度。静态页面加速改善了 internet 的服务质量，提高了网络利用率，从而大幅提升了用户的使用体验。

静态加速的服务范围包括页面类（HTML、HTM 等）、图片类（JPG、GIF、BMP 等）以及 Flash 动画等内容。网络系统运用动态负载均衡策略，合理地将访问请求平衡分配至各个节点当中，有效地提高了网络整体的资源使用效率，降低了网络负载压力，进一步提高了整体服务网络的稳定性。静态加速如图 3-13 所示。

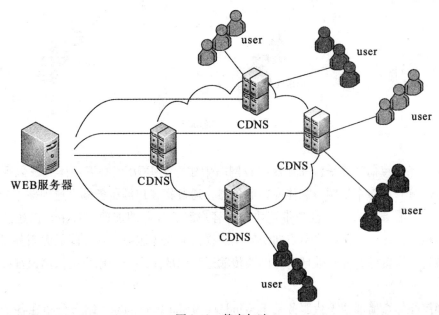

图 3-13　静态加速

动态加速是针对动态内容加速服务而建立的专有网络。动态加速的核心是高速传输通道和 BGP 高速机房托管服务。动态加速网络在全国几大区域的核心节点之间采用光纤直连，将各个核心节点串联起来，独立传输，不会受到公网网络状态的影响。

它不仅能够将高速网络与客户现有源服务器进行连接，而且能够提供 BGP 高质带宽机房托管服务，将客户的源服务器直接连接到高速网络中，全面提高访问速度。在高速网络的基础上，动态加速平台中还运用了智能路由判断、内容预存储、动态负载均衡等技术，提供 7 ×24 小时运维监控服务，使运营者不必再牵挂网络的健康状况，专心于自身的运营，降低了带宽、设备、人力的投入。动态加速如图 3-14 所示。

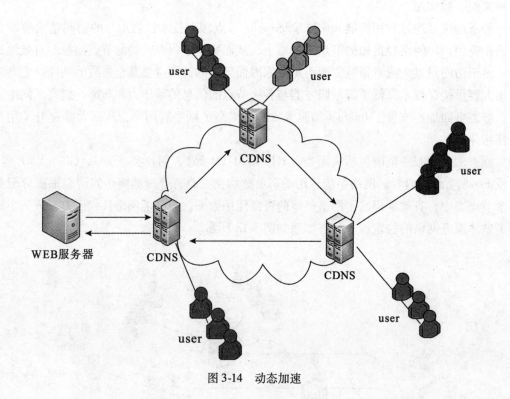

图 3-14　动态加速

视频流媒体点播加速平台在加速服务网络中建立了 BGP 核心流媒体分发数据中心并在全国范围分布有多个视频流媒体专属服务器，通过将客户源服务器直连到核心分发服务器，利用分发服务器的 BGP 高速带宽快速将客户源服务器的加速内容主动推送并预存在各个区域核心节点中，由各个节点向访问用户提供流媒体服务，从而降低源服务器的负载压力，节省带宽资源，并有效地避免网路传输过程中的阻塞，为用户提供高速视频流媒体传输服务。

视频流媒体点播加速平台服务基于 Windows Media Streaming，结合分布在各个区域的核心节点，并依托网络本身丰富的资源给客户提供一站式的加速服务。视频流媒体点播加速如图 3-15 所示。

网络在线直播由于其特有的实时性特点对于网络的传输速度、流畅性和承载能力提出

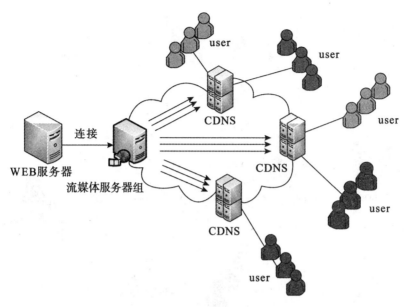

图 3-15　视频流媒体点播加速

了更高的要求，因此更需要一个专门的加速平台来提供服务。视频流媒体直播加速服务平台利用加速网已有的高速传输线路连接分布在各个区域内的核心节点，通过数据分发中心与客户源站之间的高速直连，将直播数据迅速上传并向全国各节点分发，用户访问时，通过智能 dns 系统将访问请求匹配至最合适的节点，从而实现高质量的直播加速，为终端用户提供一个可靠的服务。视频流媒体直播加速如图 3-16 所示。

　　视频下载要求的是速度足够快，能够应对突发流量，可以支持大并发流量。这对内容运营商来说有着不小的难题。限于带宽资源、设备以及维护人力的投入，普通模式的网络很难有效地支撑客户需求，这就需要一个稳定、快速的加速网络提供服务。

　　视频文件下载加速能够将客户视频文件快速、安全地分发至全国各个节点，从而实现极速下载。客户上传视频文件时，系统会智能匹配传输效率最高的节点与客户连接，加速网络会在客户文件上传过程中将视频文件分发至其他核心节点。同时核心数据分发中心能够与客户源服务器进行直连，可以实现与客户源服务器的数据同步，进而将需要加速的视频文件主动推送至各个节点，实现网络加速。核心数据分发中心采用高质量的 BGP 带宽，不会受到南北互联互通的影响，具备快速、稳定、安全的服务能力。视频文件下载加速如图 3-17 所示。

5. 传输协议优化

流媒体传输一般采用 TCP 协议，并通过优化 TCP 协议的方式来优化流媒体传输。目前主流的 TCP 优化技术包括：

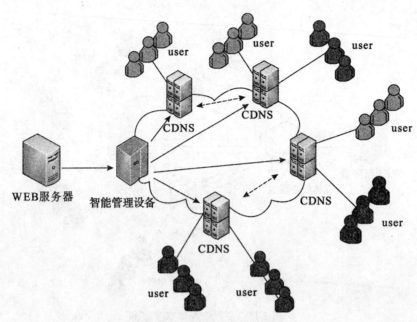

图 3-16 视频流媒体直播加速

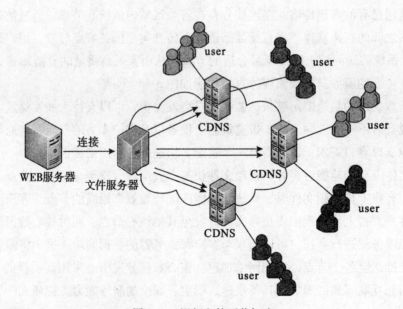

图 3-17 视频文件下载加速

（1）Zeta-TCP，由北京华夏创新科技有限公司（AppEx Networks）实现并商业化。

（2）astTCP，由 FastSoft 实现并商业化。

3.2 视频网站架构

≫≫ 3.2.1 视频网站服务器架构

1. 操作系统

操作系统选择的主要关注点在于：是否适应于搭建视频网站所需要的环境程序；系统本身占用的资源比；系统安全性；系统是否易于操作。

2. Web 服务器群组

YouTube 出于开发速度的考虑，其大部分代码是 Python 开发的。Web 服务器有部分是 Apache，用 FastCGI 模式。对于视频内容则用 Lighttpd。MySpace 也有部分服务器用 Lighttpd，但量不大。YouTube 是 Lighttpd 最成功的案例。Lighttpd 是一套开放源代码的 Web 服务器软件，其根本目的是提供一个专门针对高性能网站，安全、快速、兼容性好并且灵活的 Web server 环境。它具有非常低的内存开销、CPU 占用率低、效能好以及丰富的模块等特点。Lighttpd 是众多 OpenSource 轻量级的 Web server 中较为优秀的一个，支持 FastCGI，CGI，Auth，输出压缩（output compress），URL 重写，Alias 等重要功能。

通常会使用 CDN 与 GSBL 和 DNS 负载均衡技术，每个地区一组前台服务器群，比如新浪和搜狐，而网易、百度则使用了 DNS 负载均衡技术，每个频道一组前台服务器；一搜也使用了 DNS 负载均衡技术，所有频道共用一组前台服务器集群。

应用服务器集群可以采用 apache+tomcat 集群和 Weblogic 集群等；Web 服务器集群可以用反向代理，也可以用 NAT 的方式，或者多域名解析都可以；Squid 也可以，方法很多，可以根据情况选择。

3. 数据库架构

数据库架构可以从两个方面进行描述：业务系统如何分布在数据库上和数据库如何分布在服务器上。下面就这两个方面进行一些介绍。

业务系统分布方式可以分为三类：

（1）根据业务系统不同，每个业务系统单独使用一个数据库。这种方式比较常见。由于每个业务系统单独使用一个数据库，各个业务系统之间不会产生任何影响。但是，这种分布方式不适合业务系统特别多的情况，业务系统过小，数据过多，会严重浪费服务器的资源，大大增加管理成本。同时，如果各个业务系统需要进行数据库级别的数据交换，则困难非常大。

（2）将业务系统分组存放在不同数据库上。这种方式可以避免一部分业务系统之间的影响，如果分组合适，可以比较好地解决负载问题。但是，如何分组成为一个比较难解决的问题：按照负载分组可以一部分解决服务器资源浪费的问题，但是可能会造成数据库级别的数据交换困难；按照业务系统之间的关联关系及数据交换情况分组也可能造成负载分布的不均匀。

（3）所有业务系统使用一个数据库。整合成一个数据库可以很好地解决数据库级别的数据交换的问题，数据共享简单；同事管理成本大幅度降低。但是，解决各业务系统之间的相互影响问题就比较困难。同时，使用一个数据库也要考虑为了满足负载需要，数据库服务器需要相对较高的配置的问题。

数据库分布在服务器上可以分为两类：

（1）使用处理能力比较强的小型机。处理能力比较强的小型机可以很好地满足业务负载的需求。同时，这种小型机在稳定运行上也有比较充分的考虑，例如所有组件的热插拔、使用专用的集群软件保证出现问题时能自动切换、可以使用分区方式将一台大服务器划成多个独立的机器提供服务等。但是，这种处理能力比较强的小型机也有比较大的问题，购买投资相对较高、后期维护难度大，费用也非常高。

（2）使用处理能力中档的小型机或使用比较强的 PC 服务器做集群。利用多台服务器同时提供服务的方式，做 Oracle 或 MySQL 集群。这种方式可以使用相对便宜的硬件设备，将多个服务器组合使用，为用户提供高效、可靠的服务。当然，Oracle 或 MySQL 的集群模式也对数据库管理员提出了比较高的要求。

4. Web 服务器优化技术

（1）Web 动静资源分离

具体参考：yahoo 前端优化 34 条规则。动静态应用分离，静态业务使用其他域名可以减少无用 cookie 带来的流量。任何一个小细节在高并发下都会被无限放大。查询页面的结果通过 Ajax 异步返回填充 iframe 框架来实现，这对动态 CDN 加速是一个挑战，因为 CDN 节点并没有真正缓存页面中主要加速的内容。

（2）运用缓存

缓存最大的好处是减少后端数据存储的 I/O 压力，比较流行的缓存技术有针对页面及数据级两种，页面级缓存有 varnish、squid 等，如使用 CDN，页面级的缓存可以不用考虑，应重点将精力放在数据级的缓存规划上，技术方面可以用 Nosql 来实现，比较成熟的 Nosql 有 memcached、redis、mongodb 等。

（3）代理层

引入代理层的目的是拆分业务，一个好的方法是优化、规范各业务 URI。在代理层实现业务的划分，可用的技术有 Haproxy、Nginx 等，如将/otsWeb/regitNote/映射到注册组 Web 服务器，/otsWeb/AppQuery/映射到查询组 Web 服务器，/otsWeb/DownLoad/映射到下载组 Web 服务器等，这样当查询业务出现延时堵塞时就不会影响到用户下载。

（4）数据库层

将数据库打散，进行读写分离、分区、分片。主从模式可以很好地实现读写分离，大部分数据库支持这点，除此之外还建议使用分区模式。分区可以根据业务特点进行，按地域进行分区是一个好主意，因为每个区域都是一个大分区，还可以从业务层面对它做二级甚至三级的"扩展分区"。需要在细化拆分与运营成本上做好平衡。另外 I/O 密集的点尽量使用 SSD 代替。

（5）负载均衡层

保障一个业务平台的高可用性，采用负载均衡策略必不可少。目前有商用的 F5、NetScaler、Radware 等，也有开源的 LVS，看成本的投入来选择。负载均衡系统如图 3-18 所示。

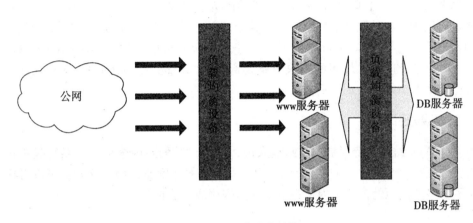

图 3-18　负载均衡系统

①DNS 负载均衡。需要 DNS 服务商提供该功能，且 DNS 记录存在缓存，无法及时修改，带来更新延迟。

②反向代理负载均衡。任何对于实际服务器的 http 请求都必须经过调度器；调度器必须等待实际服务器的 http 响应，并将它反馈给用户。可以使用诸如按照权重进行调度等策略，也可以对各个应用服务器进行健康监控，对无效服务器不再把请求转移给它们；还可以实现 sticky sessions。作为负载均衡调度器的反向代理服务器的处理能力制约了整个集群的处理能力，且容易出现单点故障。

③IP 负载均衡。用 iptables 修改 Netfilter 规则，进行基于 IP 的 tcp 包转发，也即调度。IPVS（IP Virtual Server）也称为 LVS（Linux Virtual Server）。两者结合的具体策略有 LVS+NAT；LVS+DR

（6）消息队列服务

将 Web app 中太耗时的部分抽出来，以非同步（asynchronous）的方式执行已经是相当常见的手法。要完成这样的手法，就需要一个 Job Queue 来作为背景工作的管理中心。可以用较为完整但复杂的 AMPQ，XMPP 等来处理，也可以用资料库的方式解决。beanstalkd 是一个快速、简单的内存消息队列，也可以开启 binlog，消息将被写入日志文件，用于重启时恢复数据。

（7）视频优化

前端优化的缓存碎片技术。把一个大的 swf 根据模块分成若干的小的模块，用 loadmovie 这样的函数加载小的模块，这样整体运行就非常流畅，不会因为其中某一个 swf

文件过大而导致加载过慢。这种技术也常见于 javascript 技术，经检测，其加载速度可以提高 5 ~ 10 倍。

视频文件分块存储：比如用户上传了一个 30 分钟时长的视频，优酷会把它分割成几段（每段可能 7 分钟左右）并在数据库中建立起相应的索引。当用户实际播放的时候，由 FLASH 首先自动获取 flashlist 再按顺序去播放单一的 FLV 文件。

视频的缩略图（Thumbnails）给服务器带来了很大的挑战。每个视频平均有 4 个缩略图，而每个 Web 页面上更是有多个，每秒钟因为它带来的磁盘 I/O 请求太大。YouTube 技术人员启用了单独的服务器群组来解决这个问题，并且针对 Cache 和 OS 做了部分优化。缩略图请求的压力导致 Lighttpd 性能下降。通过 Hack Lighttpd 增加更多的 worker 线程在很大程度上解决了此问题。最新的解决方案是起用了 Google 的 BigTable，这样在性能、容错、缓存上都有更好的表现。

5. 站内搜索引擎

对某些 Web 站点，特别是视频站点来说，一个优秀的站内全文检索系统是不可或缺的。视频数据超过 100W，用户会感到站内搜索引擎的速度非常慢，这时就可以考虑使用 Sphinx 了，当然其他的全文站内搜索引擎检索程序或方法也行。

≫≫ 3.2.2　视频网站的内容架构

视频网站的内容架构一般可以分为内容采集、内容制作和管理、内容分发三个环节。

1. 内容采集

目前，网络视频的内容来源主要包括用户上传、内容自制及与第三方机构合作这三种形式。用户上传是目前很多视频网站提供的主要功能。用户上传的视频文件格式、码率多种多样，视频网站一般需要进行处理后，才能使用这种内容资源。内容自制是指视频网站运营方构建了内容生产制作系统，自行生产与制作节目内容。与第三方机构合作也是视频网站的主要内容来源，引进外部的版权节目内容，可以丰富视频网站的节目内容，增加用户的选择范围。

2. 内容制作和管理

内容制作和管理，是视频网站构建中极其重要的一环，视频网站将不同来源、不同格式、不同类型的节目内容经过相应的处理，统一管理，并最终发布。内容的制作和管理的主要功能包括视频转码、存储以及视频管理。

网站之所以需要对参差不齐的视频格式进行统一的转码并对其进行编码，是因为集约式地对内容进行操控可以制作出合适的、符合网站分发和用户需求的视频格式、码率，以保证较高的画面质量，从而为更好地留住受众打下坚实的基础。

视频类网站根据内容分为精选类、电影类、电视剧、综艺、音乐等。

3. 内容分发

视频制作完成后会通过 CDN（Content Delivery Network，内容分发网络）分发给终端用户。一套完善的内容分发策略，配置齐全的硬件设备，先进的网络路由优化技术等都是保证用户观看质量必不可少的要素。用户可以根据视频网站的内容进行搜索查询、在线观看、下载离线观看等。

3.3 P2P流媒体播放平台

≫≫≫ 3.3.1　P2P 流媒体概述

传统流媒体服务都是 C/S 模式，即用户从流媒体服务器点击观看节目，然后流媒体服务器以单播方式把媒体流推送给用户。这种 C/S 模式加单播方式的缺陷在流媒体业务发展到一定阶段，用户量上来后就会显现出来。主要有下面几个问题。

流媒体服务器带宽占用大。不同于电台和电视台使用广播形式发送节目。流媒体业务使用了单播形式，即一个用户一份流。所以用户数和服务器带宽消耗成正比，用户越多，需要的带宽就越多。当用户到达一定规模后，带宽就会成为业务发展的瓶颈，这时就需要投入大量费用购买带宽以满足要求。

流媒体服务器处理能力要求高。用户量上来后，流媒体服务器处理能力也会成问题，这时候需要购置服务器以支持更多用户。

流媒体负载均衡要求高。为减少骨干网络带宽占用、保证服务质量和就近提供服务，一般流媒体服务都需要部署复杂的内容分发网络。这样就大大增加了系统投资和管理复杂度。

流媒体业务在到达一定阶段后，就需要大规模扩充带宽、服务器和内容分发网络以满足需求，这些举措无疑都会大大增加开销。同时这种用户量上来了就扩容，扩容完了再大力发展用户的模式实质上是一种面多了掺水，水多了掺面的思路。这只是一种权宜之计。它无法从根本上解决流媒体业务发展所遭遇到的瓶颈问题。

在这种背景下，P2P 技术走入了人们的视野，一些厂商开始尝试在流媒体领域引入业界先进的 P2P 技术。P2P 流媒体和传统流媒体的不同之处在于在 P2P 技术下用户在播放过程中不仅可以从流媒体服务器取得媒体流，还可以从其他用户那里取得媒体流，与此同时，用户还会向其他用户提供自己拥有的、别人需要的媒体流。从图 3-19 可以清楚地看出二者的区别。

该方法有两个优点。第一，这种技术并不需要互联网路由器和网络基础设施的支持，因此性价比高且易于部署；第二，在这种技术下，流媒体用户不只是下载媒体流，而且还把媒体流上传给其他用户，因此，这种方法可以扩大用户组的规模，且更多的需求也带来了更多的资源。

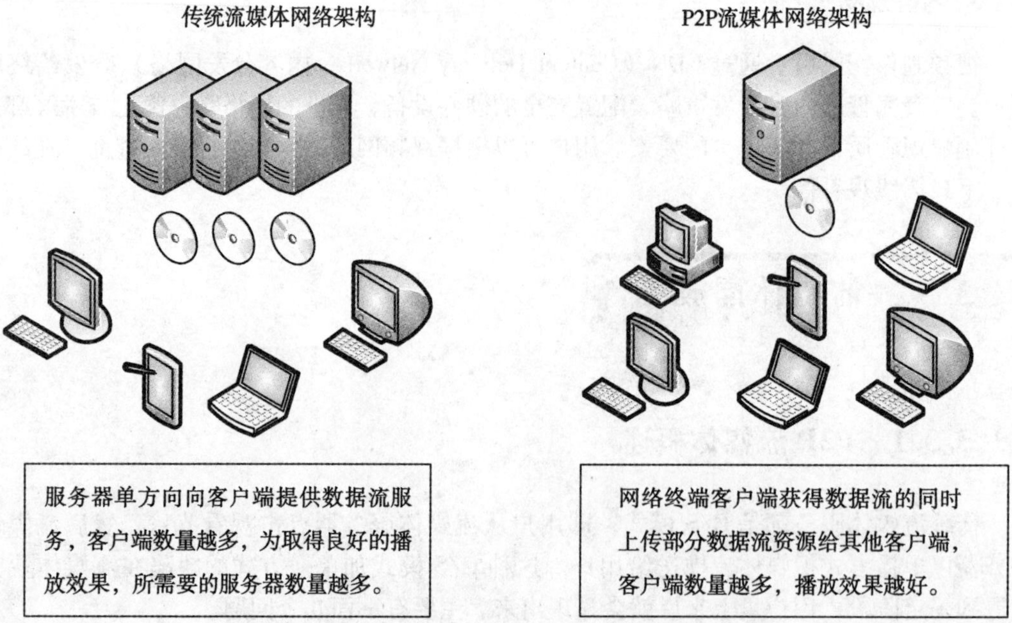

图 3-19　传统流媒体和 P2P 流媒体的网络架构对比

≫ 3.3.2　P2P 流媒体系统网络结构

目前存在很多 P2P 流媒体的研究成果及实际系统，它们在其覆盖网络的组织结构上可以被大体分成两大类，即基于树（Tree-based）的覆盖网络结构和数据驱动随机化的覆盖网络结构。

1. 基于树的方法

大部分系统可以归类为基于树的方法。在这种方法中，节点被组织成某种传输数据的拓扑（通常是树），每个数据分组都在同一拓扑上被传输。拓扑结构上的节点有明确定义的关系。例如，树结构中的"父节点-子节点"关系。这种方法属于典型的推送方法，即当节点收到数据包后，它就把该数据包的拷贝转发到它的每一个子节点。只有所有的数据包都遵循这一结构，才能保证这一结构在给所有接收节点提供服务时是最优的。更进一步，当节点随意加入或离开时，该结构必须得以维持。特别地，如果某节点突然崩溃或者其性能显著下降，则它在该树结构上所有的后代节点都应停止接收数据，且该树结构必须被修复。当组建基于树的结构时，避免出现环是一个需要解决的重要问题。基于树的方法可能是最自然的方法，不需要复杂的视频编码算法。然而，其中需要重点考虑的一个问题是节点失效，特别地，靠近树根的节点失效将中断大量用户的数据传输，潜在地带来瞬时低性能的结果。此外，在该结构中大多数节点是叶子节点，它们的上行带宽没有被使用到。为了解决这些问题，已有研究提出了一些带有弹性的结构，如基于多重树的方法。

2. 数据驱动方法

数据驱动方法与基于树的方法的最大不同在于它不组建和维护一个传输数据的明显拓扑结构，它用数据的可用性去引导数据流，而不是在高度动态的 P2P 环境下不断地修复拓扑结构。

一个不用明确维护拓扑结构的数据分发方法是使用 Gossip 协议。在典型的 Gossip 协议中，节点给一组被随机选择的节点发送最近生成的消息；这些节点在下一次做同样的动作，其他节点也做同样的动作，直到该消息传送到所有节点。对 Gossip 目标节点进行随机选择可以在存在随机失效的情况下使系统获得较好的健壮性，另外还可以避免中心化操作。然而，Gossip 不能直接用做视频广播，因为其随机推送可能导致高带宽视频的大量冗余。此外，在没有明确的拓扑结构支持下，最小化启动和传输时延成为主要问题。为了解决这些问题，可以采用拉取技术，即：节点维持一组伙伴并周期性地同伙伴交换数据可用性信息，接着节点可以从一个或多个伙伴那里找回没有获得的数据，或者提供可用数据给伙伴。由于节点只在没有数据时才主动获取，所以避免了冗余。此外，由于任一数据块可能在多个伙伴上使用，所以覆盖网络对时效是健壮的。最后，随机化的伙伴关系意味着节点间的潜在的可用带宽可以被完全利用。

▶▶▶ 3.3.3　P2P 流媒体中的关键技术

1. 文件定位技术

流媒体服务实时性强，快速准确的文件定位是流媒体系统要解决的基本问题之一。在 P2P 流媒体系统中，新加入的客户在覆盖网络中以 P2P 的文件查找方式，找到可提供所需媒体内容的节点并建立连接，以接受这些节点提供的媒体内容。

P2P 方式的文件查找研究是近年来 P2P 计算的一个研究热点。在 P2P 网络结构中常用的文件定位方式是通过分布式哈希表（DHT）算法来实现的，每个文件经哈希运算后得到一个唯一的标志符，每个节点也对应一个标志符，文件存储到与其标志符相近的节点中。查找文件时，首先哈希运算文件名得到该文件的标志符，通过不同的路由算法找到存放该文件的节点。虽然 DHT 方式查找文件快速有效，但是也存在一些固有的问题，如 DHT 是将文件均匀分布在各个节点上，不能反映媒体文件的热门度，导致负载不均衡；其次 DHT 不能提供关键字的搜索，如同时包含媒体文件名、媒体类型等丰富信息的文件的查询。

文献在泛洪机制基础上做了改进，在无结构的 P2P 网络中采用了或然性的泛洪技术，通过或然性的分析选取优化的分支进行泛洪操作，从而使其伸缩性比正常泛洪机制提高 99%。DirectStream 是一个基于目录的 P2P 流媒体点播系统，其媒体文件的查找方式是通过目录服务器来维护所有媒体服务器信息和客户信息（包括 IP 地址、缓冲大小等）。当新客户的请求到达时，在目录中查找被请求的媒体文件，快速返回候选节点，候选节点可以是媒体服务器，也可以是可提供该影片片段的客户，从而具有 P2P 的特性。但是由于其目录服务器的集中式管理，DirectStream 系统的规模受到了限制。

2. 节点选择技术

在一个典型的 P2P 覆盖网络中，网络中的节点来自各个不同自治域，节点可以在任一时间自由地加入或离开覆盖网络，导致覆盖网络具有很大的动态性和不可控性。因此，如何在服务会话初始时，确定一个相对稳定的可提供一定服务质量保证的服务节点或节点集合是 P2P 流媒体系统迫切需要解决的问题。

节点的选择可以根据不同的服务质量要求采取不同的策略。若希望服务延迟小，则可以选择邻近的节点快速建立会话，如在局域网内有提供服务的节点，就不选择互联网上的节点，这也可以避免互联网上的带宽波动和拥塞；若希望得到高质量服务，则可选择能够提供高带宽、CPU 能力强的节点，如在宽带接入的 PC 机和不对称数字用户线（ADSL）接入的终端之间选择前者；若希望得到较稳定的服务，则应选择相对稳定的节点，如在系统中停留时间较长，不会频繁加入或退出系统的或正在接受服务的节点。通常选择的策略是上述几种情况的折中。具有代表性的节点选择机制有：PROMISE 体系中的端到端的选择机制和感知拓扑的选择机制、P2Cast 系统的"最合适"（Best Fit，BF）节点选择算法等。

3. 容错机制

由于 P2P 流媒体系统中节点的动态性，正在提供服务的节点可能会离开系统，传输链路也可能因拥塞而失效。为了保证接受服务的连续性，必须建立一些容错机制使系统的服务能力不受影响或尽快恢复。

对于节点失效的问题，可以采取主备用节点的方式容错。在选择发送节点时，应选择多个服务节点，其中某个节点（集）作为活动节点（集），其余节点则作为备用节点。当活动节点失效时由备用节点继续提供服务。值得研究的问题是如何快速有效地检测节点是否失效以及如何保证在主备用节点切换的过程中流媒体服务的连续性。流媒体服务的实时性较强，因此节点的故障检测时间应尽可能短，才能保证服务不中断。目前有大量关于如何缩短故障检测时间的研究，大多是采用软状态协议询问节点的存在，需要在询问频度与询问消息开销之间进行折中。

数据的编码技术也可以提供系统的容错性，如前向错误编码（FEC）和多描述编码（MDC）。FEC 通过给压缩后的媒体码流加上一定的冗余信息来有效地提高系统的容错性，而 MDC 的基本思想是对同一媒体流的内容采用多种方式进行描述，每一种描述都可以单独解码并获得可以接受的解码质量，多个描述方式结合起来可以使解码质量得到提高。这两种编码都能适应客户异构性的特点，客户可以根据自己的能力选择收取多少数据进行解码。此外，将 FEC 和 MDC 结合，能取得更好的容错效果。

4. 安全机制

网络安全是 P2P 流媒体系统的基本要求，必须通过安全领域的身份识别认证、授权、数据完整性、保密性和不可否认性等技术，对 P2P 信息进行安全控制。对产权的控制，现阶段可采用 DRM 技术控制；对于基于企业级的 P2P 流媒体播出系统可以安装防火墙阻止非法用户访问；因特网上的 P2P 流媒体系统可以通过数据包加密方式保证安全。在 P2P 流媒体系统内，可采用用户分级授权的办法，阻止非法访问。

⋙ 3.3.4　P2P 流媒体的应用

网络技术和使用人次的迅猛发展为 P2P 流媒体业务的发展提供了可预见的广阔市场环境，P2P 流媒体技术的应用正在为网络信息交流系统带来革命性变化。目前常见的 P2P 流媒体的应用主要有：

1. 视频点播（VOD）

视频点播是最常见、最流行的流媒体应用类型。点播与直播领域相对应，在 P2P 流媒体点播服务中，用户可以选择节目列表中的任意节目观看。在点播领域，P2P 技术的发展速度相对缓慢，一方面是因为点播当中的高度交互性实现的复杂程度较高；另一方面是节目源版权因素对 P2P 点播技术的阻碍。目前，P2P 点播技术主要朝着适用于点播的应用层传输协议技术、底层编码技术以及数字版权技术等方面发展。

与 P2P 流媒体直播不同，P2P 流媒体点播终端必须拥有硬盘，其成本高于直播终端。目前 P2P 点播系统还需在技术上进一步探索，期望大规模分布式数字版权保护（DRM）系统的研究以及底层编码技术的发展能为 P2P 点播系统的实施铺平道路。

2. 视频广播

视频直播可以看做视频点播的扩展，它把节目源组织成频道，以广播的方式提供。比如专家访谈节目、体育赛事转播、电视购物等。

P2P 流媒体直播是利用 P2P 的原理来建立播放网络，从而达到节省服务端带宽消耗、减轻服务端处理压力的目的。采用该技术可以使单一服务器轻松负荷起成千上万的用户同时在线观看节目。不管在线用户有多少，服务端的带宽消耗都是基本一样的，那就是提供作为 P2P 传播的种子所需要的几个流的带宽。

在流媒体直播服务中，用户只能按照节目列表收看当前正在播放的节目。在直播领域，交互性较少，技术实现相对简单，因此 P2P 技术在直播服务中发展迅速。2004 年，香港科技大学开发的 CoolStreaming 原型系统将高可扩展和高可靠性的网状多播协议应用在了 P2P 直播系统当中，被誉为流媒体直播方面的里程碑，后期出现的 PPLive 和 PPStream 等系统都沿用了其网状多播模式。P2P 直播是最能体现 P2P 价值的，用户观看同一个节目，内容趋同，因此可以充分利用 P2P 的传递能力，理论上，在上/下行带宽对等的基础上，在线用户数可以无限扩展。

3. 交互式网络电视（IPTV）

IPTV 即交互式网络电视，是一种利用宽带有线电视网，集互联网、多媒体、通信等多种技术于一体，向家庭用户提供包括数字电视在内的多种交互式服务的崭新技术。它能够很好地适应当今网络飞速发展的趋势，充分有效地利用网络资源。IPTV 既不同于传统的模拟式有线电视，也不同于经典的数字电视。传统的模拟式有线电视和经典的数字电视都具有频分制、定时、单向广播等特点；尽管经典的数字电视相对于传统的模拟式有线电视有许多技术革新，但它只是信号形式的改变，而没有触及媒体内容的传播方式。

IPTV 利用流媒体技术通过宽带网络传输数字电视信号给用户，这种应用有效地将电视、电信和计算机 3 个领域结合在一起，具有很好的发展前景。

IPTV 利用计算机或机顶盒和电视完成接收视频点播节目、视频广播及网上冲浪等功能。它采用高效的视频压缩技术，使视频流传输带宽在 800Kb/s 时可以有接近 DVD 的收视效果（通常 DVD 的视频流传输带宽需要 3Mb/s），对今后开展视频类业务如因特网上视频直播、远距离真视频点播、节目源制作等来讲，有很强的优势，是一个全新的技术概念。IPTV 是利用宽带有线电视网的基础设施，以家用电视机作为主要终端电器，通过互联网络协议来提供包括电视节目在内的多种数字媒体服务。

P2P 技术可以设计一个运营商级的音频、视频业务系统，采用 P2P 技术的播放软件促进了网络电视的发展。目前主要的应用有：网络电视下载类的 PPStream、沸点网络电视、TVKoo、猫眼网络电视、QQ 直播；影视歌曲下载类的 bt、百宝、酷狗（KuGoo）、电骡（eMule）等；通信类的 Skype 等。网络电视的发展吸引了众多的网民，它可以为用户提供极为丰富的业务，如 VOD 点播、互联网浏览、电子邮件、多种在线信息咨询、游戏、个人视频录制、电子商务、VOIP、即时通信等。P2P 技术在网络电视领域中更是如鱼得水，主要体现在以下几个方面：

（1）资源共享

在传统的 Web 方式中，实现文件交换需要通过服务器，通过把文件上传到某个特定网站，用户再到该网站搜索其需要的文件，然后下载，这种方式需要 Web 服务器能够对大量用户的访问提供有效服务。而 P2P 模式下，用户可以从任何一个在线用户的计算机中直接下载，从而真正实现了个人计算机与服务器的对等。

（2）在线交流

通过使用 P2P 客户端软件，用户之间可以进行即时交谈，也可以就网络节目进行讨论，从而实现实时互动。这样既增加了用户收看网络电视的积极性，又促进了媒体提供者和媒体消费者之间的互动。

（3）快捷搜索

P2P 网络模式中节点之间的动态而又对等的互联关系使得搜索可以在对等点之间直接地、实时地进行，这样既可以保证搜索的实时性，又超过了传统目录式搜索引擎的深度、速度、幅度。

（4）远程教学

远程教学目前应用也比较广泛，而且具有很好的市场应用前景。远程教学可以看做前面多种应用类型的综合，在远程教学中，可以采用多种模式，甚至混合方式。远程教学由于应用对象明确、内容丰富实用、运营模式成熟，成为目前商业上较为成功的流媒体应用。

（5）交互游戏

需要通过流媒体的方式传递游戏场景的交互游戏近年来得到了迅速的发展。

4/UGC模式典型案例分析

4.1 UGC概述

　　UGC 是"User Generated Content（用户原创内容）"的缩写，指网站或其他开放性媒介的内容由其用户贡献生成。UGC 的概念最早起源于互联网领域，即用户将自己原创的内容通过互联网平台进行展示或者提供给其他用户。UGC 是伴随着以提倡个性化为主要特点的 Web2.0 概念兴起的。UGC 并不是某一种具体的业务，而是一种用户使用互联网的新方式，即由原来的以下载为主变成下载和上传并重。2005 年左右，互联网上的许多站点开始广泛使用用户生成内容的方式提供服务，许多图片、视频、博客、播客、论坛、评论、社交、Wiki、问答、新闻、研究类的网站都使用了这种方式。YouTube、MySpace 等网站可以看做 UGC 的成功案例，社区网络、视频分享、博客和播客（视频分享）等都是 UGC 的主要应用形式。代表网站有 Youtube、优酷土豆、六间房、我乐等。

　　用户生成内容是 Web 2.0 概念的组成部分之一。部分用户生成内容站点也会使用或提供网站的开源、自由软件程序或相关 API 支持，以促进用户的协作、技术支持和对网站的贡献。

　　营利性的用户生成内容网站靠用户提供的内容来营利。用户可能免费（或是只收取很少的费用）地上传自己的内容给网站的数据库，然后由网站收集、整理这些大量的数据，并构建成网页提供给访问者浏览，通过页面广告、赞助、会员费或其他各种方式进行营利。

　　不管是否营利，网站对用户所提供的数据的保存和发表都负有一定的责任。通常用户生成内容网站的管理员也会查看全部或部分的用户生成内容是否违反了当地法律与网站的规定，这一般包括审核用户提供的内容是否侵犯著作权，或是否包含冒犯性的内容等，在有些国家还包括有关政治的审查。另外，用户生成内容的著作权也较复杂。许多这类网站对其用户生成内容设有一定的授权著作权和使用的条款，还有一些网站可让用户选择自由或半自由的许可协议（如 Creative Commons）进行授权。

　　近几年来，随着全球 3G 商用的日益推进和移动互联网业务的不断发展，移动 UGC 业务日渐崛起，引起了业界的广泛关注。移动 UGC 的业务形式主要是移动社区网络和移动视频共享，UGC 正在成为互联网领域被十分看好的新的应用和商业模式，甚至形成了一种新的媒体形式，其潜在商机巨大。

4.2 YouTube

≫ 4.2.1 YouTube 简介

YouTube（www. youtube. com）是现阶段全球规模最大的一家视频分享网站，成立于 2005 年，总部位于加利福尼亚州圣布里诺，目前公司 CEO 是萨拉·卡曼加。根据网络调查公司 Alexa 的调查数据，YouTube 是目前全球排名第 3 位的热门网站，提供 54 种语言服务。目前，YouTube 作为海量原创电影、电视短片、音乐录像带的视频分享网站，已成为行业标杆。

YouTube 作为新媒体领域内的视频分享网站的"鼻祖"，成立历史最长，影响力也最大，是最具代表性的全球化视频分享网站。网站建设的初衷只是为解决异地传输视频的问题，而后期网站宗旨发展为"Broadcast yourself"（播报你自己），即它是一个搜索、上传、分享、点评网络用户自己的视频的网站，值得注意的是 YouTube 自身不提供视频资源，只是为全球各地的网民建立一个共享视频的网络平台。

YouTube 网络用户可以自己拍摄视频，拍摄身边发生的新闻、展现一切自己认为有趣、惊奇、新鲜、刺激的视频段落，当然也可以上传自己录制的影视节目。对于 YouTube 网络用户来说，他们既是受众又成为制作者，收看和上传的自主性同时体现了 YouTube 形式和内容的独立精神以及新媒体交互、共享等一些主要的特征。

目前，YouTube 用户每周上传的视频相当于 240000 段全长度的电影。这个数据比 2011 年增加了 60%。每天有超过 30 亿段视频被观看，而其中有 3 亿 2 千万段视频是通过移动设备观看的。在 Facebook 上被观看的 YouTube 视频累计需要观看 100 年，而在 Twitter 上每分钟就有超过 400 条包含 YouTube 链接的视频被推发出去。YouTube 首页如图 4-1 所示。

图 4-1　YouTube 首页

➤➤➤ 4.2.2 YouTube 发展历程

2005 年 2 月，查德·赫利和史蒂夫·陈创办 YouTube 网站，最初只是为了解决私人问题：两个人身在加州，想与旧金山的 6 个朋友分享一次晚餐聚会的录像。发送电子邮件，由于文件过于庞大，邮件总被退回。尝试在线传递视频同样遭遇困难。两人开始在赫利的车库中一起研究，决心设计出更简单的解决方案——结果是创办了 YouTube 网站，网站的名称和标志皆是受早期电视所使用的阴极射线管启发而来。该网站从 2005 年 7 月正式投入商业运营。根据网络监测服务提供商 Nielsen/NetRatings 的数据，2006 年 2 月，YouTube 每天播放 3000 万条视频，吸引了 910 万人访问网站。2006 年 4 月，每天被上传到 YouTube 的新视频内容达 3.5 万条，每日观看量更高达 3500 万条，高居全球网络视频业榜首。

艾瑞市场咨询公司（iResearch）2006 年 5 月的数据显示，美国在线视频网站中，YouTube 占有最大的市场份额（42.9%），超过四大门户网站视频份额的总和（Yahoo!、微软、Google 和 AOL 的总和为 29.6%），也领先于居第二位的新闻集团旗下社交网站 MySpace 的视频份额（24.2%）。YouTube 在线用户平均访问时长 13 分 20 秒，不仅是同类网站的老大，YouTube 在整个网站行业的地位也不可小觑。2006 年 6 月，YouTube 网站市场价值已超过 10 亿美元。据同年 8 月 28 日 Alexa 网站公布的访问量排名，YouTube 排在第 9 位，已经超过搜狐、网易两大门户网站，逼近新浪网。2006 年 7 月 18 日《纽约时报》载，从 7 月 12 日开始，YouTube 网站每天的浏览量突破了 1 亿大关，标志着互联网视频时代或称播客时代的来临。2006 年播客网站 YouTube 被网络搜索巨头 Google 以 16.5 亿美元收购，并把其当做一家子公司来经营，从此 YouTube 迈入了新的发展时期。

2007 年 10 月 17 日及 18 日，YouTube 分别开放了中国香港及台湾两地的中文网站。配合 YouTube 在台湾的面世，YouTube 与天下杂志、三立电视、台湾公共广播电视集团、雄狮旅行社等签订了内容供应合作协议；配合 YouTube 在香港的面世，YouTube 已经与香港多个著名机构签订了内容供应合作协议，包括亚洲电视、香港旅游发展局、香港电台及天映娱乐。

2008 年 11 月，YouTube 与米高梅公司、狮门娱乐公司和哥伦比亚广播公司达成协定，允许在其美国网站内播放完整长度的电影和电视剧，这一举动是为了能和已经受权而能播放国家广播公司、福斯广播公司的电视系列剧的 HULU 竞争。当年，YouTube 在美国的市场份额已达 73.18%；访问量较上年同期增长了 32%。美国网络视频市场份额统计如表4-1所示。

表 4-1　　　　　　　　　　美国网络视频市场份额统计

视频网站	2008 年 3 月市场份额（%）	2007 年 3 月市场份额（%）	增长率（%）
YouTube	73.18	55.28	32
Myspace	9.21	17.73	−48

续表

视频网站	2008 年 3 月市场份额（%）	2007 年 3 月市场份额（%）	增长率（%）
Google Video	4.04	8.42	−52
Yahoo Video	2.16	2.63	−18

数据来源：Hitwise

据美国 JMP 证券公司互联网分析师威廉姆分析，Google 全球 1/3 左右的用户由 YouTube 所贡献。在 Google 所有网站资产的用户访问时间指标中，YouTube 网站占据了 28%。根据 2008 年 3 月 Alexa 的数据，YouTube 的流量排名稳定保持在全球第三的位置，如图 4-2 所示。

图 4-2　流量排名情况

2009 年 11 月，YouTube 再次与英国第四台签署合约，英国第四台将把旗下节目完整上传到 YouTube 的电视专区 Show，让英国的 YouTube 用户免费且完整地观看英国第四台的节目，总共上传了 4000 多个完整的电视系列剧；英国第四台成为全球第一家提供完整节目给 YouTube 使用的大众媒体。2010 年 1 月，YouTube 开始向美国用户提供电影出租服务。

2010 年 3 月，YouTube 开始免费提供某些内容的影片或电视系列剧，如印度超级板球联赛。YouTube 的报告指出这是全球第一个免费在线广播的一大体育盛事。当月，YouTube 网站页面被改成了更简洁的设计，其目的在于简化整体界面，以增加使用者停留在网站的时间。Google 产品经理 Shiva Rajaraman 对此评论说："我们觉得真地需要稍微退一步，以消除站内混杂的资讯。"同年 5 月，报道指出 YouTube 一天有超过 20 亿部影片被观赏，是美国三大电视频道在黄金时段的观看总人数的 2 倍左右。

2010 年 12 月 9 日，为推广个性化主页 My YouTube，YouTube 举办了一场最受欢迎的音乐家评选活动，众多音乐界名人参与了该项活动。

2011 年 3 月 9 日凌晨，YouTube 宣布已经收购在线视频内容提供商 Next NewNetworks，还表示，已经建立一支名为"YouTube Next"的工作团队，负责加快视频开发，促进合作伙伴的增长，并研发一系列"Next"品牌产品。

到目前为止，YouTube 平均每个访问者浏览的页面数为 31～32 个（如图 4-3 所示），呈上升趋势，最近三个月的增长率为 8.3% 左右。六个月每百万人中平均访问人数走势如图 4-4 所示。

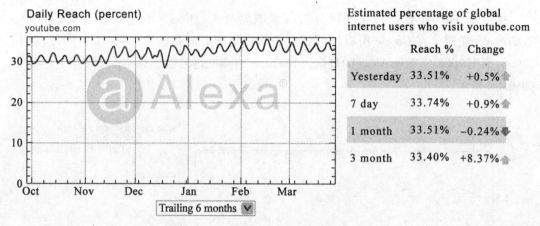

图4-3　平均每个访问者浏览的页面数

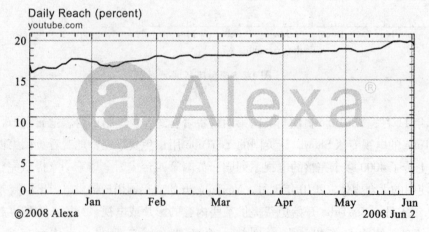

图4-4　六个月每百万人中平均访问人数走势

从 YouTube 网站发展的理念来看，"分享"视频的概念取代"发布"视频的传统概念，迎合了 Web2.0 时代多对多的交流模式，为网民进一步参与网络提供了广阔的发展空间。由于播客正在成为媒介的新宠，网络视频化代表着网络发展的重大趋势，加之经营得当，YouTube 网站在较短的时间内取得了过亿的日访问量，让它蜚声全球。

▷▷▷ 4.2.3　YouTube 业务模式

YouTube 采取了"自下而上"的视频分享策略，即让草根用户提供各种原创视频，而这些具有生命力和个人特色的视频是在其他诸如 BBC，NBC 这样专业化的、依托于传统电视的视频网站上看不到的。

YouTube 以视频的上传和分享为中心，它也存在好友关系，但相对于好友网络，这种关系很弱，更多的是通过共同喜好而结合。

▷▷▷ 4.2.4　YouTube 展示框架

YouTube 的界面更是诠释了 Google 的理念，简洁，找到你要找的，然后就不再有任何的打扰。YouTube 网站前端的构成和国内的视频网站有很大区别。它没有固定的所谓频道或者大首页概念，而国内的视频网站首页一个普遍的情况是所有人，不管从什么位置登录，看到的首页都是一样的。但如果用户登录 www.youtube.com，看到的内容将是根据用户的以往观看习惯、观看记录、用户的 IP 地址等由系统分析后，推送给用户的。可以简单概括为"个性化推荐"。因此，理论上 1000 个人登录 YouTube 首页就有 1000 个显示结果。

个性化推荐是根据用户的兴趣特点，向用户推荐其感兴趣的信息。随着视频种类的快速增长，顾客需要花费大量的时间才能找到自己喜欢的视频。这种浏览大量无关信息的过程无疑会使淹没在信息过载问题中的客户不断流失。为了解决这些问题，个性化推荐系统应运而生。

个性化推荐系统是建立在海量数据挖掘基础上的一种高级商务智能平台，以帮助网站为其顾客提供完全个性化的决策支持和信息服务。个性化推荐的最大优点在于，它能收集用户特征资料并根据用户特征，如兴趣偏好，为用户主动作出个性化的推荐。而且，系统给出的推荐是可以实时更新的，即当系统中的视频库或用户特征库发生改变时，给出的推荐序列会自动改变。这就提高了企业的服务水平。

进入首页，不再是一大堆推荐视频，而是用户所订阅的频道的动态。YouTube 前台界面分为个人账号、视频分享、视频和上传社区等模块。

1. 个人账号

在主页的左上角便能登录，而后，用户进入 YouTube 的任意页面，这些页面的右上角都有一个用户名，点开后就会显示我的收藏、稍后观看、我的频道等用户常用功能，这样用户就能随时使用这些功能。在 YouTube 中，个人操作明显简化，如图 4-5 所示。

2. 视频分享

视频分享网站，让用户下载、观看及分享影片或短片。进入个人频道，用户可以发布 Feed。在视频评论里，用户甚至可以@他人。最明显的莫过于视频分享了。当用户顶了某

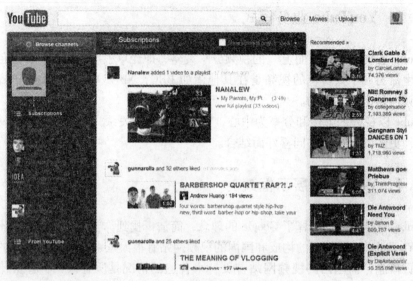

图 4-5　YouTube 的个人操作界面

个视频时，会直接弹出 Google+、facebook 和 Twitter 的分享按钮和视频地址。当用户点分享键时，会有 tumblr、blogger、Myspace、hi5、LinkedIn、StumbleUpon 和 orkut 的分享按钮，同时还有镶入代码和电子邮件可选择。

3. 视频

在视频页面中，可以直接看到有多少人看了这部视频，有多少人顶（或踩）这部视频，可以直接分享或者举报。还有上传者评论、热门评论和视频回复等。最方便的是，用户可以直接在视频页上订阅该上传者的频道以及观看他（她）上传的其他视频的列表，这一切操作不用打开一个新页面，也不会中断用户正在观看的视频。右边一列是 YouTube 根据用户所观看的视频而向其推荐的视频。视频分类包括汽车 & 车、喜剧、娱乐、影片 & 动画、小配件 & 比赛、Howto & DIY、音乐、新闻 & 政治、人 & Blogs、宠爱 & 动物、体育 Browse 和 Most Recent。

4. 上传社区

YouTube 上平均每秒有 1 小时的视频上传，平均每天有 35 万人的视频上传。拥有 YouTube 账户的用户所能上传的影片长度的标准限制时间为 15 分钟（指单个）。2005 年 YouTube 刚开始创站时并没有限制影片长度，但自 2006 年 3 月起，YouTube 将影片长度限制在 10 分钟，这是因为 YouTube 发现超过这段时间的影片大多是未经授权而上传的电视节目或者电影内容，之后仅有 2007 年以前申请导演版账号的用户或是与 YouTube 有合作关系的大众媒体，可以上传超过 15 分钟的影片。而自 2010 年 7 月起，YouTube 放宽影片长度限制由 10 分钟增加至 15 分钟，而与 YouTube 有合作关系的大众媒体，仍可以上传超过 15 分钟的影片。此外关于单个影片文件的最大容量的规定是：使用 Flash 上传的为

2GB，而使用 Java 上传的则可增加至 20GB。此后，YouTube 宣布，将取消上传视频 15 分钟的时长限制，这一举措将开始在部分信誉较好的用户中生效。这同时意味着，用户有更多机会上传有版权的任何长度的视频，如通过摄像机在电影院拍摄的完整电影等。YouTube 表示，之所以取消时间限制，是因为 YouTube 有能力控制侵权行为。

YouTube 的影片上传支持大多数常见的视频文件格式，包括 AVI、MKV、MOV、MP4、DivX、FLV 和 Theora、MPEG-4 和 WMV 等格式。此外也支持 3GP，让上传者能够使用移动电话来上传影片。YouTube 的上传界面，可以一次性上传多个视频，且各项上传功能能皆有优化，如图 4-6 所示。

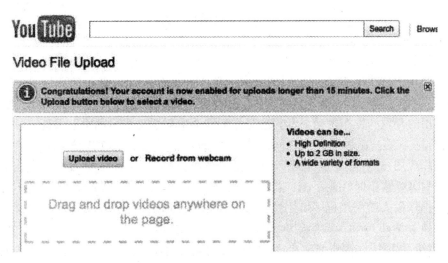

图 4-6　YouTube 的上传界面

》》》 4.2.5　YouTube 网站技术架构

YouTube 的成长速度惊人，目前每天的视频访问量已达 1 亿，但站点维护人员很少。他们是如何管理，以实现如此强大的供应能力的呢？被 Google 收购后，又在走什么样的发展道路呢？2012 年 1 月 YouTube 接收视频长度达到了每分钟 72 小时。YouTube 在我们眼里依然是一片一望无际的视频海，它每个月从服务器送出超过 30 亿小时的视频给观众。

1. 平台

Web 服务器：YouTube 有部分 Web 服务器使用 Apache，每次 HTTP 请求都经由 Apache，使用 FastCGI 模式。对于视频内容则用 Lighttpd，MySpace 也有部分服务器用 Lighttpd，但量不大。YouTube 是 Lighttpd 最成功的案例。

编程语言：Python。YouTube 出于开发速度的考虑，大部分代码是 Python 开发的。

操作系统：Linux（SuSe 版本）。Linux 是构建 YouTube 的基石，它有许多强大的工具，如 strace 和 tcpdump。

数据库：MySQL。MySQL 有庞大的用户群。YouTube 使用它存储 BLOB 数据。

编译器：psyco（python->C 动态编译器）。Psyco 是一个可以大幅加快 Python 程序执行速度的扩展模块。它最后一次发布于 2010 年 7 月，现在已经由 PyPy 项目取代。

2. Web 服务器

YouTube Web 服务器采用 mod_ fastcgi 模式运行。使用这种模式的优点在于：①Web server 可以比较简单地切换，也可以测试不同的服务器，如 Apache，lightty，ngix 等，不需要修改代码。②如果想换脚本，如不用 php，而是改成 perl，python 之类的，Web 服务器也不需要任何的改动。③Web server 和 fastcgi 可以用不同的账号运行，带来了一定的安全隔离。④在 Apache 中编写 mod_ fastcgi 可以说是非常简单。

一台 Python 应用服务器专门负责 Web 请求的路由。应用服务器与各个数据库和其他类型信息源建立会话，取得所需数据并生成 HTML 页面。通过增加服务器，一般就可以实现对 Web 层的扩展。Python 代码的效率一般不是瓶颈所在，真正的瓶颈在于远程过程调用协议（RPC）请求。使用 Psyco 动态编译器可以大幅加快 Python 程序的执行速度。Python 应用的开发和发布快速灵活，这是它们能够应对激烈竞争的重要保证。

YouTube 在客户端和服务器之间，使用 NetScaler 用于实现负载均衡和对静态内容的缓存，保障应用可用性；实现内容交换，适合各种应用程序的可定制交付；攻击防护，在遭受猛烈 DDOS 攻击时性能不减；过载（浪涌）保护，意料之外的高峰流量不会造成任何问题；确保最大的应用程序可用性。通过使用 NetScaler 将 Web 应用性能加速 5 倍甚至更多，提高了 Web 应用基础架构的扩展性。同时保护关键业务的 Web 应用不受攻击。

YouTube 利用缓存策略使前台每个页面的响应时间控制在 100ms 以内。使用的缓存策略有：预生成某些 HTML 页面并缓存；在数据库中实现行级缓存；对 Python 结果对象进行缓存；预先计算某些数据，并发送至对应应用，以形成本地缓存。这项策略目前还未大规模运用。不需要每个应用服务器都花很多时间进行预先计算，并将结果数据发送到所有服务器，有一个代理机专门负责此项工作——监控数据的变化情况，预先计算并发送。

3. 视频服务

YouTube 采用 Sorenson Spark 与 Adobe Flash9 提供影像编码技术，将用户上传的影像档案进行压缩转档。Youtube 的影片内容包罗万象，涵盖个人影片、电视节目片段、音乐录像带及家居录影等。YouTube 的影像品质远不如 RealVideo 与 Windows Media 等联机流技术，但因低带宽需求并可简易地借由 Flash Plug-in 内嵌于个人的 blog 或其他网站中而迅速取得了较高的知名度与巨大成功。YouTube 视频的播放也是通过 Flash 技术实现的。观看 YouTube 影片的用户需要在其个人电脑中安装 Adobe Flash Player 插件，它是一种常见的安装在个人电脑中的插件，支持近 75% 的网络影片。

2010 年 1 月 YouTube 推出了实验版的网站，它使用内置的多媒体功能以替代网络浏览器来达到 HTML5 的标准。这使得用户观看影片前不需要事先安装 Adobe Flash Player 或任何其他插件。YouTube 网站上有一个页面允许其所支持的浏览器选择 HTML5 模式来试用。但只有支持 HTML5 且使用 H. 264 或 WebM 格式的浏览器才可以直接播放视频，且并不是所有的影片都能观看。

YouTube 每段视频均通过刀片群集（mini-cluster）服务器管理，也就是说由多个机器联合提供视频内容服务。刀片群集管理的优势在于：多个磁盘提供内容服务，意味着更快的速度；提供了动态余量。一台机器停止服务，其他机器可以接管；实现了在线备份。

由于 Apache 开销太大，可以使用 Lighttpd 作为 Web 服务器来提供视频服务，使用 Epoll 来等待多个文件描述符，确定一个或多个套接口的状态。使用 Epoll 有如下优点：① 支持一个进程打开大数目的 socket 描述符（FD）；②I/O 效率不随 FD 数目增加而线性下降；③使用 mmap 加速内核与用户空间的消息传递；使用 Lighty Web 服务器可从单进程配置切换为多进程配置，以处理更多的连接。

将频繁访问的内容转移到 CDN。CDN 在多个地方备份了内容，这样内容离用户更近的机会就会更高，CDN 服务器主要依靠内存提供服务，因为内容太流行，以致很少有内容进出内存的颠簸。

对于低访问量的内容（每天浏览次数为 1～20 次），YouTube 服务器以 colo 模式管理。这会存在长尾效应，即单个视频的访问量不高，但大量视频合起来就不一样了。各磁盘块被访问到的概率是随机的。在这种情况下，花费了大量投入的缓存，作用并不大。对于一个长尾型的产品，缓存不见得就是解决性能问题的救世主。可以优化独立磁盘冗余阵列 RAID（Redundant Array of Independent Disks）控制器，在底层策略上下工夫。同时需要调节每台机器上的内存，不要太多也不要太少。

视频服务中的几个关键点：①整体方案力求简洁、廉价；②网络路径保持最短，不要在内容和终端用户间部署太多设备。路由器、交换机等可能承受不了这么高的负载；③尽量采用普通硬件。高档硬件的支撑设备很昂贵，实际中往往发现它们的作用并不大；④使用简单、通用的工具。YouTube 优先考虑 Linux 自带的大多数工具。⑤正确处理随机寻道问题（采用 SATA、优化调整等）。

视频截图和缩略图（Thumbnails）的高效访问，有着惊人的难度。如果每条视频平均 4 个缩略图，而每个 Web 页面上更是有多个，则每秒钟因为它们带来的磁盘 I/O 请求会太大。这些缩略图存储在有限的几台机器上，会造成如下问题：①磁盘寻道频繁，操作系统级 iNode（Linux/Unix 系统中记录文件信息的对象）缓存和页缓存多。②每个目录会受到最大文件数限制。Ext3 文件系统可管理的目录层级非常多，即便依托 2.6 内核将大目录处理性能提高 100 倍左右，在文件系统中存储了大量文件的情况下，这仍然不是一个值得称许的解决策略；③平均含 60 个缩略图的页面的访问量很大。在如此高负载条件下，Apache 的性能急剧下降。

YouTube 技术人员启用了单独的服务器群组来承担这个压力，并且针对 Cache 和 OS 做了部分优化。YouTube 使用 squid（反向代理）作为 Apache 的前端，也能起到一定作用。但随着负载的上升，性能最终会呈下降趋势——处理能力由原来的 300 个/s 降为 20 个/s。缩略图请求的压力导致 Lighttpd 性能下降。Lighttpd 是一个单进程且单线程的应用，每个进程拥有独立缓存。为了提高性能，需要运行多个进程实例。通过 Hack Lighttpd 增加更多的 worker 线程在很大程度上解决了此问题。与此同时，造成了资源浪费和性能限制等问题。大量图片需要处理的情况下，向系统新增一台机器，需要 24 个小时。重启机器后，系统需要花费 6 ~ 10 个小时来将内容从磁盘载入缓存。

　　而最新的解决方案是启用了 Google 的分布式数据存储策略——BigTable，BigTable 将文件拢在一起，避免了小文件问题。处理速度快；即使运行在不可靠的网络上，其错误率也是可以容忍的。未知风险小，因为它使用了分布式的多级缓存，从而在性能、容错、缓存方面都有更好的表现。出于冗余的考虑，每个视频文件放在一组迷你 Cluster 上，所谓迷你 Cluster 就是一组具有相同内容的服务器。最火的视频放在 CDN 上，这样自己的服务器只需要承担一些"漏网"的随机访问即可。YouTube 使用简单、廉价、通用的硬件，这一点和 Google 的风格是一致的。至于维护手段，也都是常见的工具，如 rsync，SSH 等。

4. 数据库

　　YouTube 早期用 MySQL 存储元数据——用户信息、视频信息、标签和详细描述等。数据库服务器曾经一度遇到 SWAP 颠簸的问题，解决办法是删掉了 SWAP 分区。最初的 DB 只有 10 块硬盘，RAID 10，后来追加了一组 RAID 1。在扩展性方面，路线和其他很多系统一样，经历了以下过程：单服务器，主从服务器（单台主服务器，依靠多台从服务器实现读数据的负载均衡），数据库分割（逐渐稳定于分割模式）。主从服务器会存在数据复制延迟的问题，主服务器是多线程的，硬件条件好，性能高；而从服务器运行于单线程模式，且硬件条件差一些。数据从主服务器到从服务器的复制是异步的，因此从服务器上的数据往往严重滞后于主服务器。数据更新后，缓存将被清除，需从 I/O 更慢的磁盘读取，从而造成复制更为缓慢。在这种以数据复制为中心的架构下，稍微提升写性能，都必须付出巨大成本。YouTube 的解决办法之一是将数据分割到一个视频池和一个普通群集，从而分解访问压力。这个解决办法的出发点是：访问者最想看到的是视频，因此应该为这些功能分配最多的资源；而 YouTube 社交功能是次重要的，因此做次优配置。

　　随着一个网站的业务不断扩展，数据不断增加，其数据库的压力也会越来越大，对数据库或者 SQL 的基本优化可能达不到最终的效果，YouTube 采用读写分离的策略来改变现状。读写分离简单地说是把对数据库读和写的操作分开以对应不同的数据库服务器，这样能有效地减轻数据库的压力，也能减轻 I/O 压力。主数据库提供写操作，从数据库提供读操作。当主数据库进行写操作时，数据要同步到从数据库，这样才能有效保证数据库的完整性。从数据库一般由多台数据库组成，这样才能达到减轻压力的目的。读的操作怎样分配到从数据库上呢？应该根据服务器的压力把读的操作分配到服务器，而不是简单的随机分配。MySQL 提供了 MySQL-Proxy 以实现读写分离操作。YouTute 对缓存数据定位策略也进行了改进，缓存数据定位策略决定数据库快速定位数据的效率，从而减少了 I/O，所需硬件数减少了 30%。数据复制延迟降为 0。现在几乎可以对数据库进行任意扩展。

　　后来 YouTube 选择了主机托管（Colocation Arrangement），可以完全按照自己的设计要求部署系统，使用五六个数据中心，外加 CDN。视频的来源可以是任何一个数据中心，而非就近选择等模式。若访问频度很高，则移至 CDN。视频的访问性能依赖于带宽，而不是其他因素。对于图片，其他因素的影响就很大（如页面平均图片数）。可以利用 BigTable 将图片复制到各个数据中心。

5. 其他技术

在视频编解码器和影片品质方面，最早 YouTube 使用 H. 263 视讯编解码器，只有 320×240 像素的画质以及单声道 MP3 音频的水平。2007 年 6 月，YouTube 增加了一个能在移动电话上选择观看 3GP 格式影片的功能。2008 年 3 月，增加了一个 480×360 像素分辨率的高品质模式；同年 11 月，增加了 720p 的高清晰度影片支援模式，同时播放器显示模式也从 4 ∶ 3 的荧幕改为 16 ∶ 9 的宽屏荧幕。有了这项新功能，YouTube 开始改用 H. 264/MPEG-4 AVC 作为其预设的视频编解码器。2009 年 11 月，又加入了 1080pHD 的影片支援模式。2010 年 7 月，YouTube 宣布计划推出一系列的影片格式，且预计其中有的影片分辨率将高达 4096×3072 像素。

目前 YouTube 视频可在一个范围内选择用户所想要的像素水平，分别以标准质量（SQ），高品质（HQ）和高清晰度（HD）来取代之前以数值代表垂直分辨率的方法。而当前以 H. 264/MPEG-4 AVC 作为预设的视频编解码器则改为 AAC 格式。

≫≫ 4. 2. 6　YouTube 终端组成

YouTube 的终端主要包括 PC 客户端、Android、iPhone/iPad、Google 电视等。谷歌称其新的 YouTube 应用将会有一些"重大的改进"，其中包括更流畅快速的导航以及用户极其需要的一些新功能，如新"发现"功能，它把 YouTube 频道类别带到谷歌电视，提升了应用内的浏览能力。新 YouTube 应用还将会有全新的频道页面，使得用户能够浏览播放列表和视频以及订阅其最喜欢的内容。用户如今也能够通过遥控器上的上下按键，来观看同一用户的相关视频，在"信息屏"上"顶"该视频，可以将它增加到播放列表，或者发表评论。

≫≫ 4. 2. 7　YouTube 版权

YouTube 自成立以来，其短片曾被不少机构和公司批评为侵犯版权，如《周末夜现场》节目、NBC 环球、《居家男人》影片版权持有者、Turner Media、日升动画等机构和公司。YouTube 本身并不会在用户上传影片前，事先进行审核，而是被指为侵权的短片在版权持有人要求下，YouTube 会将之删除。虽然用户在上传影片时，YouTube 会显示提示消息"请勿上传任何电视节目、音乐视频、音乐会，或其他未经批准的广告，除非它们的所有内容皆是由你自己所创建"，但在 YouTube 上仍有许多未经授权且具有版权内容的影片片断。

为此，YouTube 面对着诸多诉讼，维亚康姆，Mediaset 等声明 YouTube 在防止上传有版权的影片方面做得太少。2007 年 3 月，维亚康姆向法院提交了诉状，起诉 Youtube 及其母公司 Google 侵犯其作品版权，并要求 10 亿美元的赔偿。公司负责人指出已发现了超过 15 万美元价值的未经授权影片，且能直接免费的在 YouTube 上观看。YouTube 对于此事的回应是：协助内容所有者来保护他们自己的作品，已远远超出其在法律上所需负责的义务。YouTube 已导入修正后的地区化版权控管机制，当地区的代理商提出异议时，则将该地区排除播放，以维护代理商的权利。因此导致即使算是原始的版权持有人所经营的官方频道，也不是任何地区都能观看，其提示为"这部影片含有×××所拥有的内容，您所在国家/地区的观众已无法再观看该影片"。此外，YouTube 也在网站上加入了一个名叫影片 ID 的系统，它对用户所上传的影片与存储了具有版权内容的影片的数据库交互比对，以减少与此相关的违法行为。

⟫⟫ 4.2.8 YouTube 安全机制

YouTube 推出的"脸部模糊"（Face Blurring）功能，是一项具体的安全措施，响应了国际人权组织 WITNESS 在 *Cameras Everywhere Report* 2011 第 19 页所提出的"没有影片分享网站或硬件厂商提供脸部模糊选择"的诉求。Face Blurring 的效果类似于经常在新闻节目中看到的那些用来将有关人士的身体进行遮蔽的"马赛克"的效果。虽然它不是新鲜事物，但 YouTube 宣称它是众多影片社交网络中，第一个引入这一功能的网站。用户只要在影片管理员中选取"编辑"，再选取"强化"及"其他功能"之后，就可以选择"模糊所有脸孔"选项。在套用之后，觉得效果满意的话可以另存新档，换言之套用之后是会有一段新的影片输出的，未经编辑的版本依然会存在。另外，需要注意的是，系统不一定能将影片中所有面孔都模糊化，这取决于拍摄角度、灯光和影片画质等的因素，因此在公开影片前需要确认清楚。

YouTube 推出的"安全模式"（Safety Mode）功能，给予了用户更多的控制权，来决定在 YouTube 上浏览的视频内容。该功能将帮助用户屏蔽那些虽然符合 YouTube 社区规定，但用户不喜欢的内容。例如，YouTube 的视频中可能会包含诸如战争类的视频，用户可以通过安全模式，将此类内容屏蔽。YouTube 表示，过滤功能并非完全准确。YouTube 通过其技术支持页面表示，安全模式给予了用户选择权，用户可以选择不看那些令人讨厌的内容，即使这些内容并不违反 YouTube 的社区规定。当用户选择安全模式时，含有特定内容或者带有年龄限制的视频将不会在视频搜索、相关视频、播放列表、电视剧和电影中出现。由于过滤功能并非完全精准，YouTube 将利用社区标记、隐藏令人不快的评论以及色情图片检测等方式来验证和隐藏不良内容。YouTube 的安全模式并不是从网站上移除内容，而是让打开安全模式的用户远离这些页面。

⟫⟫ 4.2.9 YouTube 盈利模式

1. 融资方式：以获得风险投资为主，并入 Google 后上市

互联网是风险投资关注的热点领域。具有高成长性的网站，往往受到风险投资的青睐。YouTube 网站发展资金约 1/3 来自自有资金，约 2/3 来自风险资金。为其注资的是美

洲杉资本（Sequoia Capital）。美洲杉资本是硅谷乃至美国最强的风险资金公司，曾成功投资过 Yahoo!、Google、苹果公司、思科公司等业界巨头以及数以百计的中小型新兴科技公司。通过美洲杉资本培养起来的公司，约占整个纳斯达克股票市场总市值的 10%。YouTube 能被美洲杉资本看重，可以看出其发展潜力不可估量。2005 年 11 月，美洲杉资本给 YouTube 网站第一期注资 350 万美元；2006 年 4 月，第二期注资 800 万美元。从 YouTube 网站的迅猛发展来看，效果相当明显。

获得风险投资是解决 YouTube 网站发展初期融资困难的重要办法，随着 YouTube 网站实力不断增强，获得风险投资只是网站发展初期的融资渠道而已，等到网站发展成熟，上市将是一种必然趋势。2006 年 YouTube 并入 Google 后上市，为网站的后续发展注入了更多的资本。

2. 营销方式：建立 SNS 系统，以病毒营销拓展市场

YouTube 网站目前日点播量上亿次，这与其采取的病毒营销方式密切相关。SNS（Social Network Service）系统是依据"六度分隔"理论建立的，是 YouTube 创立的网络运营模式。"六度分隔"理论是 20 世纪 60 年代由美国心理学家 Stanley Milgram 提出的，这个理论可以通俗地阐述为：最多通过六个人，就能够认识任何一个陌生人。"六度分隔"理论有充分的社会学依据，社会学研究证明它不是特例，而存在于普遍的情形中。如哥伦比亚大学社会学教授瓦茨组织的 E-mail 试验，证明了"六度分隔"原理在人际关系中普遍存在。

YouTube 网站正是依据这一理论，通过网络把全球 60 多亿人相互关联在一起。YouTube 网站成为以视频分享为纽带的用户社区关系网站。搞笑的视频内容只起到吸引和娱乐观众的作用，而黏住用户的是志同道合的朋友之间的人际关系圈子。各种 SNS 的功能，视频的 Tag（标签）、分享、评论、订阅、组群等功能的组合应用提升了 YouTube 网站的社会服务功能，它还建立了会员拉会员的机制。YouTube 用户希望有人来观看他们的视频，于是会向朋友推荐该网站，新的用户也有一部分会成为视频提供和上传者，他们又会去拉更多的人前来观看，形成一个滚雪球效应——所谓的"病毒营销"。

病毒营销是比喻营销内容的渗透力大、感染力强，并不是传播真的病毒。它描述的是一种基于人际关系的播客信息传递战略：像病毒一样深入网络，通过网络上下的人际网络无限复制，快速传播，覆盖尽可能多的网民。互联网 Web2.0 其实是做少数人的生意，只要抓住 20% 的核心用户，巩固其忠诚度，发展新用户，滚雪球效应带来的更大范围的网民参与，就能创造 100% 的内容和互动，这就是营销学中的二八定律。

3. 定位策略：开创视频服务社区

同样具有视频搜索功能，为什么 YouTube 的市场份额高达 42.9%，而 Google 仅为 6.5%？这与两个网站的定位有极大关系。Google 满足了每个人针对不同关键词的搜索需求，但 YouTube 似乎并不重视搜索，而是更多地着眼于呈现方式以及分类信息和视频社区的服务。YouTube 一直致力于构建提供视频服务的社区，在这一点上，有别于 iTunes 和 Google。

　　网站商业模式成功的 6C 要素：连接性（Connect）、导航（Context）、内容性（Content）、商务（Commerce）、通信（Communication）、社区性（Community）。构建虚拟社区成为培养网络用户忠诚度的重要方式。YouTube 视频社区服务具体表现在：第一，组群功能，建立、寻找、加入以特定兴趣为中心的群。第二，参与对网站上视频的浏览、评论、评分。第三，视频的上传、Tag 化、管理、聚类、关联、分享。第四，视频播放列表及视频订阅功能。第五，提供将视频嵌入用户 Web 页的接口。我们可以发现，YouTube 的许多服务功能都发挥出构建网络社区的作用。比如 Tag，它是一种更为灵活、有趣的日志分类方式，可以为每个播客日志添加一个或多个 Tag，然后可以看到相关链接上所有使用了相同 Tag 的日志，并且由此和其他用户产生更多的联系和沟通。Tag 体现了群体的力量，使得播客日志之间的相关性和用户之间的交互性大大增强，可以呈现一个更加多样化的网络世界和关联度更高的播客空间。上传者可以同时为一个播客日志贴上好几个 Tag，方便查找；当积累了一定数量的 Tag 之后，上传者可以看出经常上传的是哪些主题；还可以看到有哪些人和自己使用了一样的 Tag，进而找到志趣相投的网友。

　　如果把 YouTube 的每个特定兴趣的群比做社区，那么这些群内的相互交流和互动则赋予整个网站以生命和活力，使整个网站像一个社区那样具有凝聚力、影响力和扩散力，使得网站保持稳步上升的流量，支撑其整个网络视频的点击率和上传率。由此，网站的活力不断增强。

4. 内容提供：个体、机构双渠道并重

　　在创建初期，YouTube 主要是一个共享家庭录像的网站。它创建的初衷是方便网民们共享各自录制的视频内容。任何人只需点击网站首页的"上传"键，即可将自拍短片上传，文件是容量不超过 100M、长度不超过 10 分钟的视频，供其他人分享及评分。其网站的内容主要由家庭制作的视讯和记录视讯的资料组成。版权是困扰 YouTube 内容生产的一个重要问题。围绕版权保护，YouTube 正准备推出旨在保护正版作品的软件工具。最近，YouTube 还设立了一个制片人的栏目，用户可以在那里上传 10 分钟以上的视频，网站会查证版权。

　　随着网站浏览面的扩大，迫切需要内容提供的多渠道和多元化。YouTube 开始逐步由共享家庭录像的网站向主流娱乐提供商转型。YouTube 已着手拓宽内容供应渠道，开始了和机构合作的道路。现已与美国华纳等多家唱片公司建立合作关系，其网站为网民每日免费提供数千部音乐电视节目。这一合作，不仅使 YouTube 摇身从草根变成了精英，更是对苹果公司的付费音乐下载市场形成威胁。特别是华纳唱片和百代唱片与 YouTube 合作制订商业模式，标志着 YouTube 的内容渠道由个人服务为主向个人、机构并重转变。

5. 广告模式：在线视频广告牌的运用

　　由于网络视频短小精练，其广告本身就很适合充当节目内容，即所谓的视频广告。YouTube 推出了在线视频广告牌。华纳唱片是首家使用此广告形式的公司，它利用 YouTube 推广 Paris Hilton 的首张专辑 *Paris*。随后，耐克公司在网站上发布了足球明星罗纳尔迪尼奥穿着新耐克鞋踢球的片断。卫星电视服务商 BSkyB 在 YouTube 上发布了动画

片《辛普森一家》的在线介绍，以促进其在英国的宣传。Matador 唱片公司通过视频和传记片断在 YouTube 上为几家乐队做广告。

网络视频广告将有可能独立于网络广告，成为新媒体广告形式，但它不是播客产业的唯一利润形态。曾经在传统媒体上存在的商业模式都可以被穿插进来：视频贴片广告、视频互动游戏、视频直销、真正意义上的口口相传等，YouTube 网站等新兴播客网站还会有更广阔的赢利空间。

4.3 优酷（Youku）

>>> 4.3.1 优酷简介

优酷以"快者为王"为产品理念，注重用户体验，其"快速播放，快速发布，快速搜索"的产品特性，充分满足了用户日益增长的多元化互动需求，使之成为中国视频网站中的领军势力。2007 年，优酷首次提出"拍客无处不在"，倡导"谁都可以做拍客"，反响强烈，经过多次拍客视频主题接力、拍客训练营，优酷现已成为互联网拍客聚集的阵营。

优酷以视频分享为基础，为用户浏览、搜索、创造和分享视频提供最高品质的服务，对"微视频"概念进行了全面演绎。关于"优酷"这个网名的由来，其创始人曾谈道："优，代表服务品质，优酷倡导一种精品视频文化，让精品内容浮出水面，让用户价值充分展现；酷，代表用户体验，第一时间品味独特的视频自助餐，满足人人参与的热情与个性化生活方式的表达。"与播客有所不同，不一定只有原创才能登台表演，无论业余还是专业，无论个人还是机构，在优酷上都可以微视频形式进行视频收藏、自创与分享。

据优酷产品负责人介绍，优酷是国内首家为微视频免费提供无限量上传与存储空间并具备个人发起视频擂台及评分系统的网站；优酷注重利用多纬度的 TOP 排名、频道分类索引、标签、个人发起擂台、视频俱乐部等有效手段，兼顾技术搜索功能与人气推荐手段，最大化发挥 C2C 内容聚合与推荐的力量，帮助用户迅速找到其喜好的视频和感兴趣的社区，让用户"看得爽、找得快、传得广、比得酷"。优与酷的融合，旨在吸引大批崇尚自由创意、喜欢收藏或欣赏微视频的网民，其目标人群归属和分众聚合力将为优酷创造未来的商业价值，也为传统媒体的发行和推广提供了新的平台。"世界都在看"是优酷积极提倡的全新网络生活方式。换句话说，就是为网民打造的是一个微视频博览会、微视频精品库，也是一个视频体验的世界，创作、交流、推荐、分享，在优酷，以视频语言表达自我、分享世界。

优酷于 2006 年 12 月 21 日正式运营，2009 年总收入超过 2 亿元人民币。以优酷为代表的中国互联网视频发展成为互联网电视的主流媒体，也成为视频营销的首选。据 2010 年统计，优酷日均独立访问人数（UV）达到了 8900 万，日均访问量（PV）更是达到了 17 亿，优酷凭借这些数据成为 Google 榜单中国内视频网站排名最高的厂商。

▶▶▶ 4.3.2 优酷发展历程

1. 2005—2006 年草创期：追逐热点　累积人气

2005 年 11 月，原搜狐总裁和首席运营官古永锵创立了合一网络技术有限公司。2006 年 3 月，合一网络技术有限公司将旗下 300 万美元基金投入优酷。2006 年 6 月 21 日，优酷公测上线。优酷初创时模仿 Youtube 模式，定位为用户视频分享服务平台，即用户上传视频与他人分享，也可浏览他人的视频内容。优酷工作人员每天 24 小时不间断地对上传视频进行审核与推送。

在正式推出公测后，优酷凭借对当时社会热点的追踪，迅速聚拢起大量人气。比如当时重庆史上最牛钉子户事件、沈阳大雪、张钰事件。其中沈阳大雪的网友原创视频被 CCTV 所引用。被炒热的还有草根故事"老人与狗"，一位独居孤苦老人最终在网友的帮助下观看到天安门升旗仪式。对事件营销的良好把握让优酷从一开始就走在视频网站发展前列。

2. 2007 年发展期：体验第一　快者为王

进入 2007 年，中国视频分享网站的数量迅速蹿升，到年底竟然达 200 家。此时优酷的核心战略为"快者为王"，古永锵对其解释是"视频网速度不快，等于死"。优酷在这段期间里的主要努力目标为"快"，不惜用数亿元资金布局全国网络，其次为提升用户体现，比如不断改善播放画面流畅度与上传视频速度。

2007 年优酷先后与迅雷、百度、盛大、搜狐等建立了广泛合作关系，网站品牌与影响力进一步提升。到当年 12 月 21 日，优酷日视频播放量（VV，即网站上视频播放总次数）率先突破 1 亿。

3. 2008 年寒冬期：有惊无险　合纵连横

2008 年金融危机爆发，一路高歌猛进的视频分享网站突然面临投资急剧减少的困境，大量视频网宣布裁员，缩减支出。而优酷在危机前 7 月获得了 4000 万美元的融资，顺利过冬。4000 万美元的融资后来被主要用于提升优酷平台技术优势、加大品牌认知和抢占市场份额。

获得资金支持的优酷在当年推出"合计划"，开始四处出击、合纵连横。其中"合计划 1.0"让优酷与百家电视台及大型影视音乐公司成为热点联盟伙伴，120 多个视频官网落户优酷；"合计划 2.0"让优酷以电视剧合作及营销作为业务重点，拿到了总计 5 万小时的电视剧版权，实现了规模性升级和资源垂直落地。

值得一提的是，在 2008 年 56. com 被迫关停期间，优酷迅速出击吸引了 56. com 的大批用户。同年 7 月 9 日，优酷获得国家广电总局颁发的"信息网络传播视听节目许可证"以及由北京广电总局颁发的"广播电视节目制作经营许可证"。

4. 2009 年血拼期：烽烟四起　格局初定

受到 HULU 模式成功的刺激，中国视频网在 2009 年纷纷调转船头，改走 HULU 或 UGC+HULU 模式，搜狐高清、奇艺在此期间内高调出现。与其他靠融资度日的网站不同，搜狐高清、奇艺等资金实力雄厚，又无盈利压力，且拥有平台优势，它们的进入让视频网站竞争空前激烈。这种激烈竞争集中体现在版权大战与诉讼大战上。

版权大战的核心为花钱抢优质热门资源，以资源博用户与流量；诉讼大战的核心则是保护自身利益。2009 年 9 月 15 日，搜狐联合激动、优朋普乐及版权方、政府有关部门等启动"中国网络视频反盗版联盟"，扛起了"去盗版化"的大旗，对土豆、优酷等发起诉讼，版权诉讼大战随之拉开。

2009 年，视频行业格局已定。从网站点击观看排行来看，优酷、土豆堪称双寡头，同时位列视频网站第一阵营，其后是酷6、56. com 等第二阵营与其他第三阵营。就正版长视频单项进行比较，优酷则未进入第一阵营。目前，位居正版长视频第一阵营的是奇艺、搜狐高清与酷6。

5. 2010 年上市期：内容跨界　成功登陆纽交所

2010 年 2 月，优酷、土豆结盟，成立网络视频联播平台，意在以有限的正版资源换取更大的广告回报，同时开始主动对搜狐、酷6 等网站进行反诉讼；2010 年 3 月，用户收视数据产品优酷指数（index. youku. com）正式上线；4 月，"优酷出品"战略登场，搭建影视综艺制作发行体系；8 月，优酷联手中影打造"十一度青春系列"，其中《老男孩》一片病毒式席卷网络，此次尝试也让优酷从过去单纯的播放平台，走向制作、发行前端；9 月，优酷全站支持 ipad、iphone4 播放。

2010 年 12 月 8 日，优酷在纽交所正式挂牌交易，开盘价为 27. 00 美元，高于发行价 12. 80 美元 110. 9%；收盘报 33. 44 美元，大涨 161. 25%，创下美国 5 年来 IPO 上市首日涨幅之最。

≫ 4. 3. 3　优酷业务模式

1. 初创时期：YouTube 的中国模仿者

2005 年 2 月，视频分享网站 Youtube 创建，自由分享理念加上强有力的技术平台，让其迅速蹿升为互联网最热门的创业公司。虽然当时该领域还有其他两个热点——PPStream 类的 P2P 直播，TiVo 类的电视互动，但古永锵认为 YouTube 具有"无可比拟的市场优势"，优酷的创业模式就此确定。

在优酷诞生之前，2004 年 11 月，乐视已掀开了中国视频网站的序幕。随后 2005 年上半年土豆、56. com 和激动相继上线。其中土豆、56. com 为 UGC 模式（即 Youtube 模式），激动、乐视则采用正版视频运营模式。

2. 中期转型：UGC+HULU 模式

虽然 HULU 出现之前，国内已有采用正版视频运营模式的视频网站，但直到 HULU 出现后，该模式才受到国内视频行业的广泛关注与模仿。HULU 之所以受到热捧，主要原因在于 HULU 用了不到 Youtube 10% 的流量，产生了与 Youtube 相当的收入规模。通过优质内容去吸引用户，再通过广告盈利从此成为一条被证明了的有效模式。2009 年 HULU 全年广告营收达 1 亿美元，占据美国视频广告市场 33% 的份额。

从 2008 年开始，优酷用在版权资源购买上的资金急剧增长。2007 年为 310 万元人民币，而 2010 年前 9 个月就达 5647 万元人民币，为前者的 18 倍有余。

不过想吃 HULU 模式这块蛋糕并不容易，与国外影视版权资源比较集中的情况不同，国内影视资源高度分散，要取得优质正版视频就需要不断砸钱购买热门资源，视频版权购买费用因此耗费巨大。为减少购买费用，各大网站开始尝试自制视频内容，优酷也是其中的先行者。

3. 最新定位：HULU+Netflix 模式

在优酷上市前，创始人古永锵对优酷模式给出了新的定位：优酷是一家互联网电视公司，它将 HULU 与 Netflix 两大模式进行结合，并做到了 Youtube 的规模，这也是优酷高层首次清晰描述优酷经营模式。

HULU 暂且不论，Netflix 为目前受华尔街热捧的流媒体内容提供商，通过向订阅用户提供正版影视内容收取费用，其服务同时延伸至广阔的互联网、电视及移动终端。在近年来，Netflix 股价飞速增长，2008 年股价为 28 美元，截至 2010 年 12 月 9 日，股价已飙涨至 188 美元，涨幅达 570%。不过要采取 Netflix 模式，优酷还将面临一系列困难，比如版权资源库建设、用户付费习惯培养、对于终端渠道的辐射。

此外纵观近两年的优酷策略，其至少在三个方向进行了最新探索。第一为内容自制。从 2007 年开始，优酷就积极试水制作网络短剧，比如《嘻哈 4 重奏》、《天生运动狂》等。2010 年，优酷正式推出"优酷出品"，从产业链下游平台向上游延伸，从单纯播放平台走向制作、发行前端。比如"十一度青春"系列，为优酷赢得了广泛关注。

第二为网络无线视频。2010 年 9 月，优酷无线战略提速，全站支持 ipad、iphone4 播放。截至 2011 年 6 月，已有 50% 以上的 3G 移动终端内置了优酷的客户端。对于无线视频收费模式，优酷则仍在探索中。

第三为付费收看。未来优酷的收费内容将包括三大部分：第一为正版优质视频资源，比如《阿凡达》；第二为演艺市场的网络发行，比如演唱会、话剧、相声等；第三为付费的教育培训内容，如英语考试辅导、考研辅导等各类辅导课。目前，优酷付费频道测试版只包括电影与教育视频内容。

4. 内容来源

（1）注册用户上传的内容

作为视频分享网站，优酷视频内容的重要来源就是网民原创。注册用户将拍摄的视频文件上传供大家分享，上传的视频内容丰富，原创作品层出不穷。通过原创剧的形式，不仅可以满足网民的观看习惯，也使得各种视频营销手段都能通过视频传播发挥作用。

然而由于用户知识层次和需求不同，一些用户制作的内容过于低俗和粗劣，缺乏一定的社会价值，上传的内容影响了网站的整体质量。

（2）购买电影和电视节目

优酷为了提供热门内容，与多家影视媒体等专业传媒机构合作，购买其版权。在政府对版权监管力度日益加大的情况下，"合计划"是优酷进行了一系列的调整后，在内容提供上的大胆创新，优酷与土豆的合并就是其体现。

（3）优酷自制节目也成为其内容的重要补充

2009 年优酷推出了自己的选秀计划——"牛计划"，即年度民间"状元"搜索行动，充分发挥网络力量，向全国各地招募牛人，将具有民间智慧、综合才艺的普通用户推至台前，优酷帮助这些平凡的人们实现了自己的梦想和人生价值，并将视频文化推向高潮。

≫≫ 4.3.4 优酷产品服务

优酷网站界面气氛活跃，热点突出，播放流畅。优酷网页的基本色为天蓝色，给人以清新的感觉。网站登录速度比较快，在首页上主要以视频截图展示为主，但是界面布局不够合理，掺杂了不少广告，整体感觉有些凌乱。在网站的基本构成上，首页上有头条视频，首页内容会定期更新，以使网民能够把握当前的热点。各种选项布局上，视频搜索、分类浏览、会员登录等功能一应俱全。优酷前台组织架构如图 4-7 所示。

1. 首页内容

对于热点头条内容，优酷采用新闻作为今日头条，为社会时政新闻。优酷的头条更能把握当前的热点。

在栏目设置上，优酷将最佳原创视频放在首屏，优先于最新电视剧，再往下二屏设置了最新电影和娱乐资讯视频，行业垂直类视频放在三屏的位置，最下方是视频专题。可见优酷重点推荐新闻和原创视频。此外优酷的电视剧频道内容较为丰富，推荐内容的点播量都很高，被重点放在右侧以排行榜的形式呈现。

首屏是各门户网站非常关注的区域，也是广告主非常感兴趣的广告位，在优酷的首屏有 7 个截图视频位、三个视频文字链、1 个广告位和用户个人信息区块。

2. 内容搜索

优酷中有不同的寻找视频的有效方法，包括关键字搜索、人气搜索榜单、兴趣分类频道、搜索排行榜、相关视频搜索。优酷在最上方呈现与关键词有关的电视剧播放窗口，其下使用截图视频位体现搜索结果，多数为影视剧节目，但下方的相关搜索提供了涉及各个方面的关键词，可较容易定位到具体需要的视频内容。在页面后面提供了站外搜索结果。

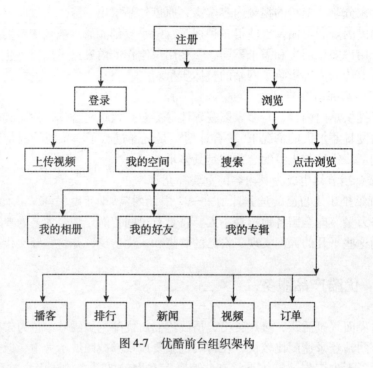

图 4-7　优酷前台组织架构

3. 栏目设置

主要栏目包括：电视剧、电影、综艺、电影。优酷将各类视频分门别类，分为热点、原创、电影、电视、体育、音乐、游戏、动漫，八大专业频道实现垂直定向搜索，帮助用户快速查找兴趣所向。在每一类目录下面还有更详细的子目录，例如电视剧还分为美剧、韩剧、港剧、偶像剧、古装剧等。

4. 节目形态（组织）

提供首页、视频、专辑、分类、PK 擂台、俱乐部、排行榜、专题和会员 9 大板块。首页上以整合推荐为主，提供各个分类近期的热点节目，方便用户快速查看。PK 擂台板块里提供各种视频比赛活动，会员之间可以相互比拼，气氛很活跃。专题板块中则以新闻类和短片类为主。优酷在节目组织上以集中推荐最热门的节目为主。特别值得一提的是最热标签一栏，这里列有近期最热门的视频标签，能让用户以最快的速度找到最新最热的视频。

5. 广告营销

优酷部分视频前置有贴片广告，时长从 5 秒到 15 秒不等，不可跳过。此类广告在播出的同时视频处于加载缓冲状态。测试过程中所有的视频文件都可以即点即播，无延迟感。目前优酷已采用的硬广告形式有传统 banner、视频前后贴片广告、overlay、暂停广告等。并且，优酷正在着力发展种子营销、创意营销、植入营销、拍客营销、版权营销五大互动营销模式。通过这五大营销模式，优酷从视觉、听觉上冲击着目标客户，为用户带来真实愉悦的产品体验，从而实现了广告信息有效发布、品牌多次传播的目标。

6. 上传视频

优酷提供无限制上传空间，支持常见的视频格式，不支持上传音频、动画和图片文件。单个文件不能超过 200MB，每个文件最长 20 分钟，超出部分会自动截断。上传 50MB 的测试文件，总用时 15 分钟，上传速度在 50～60KB 浮动，令人满意。

优点：可以上传 200M 以内的视频，时长无限制。一个亮点是，视频转换成功后，有 8 张该视频的截图让用户从中选择效果最好的作为封面，从而大大提高了视频的点击率。提供超 G 上传功能，支持最高 1.2GB 的视频文件上传，可断点续传和并行上传。缺点：成功发布过 20 条以上视频（含 20 条）的用户，才可以上传 1.2GB 的单条视频。

7. 排行榜

第一时间获取最热门视频，通过搜索排名查看各分类排名第一的视频。用户根据兴趣喜好直击目标榜单，精彩即刻呈现。

8. 我的优盘——网络视频个人空间

拥有我的视频、我的播放列表、我的订阅、我的收藏、我的 PK 擂台、我的俱乐部和我的好友等群组功能，个性化使用习惯一一保存，这里是优酷用户专属的私人空间。

9. 社区——与酷友亲密接触的平台

在互动中尽享视界精彩，在沟通中拓展人际网络，因视频而互动，让网络视频成为每个人的主流生活和娱乐方式。

在俱乐部结识视频同好，在 PK 擂台大展拳脚，比优、比酷、比出位，优酷是你的舞台。

10. 拍客——视频时代的代言人

拍客，资讯的分享者与传播者，奇趣事件的见证者。他们积极、阳光、思想敏锐，崇尚思考，他们代表了当今互联网新锐的用户群体，是视频分享领域最耀眼的明星。

⫸ 4.3.5　优酷技术架构

硬件方面，优酷引进的戴尔服务器主要以 PowerEdge 1950 与 PowerEdge 860 为主，存储阵列以戴尔 MD1000 为主，2007 年的数据表明，优酷已有 1000 多台服务器遍布在全国各大城市。

1. 前台架构

从一开始，优酷就自建了一套基于 PHP + MySQL 的内容管理系统（Content

Management System，CMS）来解决前端的页面显示，各个模块之间分离得比较恰当，前端可扩展性很好，UI 的分离让开发与维护变得十分简单和灵活，可以加快网站开发的速度和减少开发的成本。

优酷的 CMS 集成了内容采集插件、视频投票、留言板、会员管理、多服务器发布、搜索引擎优化、定制皮肤等多项强大功能，优酷的 CMS 前端局部架构如图 4-8 所示。

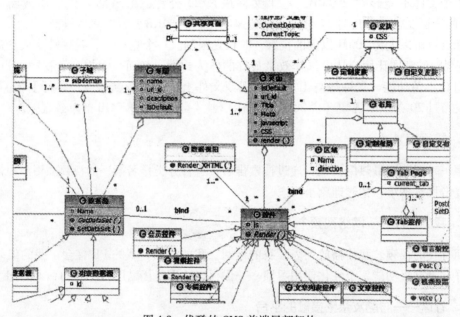

图 4-8　优酷的 CMS 前端局部架构

其中内容采集插件支持一键采集来更新数据，以保证影片的数量。但是会使得很大一部分网站相似度极高，资源不稳定，在同类网站中没有竞争优势，流量徘徊不前。优酷和土豆经常换链接，来互补影片资源。后台新闻采集功能有很多种用法，比如想要电影排行榜的数据，可以重点对该部分数据进行收集。

自动采集功能包括每天定时采集、自动生成 HTML、剔除暗链、自动处理非法评论及留言等。由于采集规则是根据标题判断，标题完全一样才认为是同一部影片，因此很多标题有微小区别但实际是同一部影片的视频需要进行重复内容的过滤。

2. 数据库架构

应该说优酷的数据库架构也是经历了许多波折，从一开始的单台 MySQL 服务器（Just Running）到简单的 MySQL 主从复制、SSD 优化、垂直分区、水平分片，这一系列过程只有经历过才会有更深的体会，就像 MySpace 一样，优酷的数据库架构也是一步步慢慢成长和成熟的。下面主要介绍简单的 MySQL 主从复制、垂直分区和水平分片。

（1）简单的 MySQL 主从复制

优酷早期的数据库架构如图 4-9 所示。简单的 MySQL 主从复制解决了数据库的读写分离问题，并很好地提升了读的性能。

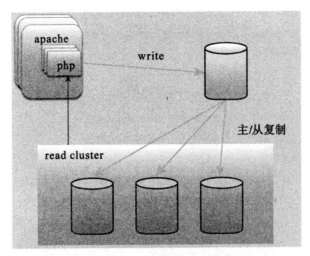

图 4-9　优酷早期的数据库架构

　　MySQL 的复制功能是数据分布到多个系统上去，这种分布的机制是通过将 MySQL 的某一台主机的数据复制到其他主机上，并重新执行一遍来实现的。复制过程中一台服务器充当主服务器，用于写操作一台或多台其他服务器充当从服务器，用于读操作。主服务器将更新写入二进制日志文件，并维护文件的一个索引以跟踪日志循环。这些日志可以记录发送到从服务器的更新。当一台从服务器连接主服务器时，它会通知主服务器从服务器在日志中读取的最后一次成功更新的位置。从服务器接收从那时起发生的任何更新，然后封锁并等待主服务器通知新的更新。

　　主从复制的过程如图 4-10 所示。

　　①主库将改变记录到二进制日志（binary log）中（这些记录叫做二进制日志事件）；

　　②从库将主库的二进制日志事件拷贝到它的中继日志（relay log）中；

　　③从库重做中继日志中的事件，将改变反映它自己的数据。

　　主从复制也带来了其他一系列性能瓶颈问题：

　　①写入无法扩展；

　　②写入无法缓存；

　　③复制延时；

　　④锁表率上升；

　　⑤表变大，缓存率下降。

　　当上述问题出现时，就需要进一步采取新的优化方案。

　　（2）垂直分区

　　如果把业务切割得足够独立，那么把不同业务的数据放到不同的数据库中将是一个不错的方案，这样万一其中一个业务崩溃了也不会影响其他业务的正常进行，而且还起到了负载分流的作用，大大提升了数据库的吞吐能力。垂直分区后的数据库架构如图 4-11 所示。

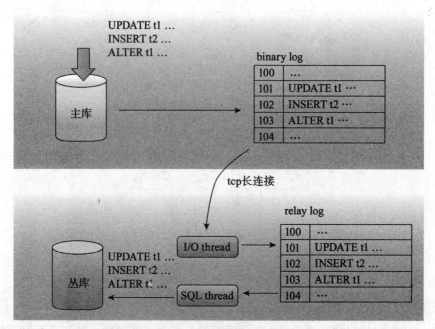

图 4-10　主从复制过程

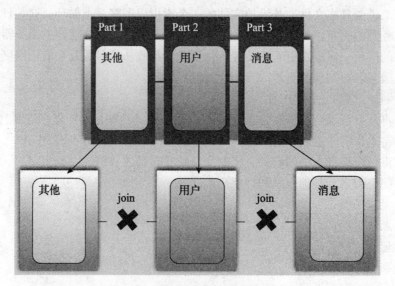

图 4-11　垂直分区后的数据库架构

　　虽然业务之间已经足够独立了，但是有些业务之间或多或少总会有点联系，如用户基本上会和每个业务相关联，况且这种分区方式也不能解决单张表数据量暴涨的问题，这时可以考虑水平分片。

　　（3）水平分片（Sharding）

　　这是一个非常好的思路，将用户按一定规则（按 id 哈希）分组，并把该组用户的数据存储到一个数据库分片中，这样随着用户数量的增加，只要简单地配置一台服务器即可，其原理如图 4-12 所示。

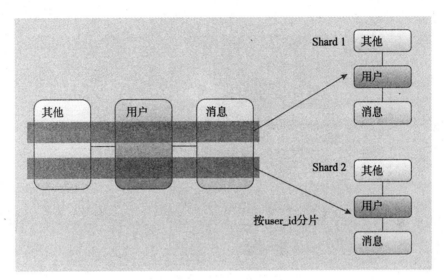

图 4-12　水平分片原理

　　如何来确定某个用户所在的 shard 呢？可以制作一张用户和 shard 对应的数据表，每次请求时先从这张表中找到用户的 shard id，再从对应的 shard 中查询相关数据，如图 4-13 所示。

　　优酷是如何解决跨 shard 查询的呢？这是个难点。据介绍优酷是尽量不跨 shard 查询的，实在不行通过多维分片索引、分布式搜索引擎进行相关操作，下策是分布式数据库查询（这非常麻烦而且耗性能）。

3. 缓存策略

从 http 缓存到 memcached 内存数据缓存，优酷均没有采用内存缓存，其原因在于：
①避免内存拷贝和内存锁。
②内存缓存会给内容管控带来不便。

4. 核心技术

（1）搜索功能

搜库是由优酷于 2010 年 4 月推出的专业视频搜索引擎，提供优酷站内视频以及全网视频的搜索功能，致力于为用户提供全功能、覆盖全网的视频搜索服务，创造更精准、更快速、更优质的搜索体验，最快速地帮助用户找到最想看的视频。2011 年 5 月 15 日，优酷旗下独立视频搜索品牌"搜库"正式对外发布。

搜库以视频搜索作为自己的定位。对于优酷来说，推出专门的视频搜索搜库既能巩固

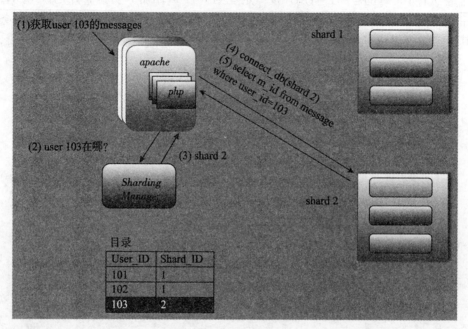

图 4-13 确定用户所在的 shard

其在国内视频网站的领先地位，又能领跑国内专业视频搜索领域。在互联网视频已经成为我们日常生活的一部分的今天，人们愈发注重方便和快捷。随着科技的发展，科技与人文更加地紧密结合，人性化的产品层出不穷，用户体验的好坏决定了产品的成功与否。对于搜库来说，凭借"快、专、热"三字诀，基于对用户行为和视频习惯的分析，可以为用户呈现最优质、最契合其视频浏览习惯的搜索结果，提供最好的用户体验。

（2）视频发布

优酷允许用户上传的视频文件大小不能超过 200M，时长无限制。5 分钟以内的视频，可以达到最流畅的上传及观赏效果。它支持绝大多数的视频格式。

①微软视频：.wmv，.avi，.dat，.asf；

②Real Player：.rm，.rmvb，.ram；

③MPEG 视频：.mpg，.mpeg；

④手机视频：.3gp；

⑤Apple 视频：.mov；

⑥Sony 视频：.mp4，.m4v；

⑦DV 视频：.dvix，.dv；

⑧其他常见视频：.dat，.mkv，.flv，.vob，.ram，.qt，.divx，.cpk，.fli，.flc，.mod。

上传高品质画质的视频，会有较大几率享受高清、甚至超清转码，并获得标志。传宽屏尺寸的源文件，并且符合高清转码标准，将会获得宽屏播放体验。

（3）客户端工具

优酷客户端包括 Windows 客户端、Windows phone 客户端、iPhone 客户端、iPad 客户端、Android 手机客户端、Android 平板客户端、优酷机顶盒客户端和其他手机系统客户端。

优酷客户端为用户推荐更多精选热门视频，通过多条件筛选快速定位匹配结果，提供多种画质、多种语言切换播放和下载，支持边下载边观看，云同步记录等使用功能。

优酷注册用户登录后可以通过客户端下载超清、高清视频文件，体验更丰盛的视觉盛宴。用户使用优酷客户端上传视频到优酷时速度更快，不会出现网页崩溃导致数据丢失的情况。在使用优酷账号登录的状态下，云同步记录可以记录用户的播放历史，换台电脑登录也不会丢失播放记录，仍可继续播放。

（4）视频加速

优酷推出了自己的视频加速软件。所有操作全部在网页中完成，可以直接在线录制视频。

≫≫ 4.3.6　优酷营销模式及优势

1. 拍客营销

优酷最早提出"拍客文化"，倡导"谁都能做拍客"的概念。在北京奥运会期间，优酷与三星、联想、李宁、雀巢等十多个知名品牌结为战略合作伙伴，与用户进行深度沟通，在形式、渠道、品牌推广等层面充分表现出优酷作为一个视频平台所独具的新媒体表现力。奥运会后，耐克在全国 10 省市开展主题为"挑斗更进一步"的篮球、足球技巧比拼大赛，在线下活动的同时，在优酷建立视频官网作为网上征集平台，招募 10 省市的拍客用视频捕捉当地的球技达人，上传到优酷进行线上比拼。这可谓一举两得，既让拍客成为活动的义务宣传员，其作品又达到了视频种子传播的效果。之后，中国移动又在全国十多个省市，启动了"以舞会友，动感地带 2008 全国大学生街舞电视挑战赛"的海选，以同样的方式征集拍客作品。拍客营销模式得到了充分体现。

2. 事件营销

事件营销是 2009 年初以来优酷在视频应用及营销模式上进行的全新探索。2009 年 4 月优酷与诺基亚建立了战略合作伙伴关系，携手推出了一场大型青年活动"诺基亚 5800 玩乐派对"，创造了互联网和演唱会合作的历史，优酷成为本次活动的视频支持网站，首次推出"优酷直播"新模式，引领了网络视频直播的发展。4 月 19 日演唱会的盛大明星阵容全由网民自己投票选出，网民除了可以通过优酷收看全程直播外，还可登录此次活动的官方网站，与明星深度互动。演唱会进行期间，还举行了别开生面的诺基亚首款触控音乐手机诺基亚 5800XpressMusic 的网络竞拍，这是有史以来最具互动性和网民话语权的娱乐音乐事件。

3. 种子营销

种子营销以包含客户品牌或产品广告信息的视频作为传播的内容，利用互联网互动性强、传播范围广且速度快等特点，凭借其传播内容的吸引力和趣味性，在短时间内像"病毒"一样自动散播。

4. 影视剧营销

影视剧营销是优酷最为人称道的一个重要方面。2009 年 2 月 23 日，优酷获得献礼新中国成立 60 周年热播剧《我的团长我的团》的播放权，开创了国内电视热播剧与视频媒体合作、推广发行和广告营销的先河。优酷为《我的团长我的团》精心构建了大型视频官网，包含预告片、拍摄花絮、主创创作心得访谈等视频片段。热播剧通过视频网站，使用户可以随时点播、连播、互评，其内容延展性更强，推广周期更长，互动效果更佳，延续了电视播出周期的热度，为传统电视广告主提供了品牌推广和市场营销的延伸平台。同时优酷还通过视频平台使电视剧营销的多样性得以呈现，使广告品牌价值得以最大化的提升，也使中国电视剧产业和中国视频产业进入了全新的发展阶段。

5. 优酷的营销优势

（1）视频内广告方式多样，包括贴片、暂停广告、疯狂贴片等多种方式，可根据品牌传播策略进行任意组合。

（2）提供更全面、立体的投放选择方案。视频内广告可以实现更精准的投放和更理想的频次控制。由于投放采取的是一对一的方式而非广播形式，因此在广告的投放频次上可以更为自由地控制，以避免无效投放而导致的浪费。

（3）视频内广告的网络投放环境相对纯净。用户对主动选择观看的视频有极高的注意力，并且将这种高度集中的关注延伸到了贴片广告上。在此前提下，用户对选择贴片广告形式传播的品牌的记忆效果显然更加深刻。

▶▶▶ 4.3.7　优酷盈利模式

盈利模式的一个核心是价值网络。优酷创造了一个以满足广告商、影视制作公司、下载用户、直播用户、集团用户的需求为框架的体系构架。优酷的价值网络如图 4-14 所示。

优酷的利润点主要在于"贴片广告"和"赞助商频道"。此外，还有付费点播、视频下载、集团销售、网络直播等。其盈利模式如下：

（1）付费点播版权盈利模式。这种模式主要依靠用户通过各种支付平台点播节目，在线观看，形成比较稳定的收入。

（2）视频下载盈利模式。这种模式依靠用户下载观看收费。用户一般是下载到自己的计算机中再观看。

（3）集团销售盈利模式。例如将网站技术及内容卖给网吧主，再由网吧主提供给顾客付费或免费观看。

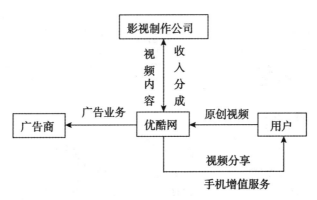

图 4-14　优酷的价值网络

（4）网络直播盈利模式。视频网站很少把网络直播作为主要产品形态，但是一些国外网络电视台会将直播作为其拳头产品。

（5）多终端盈利模式。这种盈利模式就是通过不同格式、不同码流的转制以及一定的营销策划，在包括但不限于电脑、手机等终端播出，产生多种盈利渠道。

1. 优酷营收构成状况

如图 4-15、图 4-16 所示，在优酷营收构成中，广告营收占绝对主力，其他营收来自付费频道、移动视频、版权分销等，它们目前占总营收的比重很小。

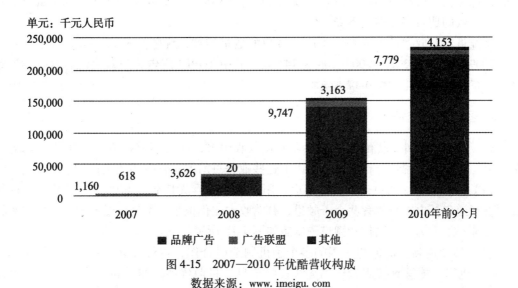

图 4-15　2007—2010 年优酷营收构成

数据来源：www.imeigu.com

优酷广告营收来自两大部分：一部分是品牌广告营收，一部分是广告联盟带来的营收，其中绝大部分营收来自品牌广告。2010 年前 9 个月，优酷品牌广告营收 2.2 亿人民

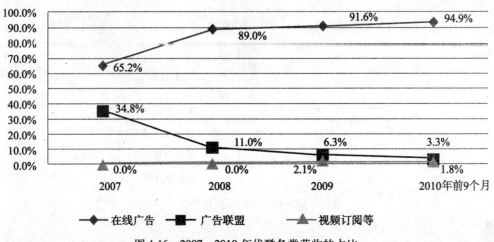

图 4-16　2007—2010 年优酷各类营收的占比

数据来源：www. imeigu. com

币，占总营收的 94.9%，来自广告联盟的营收占总营收的 3.3%。

优酷目前提供的品牌广告种类包括视频插播广告、显示广告、赞助广告等，其中主要是视频插播广告，其在线广告由广告代理机构负责联络。

而广告联盟则是与百度和谷歌进行合作，并与第三方进行分成。通过联盟，百度和谷歌将其客户的广告链接置于优酷上，这些广告跟优酷的视频内容和搜索关键字相关。近几年，优酷来自广告联盟的营收占总营收比重的趋势不断下降，优酷表示来自这一部分的营收占总营收的比重将会继续下降。

优酷近期营收增长主要是由于广告客户的数量增加，优酷目前共计有 343 家广告客户，2009 年底为 303 家，2008 年底为 141 家。其中 TOP10 广告客户营收占总营收的比重持续下滑，具体变化如图 4-17 所示。

2. 多元化盈利探索

除了广告营收外，优酷还在探索多元化营收模式，如开展移动视频、版权分销等业务，并与电子商务网站合作分成，但以上这些业务目前占总营收的比重仍很小。

（1）付费频道。通过优酷付费频道，用户可以收看无广告、高画质的影片。目前优酷付费频道包括电影与教育两个子频道，其营收占比仍很小，不过优酷管理层表示未来将在这项业务上发力。优酷付费频道测试版如图 4-18 所示。

（2）移动视频。优酷与中国的多个手机制造商合作，将优酷客户端内置于手机中，使 3G 手机用户能够直接观看优酷无线视频节目。目前优酷来自这部分业务的营收也比较少。

（3）版权分销。优酷还购买了一定数量的版权影视作品，一方面在优酷网站上播放，另一方面开展版权分销业务。截至 2010 年 9 月，优酷所拥有的版权视频内容包括 2200 部电影、1250 部影视剧和 194 部其他节目。

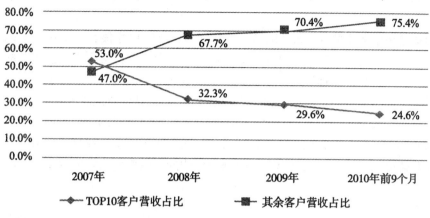

图 4-17　TOP10 广告客户营收占总营收的比重变化情况

数据来源：www. imeigu. com

图 4-18　优酷付费频道测试版

（4）与多家电子商务网站合作，进行收入分成。例如：优酷 2009 年 6 月曾与淘宝网合作，推出了优酷与淘宝网共同研发的"视频电子商务"新应用技术，以便用户在淘宝网购物时，可以通过优酷的视频技术及用户体验，增加网络购物的真实体验，减少网购风险。

3. 借助娱乐综艺，进行视频营销

优酷牛人盛典有康师傅、UPS、娃哈哈、喜力、嘉士伯等各大广告主的赞助，每一个牛人门派都在很大程度上吸引了广告主的青睐，在拥有广大市场的视频领域，优酷市场份额的增长将越来越快。

4.4　六间房（6Rooms）

4.4.1　六间房介绍

六间房是一家新锐的 Web2.0 视频网站，与 YouTube 的定位一样，它本身不提供视频内容，只提供一个视频发布平台，上传的内容以用户原创为主，比如家庭录像、个人的

DV 短片等。自 2006 年 5 月 15 日正式上线以来，其 Alexa 排名已由第 34 万名提升至 700 余名。

六间房是一个典型的 Web2.0 网站，其特征为：以用户为核心；用户产生内容；通过共同的兴趣，用户再产生沟通和联系。说到用户产生内容，许多人立刻想到了胡戈，在一定程度上，六间房的迅速蹿红也源于胡戈。在互联网上，胡戈代表着草根文化，他为草根创作出了头。与胡戈签约，也显示出了六间房 CEO 刘岩对于商机的把握能力。

六间房网站首页包含两个核心板块：原创视频分享（如图 4-19 所示）和视频直播平台（如图 4-20 所示），界面很清晰，也很简单，这样便于网友寻找自己钟情的东西。刘岩提出的非营销也能做流量，就是以上所提到的坚持分享以原创为本的视频，以降低营销上的开销。

图 4-19　原创视频分享

在认识到简单域名的重要作用后，六间房花巨资买下了域名"6.cn"。2007 年 8 月 6 日，正式启用购得的 6.cn 新域名，以替代原来的 6rooms.com 域名。它不仅简单容易记忆而且与六间房也有一定联系，这很具有特殊性。网友们很容易在不经意间就记住了，这样不仅可以起到宣传作用，而且节省了大笔的广告宣传费用。六间房的此番动作，在看似平静的视频网站行业中再掀波澜。业内专家认为，这个事件传递出互联网大热门——Web2.0 视频分享概念，将是未来一段时间内的一个热点。

在刚刚上线时，它又利用口碑传播的力量建立起了品牌形象。在刘岩了解到胡戈创造的《一个馒头引发的血案》所带来的热潮后，他通过努力得到了胡戈的又一新作《鸟笼山剿匪记》的首发权，经过网友们一传十十传百的口头传播，六间房的点击量激增，流量暴涨。

六间房为了发布新品和力作，不断激励网友，支持原创。2007 年 6 月中旬六间房发起了大型原创视频网络评选活动——"百万基金支持原创视频"，并将此活动设立为一项

图 4-20　视频直播平台

长期对本土原创视频制作的支持计划，为从事视频产业的优秀工作者提供后续发展空间，激励其创作热情。

为了与网友们更好地互动，六间房在 2007 年"中华小姐大赛"期间，抓住时机，设立了独家官方播客频道。这样中华小姐的选手们就能够与其粉丝们更好地交流了，网友们的线上活动也更积极了。如一些"中华小姐 Fans 视频送祝福"，"电子玫瑰"等，活动积极的前几名可以将他们的视频实时滚动翻新。六间房通过类似的活动拉近了网友与网站的距离，在网友中形成了固定的圈子，而这些网友最终成了六间房的忠实粉丝。

4.4.2　六间房技术

六间房认为，视频网站颠覆了传统的被动收视的方式，使用户成为主动参与者，同时让用户对收视内容和时间有了更多的选择，给客户带来了一个全新的网络体验。六间房致力于成为国内视频网站的领导者，自诞生伊始，六间房就采取了一条与国内其他网站不同的发展策略——以技术和产品驱动成长。

1. 客户需求打造业界领先的 CDN 系统，以技术和产品驱动成长

Web2.0 时代，什么最重要？很多公司有着不同的答案，相当一部分公司会选择市场推广。六间房的选择与众不同。在六间房 CEO 刘岩的心中始终有一种信念——技术和产品做好了，公司自然就会好。领先的技术和产品已经成为六间房发展壮大的 DNA。

正是基于这样一个原则，六间房全面强化自己的技术团队，并通过技术来打造独特的产品，带给客户独特的体验。作为一个 Web 2.0 视频网站，CDN 架构是公司平台的核心，它使用户可以就近取得所需的内容，解决网络拥塞问题，提高用户访问网络的响应速度。

在公司发展初期，六间房借助第三方合作伙伴来提供 CDN 服务，由于业务发展迅速，在存储容量方面，六间房的存储容量每年都实现了 100% 的增长；同时，合作伙伴服务内容与业务需求方面的差距越来越大，因此，六间房决定建立自己的 CDN 架构，以提高响应速度和视频的清晰度，从而全面提升用户体验。

在 CDN 架构中，存储系统是核心。对于 CDN 存储平台的选择，六间房认为，作为一个 Web 2.0 的公司，系统的响应速度和稳定性是关键。因此，六间房要求存储平台必须具备一定的技术领先性、可靠性和可扩容性；同时，系统的可管理性也非常关键，它可以减少管理的复杂程度和人员成本。另外，系统需要具有合理的性价比和优秀的客户服务能力。

六间房最先采用的是 Sun 公司的存储服务器，它们入驻六间房的 CND 系统中，为六间房的成长打下了坚实的基础。作为全球网络计算技术潮流的领导者，Sun 公司始终对 Web 2.0 企业给予了积极的关注，不仅在技术和产品方面给它们提供了广泛的选择，而且以独特的服务帮助创业公司在资源有限的情况下，获取最多的设备和服务。对于 Sun 公司的 Web 2.0 策略，六间房深以为然。六间房 COO 杨勇明认为，六间房的诸多理念和 Sun 公司不谋而合。

对于六间房的强大业务发展能力和存储需求，Sun 公司提供了 Sun Fire X4500 服务器，并运行 ZFS 系统，全面保证了六间房强大的数据存储和管理能力。在保证六间房实现应用的前提下，Sun 公司还具备强大的平台升级能力，以随时应对六间房的跨越发展。

2. 客户利益：六间房全力利用技术实现竞争差异化

通过不断地提升自己的技术特性，六间房给用户带来了极佳的使用体验，为行业的整体发展起到了积极的促进作用，通过长期的专注与努力，六间房成为最受播客与机构关注的视频分享旗舰品牌之一。

六间房的 CDN 系统在存储方面具备更强的灵活性、可靠性和可管理型，以更快的响应速度、更清晰的内容、更全面的服务，向客户提供了全面领先的应用体验。而这些优势的获得来自于一个合理的性价比。

在网络视频行业全面整合、优胜劣汰的大背景下，2008 年，六间房加大技术力量，利用技术推出差异化的产品，缔造差异化的竞争优势。现在，六间房正在打造视频社区和新的商业模式——TVC 2.0，向客户提供更多的应用体验，促进业务规模的更大发展，推动视频网站在中国的发展。

3. 新技术

六间房自行研发的新技术包括：全网访问调度控制系统（直播、点播），视频自动转码系统（点播），分布式存储系统（直播、点播），消息聊天服务系统（直播）以及直播流媒体 CDN（直播）。其中，全网访问调度控制系统负责分析判断用户的来源地域和网络运营商，并将其分配到最近的视频 CDN 节点上去；视频自动转码系统将用户上传的视频转成适合互联网播放的格式，在清晰度和播放流畅度之前取得最佳平衡；分布式存储系统在点播站中组成级联式网状结构，将用户请求的节目文件发送给用户，在直播站中主要起存储作用；消息聊天服务系统是直播站的控制灵魂，它负责传递所有用户和网站后台的消息，包括但不限于聊天信息、送礼请求、发布直播准备、收看直播准备以及各种显示控制信息；直播流媒体 CDN 将用户发布的流媒体转发给用户。视频点播技术架构和视频直接技术架构分别如图 4-21 和图 4-22 所示。

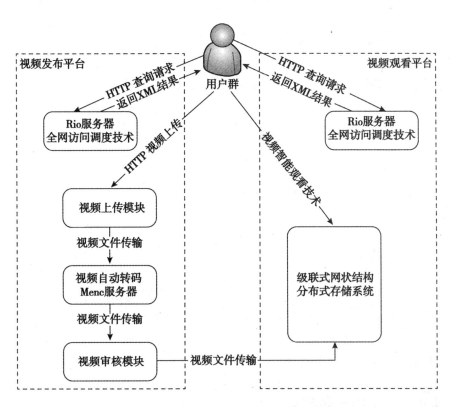

图 4-21　视频点播技术架构

≫≫≫ 4.4.3　六间房特点

1. 视频比较新

六间房的视频比较新，基本上有什么新片子都能首先在六间房上发现。六间房的节目内容一直是很多人看最新节目的风向标，比如说最近出了什么大片或有什么动画更新都是第一时间去六间房找相关视频观看。

2. 视频分类很清晰

视频网站里的视频有无数多个，因此要清楚地分门别类，标签是肯定要有的。六间房的视频分类合理，图文并茂，界面很干净，可以很快地找到自己想要的视频。通常网友最常去的就是它的"专辑"频道，上来就是三个大的节目截图切换的界面，而且这三个节

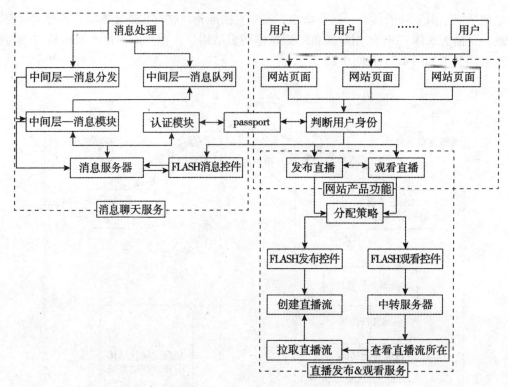

图 4-22　视频直播技术架构

目更新得非常快，都是比较新的内容。

≫ 4.4.4　六间房业务模式

UGC 模式让六间房在早期获得了飞速发展，但是寻求与专业机构合作，带给用户基于机构内容的全新体验，一直是六间房努力尝试的方向。与凤凰卫视旗下的凤凰网合作，是六间房视频分享内容由草根转为更专业机构的内容的发端。

从目前的商业实践来看，视频分享的商业模式主要还是网络广告。客户比较认可、应用相对广泛的形式是贴片广告。很多品牌客户倾向于针对不同的产品和事件策划一些线下活动。

对于视频网站而言，最重要的要素就是内容。只有优质内容才能吸引用户访问，形成用户黏性。目前视频网站的内容主要有用户产生和专业机构授权两个来源。

用户产生的内容具有数量大、题材丰富的特点，但也面临内容质量参差不齐所带来的弊端。很多视频网站对于网友自发产生的内容不进行编辑，在收到了投诉信之后才把一些内容撤下来，内容监管的任务十分艰巨。

而专业机构提供的内容具有内容源稳定、节目质量有保证的特点，更有利于视频网站对用户收视习惯的培养。但在刘岩看来，专业机构也有自己的弊端："从传统的电视展示看，每天播放的只是凤凰卫视所有节目中极小的一部分，片库资源没办法二次利用。而视频分享可以帮助凤凰卫视实现往期节目的二次开发，为广告搭载提供了新的空间。"

不仅如此，随着视频节目的累积，这个"长尾"的能量将越来越大。传播效能越大，广告优势越突出。网络将电视节目绞碎、重组，用户可以利用标签、搜索等技术，实现按需点播，通过排名和节目相关性推荐，选取最优的、符合自己个性化品味的节目。

2010 年 12 月，刘岩表示将彻底摒弃传统影视剧内容，转向视频社区领域。视频社区和传统视频网站的最大区别就是，视频社区的用户之间是存在关系的。中国是一个演艺文化相当深厚的国家，六间房希望能打造一个"群众网上演艺平台"，让更多人有展现自己才华的舞台，让网站成为承载用户关系的桥梁，让视频不再仅是内容。

刘岩表示，传统视频网站大约有九成流量来自站外，所以卖广告也是卖流量，而不是品牌。六间房表示，希望通过技术创新创造出自己的品牌。今后，六间房将以秀场和游戏频道等作为网站的主打内容。六间房未来的战略定位是基于视频分享的游戏视频媒体加在线演艺平台。

六间房是网吧领域市场占有率最高的视频网站，原因就是游戏领域没有强势的视频媒体，而六间房抓住了这个机会，目前提供了最全的游戏视频，这其中包括大量的原创内容，六间房 90% 的编辑都在做游戏视频。虽然游戏视频的流量远不如影视，但因为目标客户群精准而受到了游戏广告客户的青睐。

≫≫ 4.4.5　六间房产品

1. 六间房秀场

六间房秀场是一个开放、自由、免费的网络直播平台，于 2009 年 12 月 8 日正式上线，它吸取和延续了互联网的优势。六间房秀场利用视讯方式进行网上现场直播，可以将才艺展示、电竞比赛、在线培训等内容现场发布到互联网上，利用互联网的直观、快速、表现形式好、内容丰富、交互性强、地域不受限制等特点，加强现场的展示效果。现场直播完成后，还可以将直播录像保存，以便将节目分享给更多用户，从而有效地延长了直播的时间和空间，最大化地发挥了直播内容的价值。

（1）特点

六间房秀场由于是通过互联网平台展开的，相对于传统直播来说，让用户具备了更好的主动操作性，也就是说有了更好的和更自由的选择空间，以便发挥用户的动手动脑能力，将其与视频有关的想法以直播的形式体现出来。例如我型我秀、游戏直播、产品展示等。

六间房秀场还为用户提供了一个创造性的网络平台，强调用户的参与和互动，充分调动互联网用户的创造力，汇聚用户的智慧，发挥和展示用户的才能。它给了用户一个展示自我的平台，让用户将不可能变为可能。

（2）直播方式

秀场直播方式分为 Flash 直播和插件直播。

Flash 直播：这是一种即时直播，无须安装任何软件，按照页面提示操作即可，简单快捷、支持 USB 摄像头、视频采集卡等。

插件直播：需要安装插件才可直播，设备兼容性高，完美支持各类视频采集设备。

（3）直播分类

秀场分为：全部、才艺、交友、游戏、宠物、其他。

2013年1月专为移动终端设计的秀场APP，率先引发了视频直播的体验革命。

2. 六间房游戏

六间房游戏为六间房旗下网站，作为一个专业的视频媒体，六间房游戏凭借六间房专业的视频平台和优势的视频资源，倾力为玩家打造最精彩的高清视频门户，并通过与各大视频工作室的合作竭力推出网络游戏、PC游戏、TV游戏以及掌机游戏的原创高清视频，从而让玩家脱离简单的图片文字描述，对游戏有一种更直观的全新的理解方式。

2009年底，六间房游戏成功推出游戏直播，即充分吸取和延续了互联网的优势，以视讯方式对游戏过程进行网络现场直播，无须下载安装任何客户端及插件，普通玩家即可以网页形式发起的网络直播。可以将展会活动、公会活动、电竞比赛、新游戏体验展示或者单纯的游戏人物装备的个人展示等内容以视讯的形式发布到互联网上，供广大网友在线访问观看。六间房游戏利用互联网的直观、快速、表现形式好、交互性强等特点，一方面为广大玩家提供一个全新的个人展示平台，另一方面作为观众也可以对游戏有一种全新的体验方式，无须再看枯燥的图文攻略，也无须由于看视频找不到方位而发愁，通过游戏直播互动就可以和主播一起体验完美的游戏流程。

（1）特点

六间房游戏结合自身视频媒体的优势，以高清视频+高清直播的形式为玩家诠释不一样的游戏概念。

六间房游戏为广大玩家提供了专业的高清视频平台和专业的视频制作团队。

玩家才是真正的主角，六间房游戏给玩家提供了一个创造性的互动直播平台，让更多的人参与到游戏体验当中。

（2）游戏视频

支持H264高清画质视频，支持其他多种视频格式上传和在线相册制作，同时方便快捷的转载方式可让玩家随意转载到自己的个人空间。

（3）游戏直播

游戏直播是互联网行业内的一种新型概念，即运用全新的技术手段，不需要大型硬件设备及个人服务器，将游戏内容、主持解说等以完全基于Web的网络视频直播形式发布到互联网上供观众互动观看。

这种基于Web的游戏直播在国外已经较为成熟，但是国内率先将基于Web的网络直播以成熟完善的直播平台服务于游戏用户由六间房游戏首先提出，并以操作简单、无须下载、玩家可以个人自主发起、具备互动性等特点而著称，从此以后网络直播不再是高深的技术问题。由于拥有直接面向用户的直播平台每个人都可以做属于自己的网络直播，将自己的游戏内容，才艺表演，互动节目，校园活动以视频直播的形式轻而易举地发布到互联网上。结合自身视频分享平台的优势，直播录像的点播，重播，分享可以保证游戏直播价值的最大化发挥。

2009 年底，六间房游戏正式推出面向个人用户的"游戏直播"概念，网络直播终于正式进入网络用户的实际应用中，网友们无须购买大型的专业设备和复杂的服务器，只需要打开网页轻点几下鼠标就可以自主直播，可以进行游戏直播等。

普通玩家只需要登录六间房游戏直播大厅点击"发起直播"就可以直播游戏，只需要添加一个摄像头或者一台摄像机就可以办一场属于自己的个人网络演唱会，让玩家和全球的共同爱好者一起分享其快乐。

凭借着可简单操作的直播平台，六间房游戏直播大厅内每天都会有大量的游戏玩家自主进行星际 2、英雄联盟、红警 2、穿越火线等游戏直播，同时六间房游戏官方也会对各种品牌发布会进行网络直播，其中包括：

①2010 年 1—2 月，《传世群英传》视频直播万人 PK 赛；

②2010 年 5 月，《跑跑卡丁车》中合杯决赛直播；

③2010 年 7 月，全球第三大游戏展会"ChinaJoy"游戏展全程互动网络直播；

④2010 年 9 月，网易《天下贰》年度资料片幻龙诀 3D 发布会互动直播；

⑤2010 年 10 月，《街头篮球》世界杯总决赛全程互动直播。

3. 直播伴侣

直播伴侣是六间房自主研发的一款基于客户端的视频直播软件，功能强大、画质清晰、安全稳定、不占资源。这是一款安装在用户电脑中的视频直播、视频 K 歌、视频聊天、视频录制软件。使用直播伴侣，可以免费与朋友一起进行视频听歌、视频 K 歌、视频录制。

直播伴侣独创 640×480 超高清大画面，大幅提升了视觉效果，真实感和清晰度大大提升，给用户带来了全新的视觉体验。画中画功能采用两个独立视频窗口，可自由切换两个画面，还可以随意调整窗口大小。

直播伴侣配置海量曲库（如图 4-23 所示），桌面歌词穿透其他窗口，可按需调整字体样式。还有智能的 K 歌伴唱功能，随时体验 KTV 的专业效果。

图 4-23　直播伴侣海量曲库

>>> 4.4.6 六间房盈利模式

六间房秀场的盈利模式是，网友观看直播表演时，可以向演员送一些虚拟道具（如虚拟的玫瑰、啤酒等），六间房通过出售虚拟道具获得收入，然后再将部分收入分给演员，自己赚取其中的差额。

秀场的发展速度很快，但目前还不是六间房收入的最主要来源。六间房目前六成收入来自于其游戏视频的广告。六间房的游戏社区包括游戏新闻、游戏视频、游戏攻略等内容，其中一部分为六间房自己的编辑团队制作。

六间房试图通过差异化的竞争，不仅区别于优酷，而且在整个视频行业面临盈利和版权难题时，探索一条自己的道路。自 2009 年 3 月起，六间房实现了持续盈利。

5 / HULU模式典型案例分析

THE FUTURE OF MEDIA SERIES

5.1 HULU模式概述

　　HULU 是一家美国新兴网络视频公司，它是以正版影视内容播放为基础、以大量优质的广告为收入来源的视频网站。该公司在内容获取、产品模式、用户体验、广告模式、推广手段、模式的扩展方面都有值得学习和思考的地方。从互联网视频模式的发展方向来看，HULU 无疑树立了一个榜样（或特例）。HULU 依托新闻集团等知名企业，吸收各方面的优秀资源、通过对网站的精心打造才使其在众多视频网站和网络电视的搏杀中脱颖而出。

　　HULU 模式以 HULU 公司为代表，通过独立运营、优质的用户体验和丰富的正版内容的经验，创建高品质的视频播放平台。它具有基于视频网站的盈利能力、版权购买力等组合优势。在传统媒体阵营中，HULU 显然扮演了领头羊的角色。在它的带动下，向来在互联网战场上处于劣势的传统媒体已然吹响了反击号角。中国电视台网融合起步相对较晚，积极有效的融合策略将有利于其在日益纷杂的媒体变革中继续巩固长期累积起来的领军地位。HULU 的成功为摸索前行的中国电视提供了可供参考的经验。在国内 HULU 模式的代表网站有爱奇艺、搜狐视频等。

5.2 HULU

≫ 5.2.1 HULU 简介

　　HULU 是一个观看正版影视节目的视频网站，域名为 www. hulu. com。HULU's mission is to help people find and enjoy the world's premium video content when, where and how they want it（HULU 的使命是帮助用户在任意时刻、地点及方式找到并欣赏优质的视频内容）。

网站的名字 HULU 是一个中文音译词，按字面翻译成"葫芦"，具有两种含义：葫芦与互动记录，每一种都与其使命高度相关，正如其总裁 Jason Kilar 所说，希望 HULU 网站能够创造一种既有吸引力，又无法作简单对比的独特体验。

2007 年 3 月，NBC 环球集团和新闻集团合资组建 HULU 视频网站，它主要通过授权点播模式向用户提供影视作品和电视节目等视频资源。该网站现已与 FOX、米高梅公司、索尼影业电视集团、华纳兄弟影业等 200 余家内容提供商合作，以丰富的电视内容、高质量的视频及清新的界面蜚声全球，因此 HULU 具有联盟优势，用户能够仅仅通过登录这一家网站就能够看到想看的各个频道的内容，而无须在各个网站之间来回地跳转。HULU 将散落在各个电视台官方网站上的内容资源整合在一起，提供一站式的服务。HULU 公司在洛杉矶、纽约、芝加哥和北京分别设有办事处及研发中心，拥有 400 余个广告主，已成为全球第二大视频网站。

≫ 5.2.2　HULU 发展历程

HULU 视频网站 2007 年 3 月注册成立，并于 2007 年 10 月获得了私人股权投资公司普罗维登斯股本合伙人一亿美元的风险投资基金。自 2007 年 9 月上线以来，不到一年半的时间，已经大跨步跃居美国视频网站的第六位，更让人赞叹的是，其开播一年就获得了 7000 万美元左右的广告收益，利润在 1000 万 ~ 1500 万美元，结束测试时已拥有 500 万用户。

在 2009 年 3 月，调查机构认为 HULU 已经成为仅次于 YouTube 的美国第二大视频网站。4 月，迪斯尼携旗下美国广播公司加盟 HULU。自此，美国四大广播公司已有三家（哥伦比亚广播公司除外）与 HULU 建立了合作关系。在 2009 年 FastCompany 网站所评选的全球创新力公司 Top 50 的榜单中，HULU 凭借其视频、广告模式的创新，排名第三，而一直以创新著名的苹果公司竟屈居其后。同时，在《时代》评出的 2009 年全球 50 佳网站中 HULU 排名第十四。

2010 年 6 月底，HULU 推出了 HULU Plus 视频订阅服务，按月收费，为用户提供电视剧、电影等服务。2011 年 9 月 HULU 首次进行国际扩张举措，推出 HULU 日本，与在美国市场提供的免费和付费版服务不同，HULU 只在日本市场提供付费订阅服务，而月资费（约合 20 美元）是美国版 HULU Plus 服务的两倍多。2010 年以来，HULU Plus 业务增长了 60%。

2011 年 HULU 营业收入约 4.2 亿美元，尽管 2011 年下半年广告市场疲软，但其表现超出了预期。2011 年 HULU Plus 新增用户 110 万，2012 年 1 月 HULU Plus 订阅用户数量已达 150 万，可以看出，HULU Plus 服务能够与用户产生共鸣，允许用户以流媒体方式观看电影，其既支持桌面网络，也支持电视机、机顶盒等其他设备，这些优点让用户数量的增长令人瞩目。

2012 年 HULU 公司收入为 6.95 亿美元，较 2011 年增长 65%，订阅用户从 4 月的 200 万增长到 12 月的 300 万，而与 2011 年第四季度相比，则增长了一倍。HULU 在美国境内覆盖了 3.2 亿台设备（不包括笔记本和桌面电脑）。HULU 和 HULU Plus 标题数量比 2011

年增长 40%，服务于 1000 多个广告客户，较 2011 年增长 28%。

目前，大约有 400 万用户付费使用 HULU Plus 视频订阅服务，虽然 HULU 曾被业界公认为最具前途的"在线体验电视的新途径"和"最成功的网络视频网站案例"。不过自从HULU 的领袖杰森·吉拉尔（Jason Kilar）离任以来，HULU 业务开始出现衰败。

▶▶▶ 5.2.3 HULU 业务架构

1. 业务模式

HULU 是以"正版内容+视频广告"实现盈利的业务模式。它实际上是传统电视的制播分离+贴片广告模式在互联网的延续，是内容商面对互联网在线视频的冲击所采取的积极应对措施，与碎片化的 UGC 内容相比，专业内容商的视频内容能够获得更大的注意力。事实上，HULU 的业务模式是不断变化的，从最初的免费观看变成了现在的免费和付费同时进行。

广告主：HULU 在视频中插入必须观看的广告，网络视频中的广告时长大约是电视节目广告时长的 1/4。广告主利用互联网用户免费收看 HULU 的视频信息的时机推广自己的企业信息，并向 HULU 支付广告费。

内容商：HULU 除了自己的两大母公司制作的内容之外，还与其他的一些媒体内容公司组成了一个内容联盟。

合作商：内容推广合作伙伴。

收入分成模式：内容供应商获取广告收入总额的 70%（如 FOX、NBC）；视频推广商获取广告收入总额的 10%（如 AOL、YAHOO），HULU 从内容联盟的其他内容合作商在其平台的节目收入中获得 20% ~ 30% 的分成。HULU 业务架构示意图如图 5-1 所示。

2. HULU 和内容推广商合作的具体模式

（1）HULU 与 AOL 合作

AOL 作为最早播放 HULU 内容节目的推广渠道之一，使用软件嵌入链接模式，向自己的 video 软件使用客户推广 HULU 的视频节目，并通过邮箱发送链接，让 AOL 用户向其他用户推荐 HULU 的视频节目，用户可在 AOL 视频播放器上播放 HULU 的视频节目内容。

通过向 AOL 的固定软件客户提供 HULU 的视频节目，不仅可以提高 AOL 软件的视频内容，在很大程度上也扩展了 HULU 视频广告的收看人群。AOL 还在视频频道中增加了HULU 专版，这使得美国地区的用户在目前没有被邀请的情况下，可以抢先收看 HULU 提供的视频内容。HULU 与 AOL 合作如图 5-2 所示。

（2）HULU 与 Myspace 合作

HULU 的节目视频内容被放在了 MySpace 网站的 MySpaceTV 中，在那里可以看到如30 Rock、经典节目（Kojack）等原本只能在 HULU 网站上才能看到的视频节目。其中还有许多像《早餐俱乐部》这样的 HULU 的电影和片断剪切的电视和电影视频秀。HULU与 MySpace 合作如图 5-3 所示。

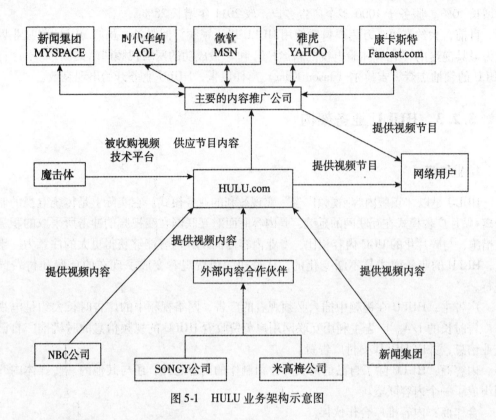

图 5-1　HULU 业务架构示意图

图 5-2　HULU 与 AOL 合作

作为内容拥有者——HULU 和宣传者——MySpace，它们都希望彼此更多的节目被网络用户所观看。MySpace 建立了 MySpace 第一时间的家庭页面，使 MySpace 的注册用户在

图 5-3　HULU 与 Myspace 合作

欣赏他（她）人空间的同时，能够观看 HULU 优秀的视频节目。

（3）HULU 与 MSN 合作

MSN 网站通过其 MSN TV 成为 HULU 视频节目的又一大播放宣传渠道，它提供情节短篇和电影，包括 30 Rock，Weekend at Bernie's，Back To You 等 HULU 网站的典型视频节目。HULU 与 MSN 合作如图 5-4 所示。

图 5-4　HULU 与 MSN 合作

（4）HULU 与 Yahoo 合作

在 Yahoo video 的搜索栏上能轻松地搜索到 HULU 丰富的节目视频。在 Yahoo TV 上也可以顺利点击 HULU 的视频节目。HULU 与 Yahoo 合作如图 5-5 所示。

（5）HULU 与 Fancast 合作

Fancast 是美国的通信运营商 COMCAST 提供的一种在线视频服务。Fancast 拥有自己

图 5-5　HULU 与 Yahoo 合作

的用户视频播放器，通过联合设计将 HULU 的节目单放置在 Fancast 播放器的显著位置上。

　　Fancast 播放器还设置了"Watch it"点击页面，这个页面不仅可以在视频播放不顺畅或不完整的时候告诉您哪里还有这个节目；还可以方便地查找往期节目。特别是可以便捷地查找有关 HULU 的全部节目，这样的页面节目多功能辅助格式，既方便了观众在线观看，也吸引了观众对其喜爱的节目的及时下载——Fancast 播放器提供在线下载付费业务。HULU 与 Fancast 合作如图 5-6 所示。

图 5-6　HULU 与 Fancast 合作

3. 业务特点

（1）经过授权的正版影视作品

正版内容是吸引广告主的一张绝好的名片，广告主不敢在盗版网站投广告，这是目前国内外多数视频网站都面临的尴尬问题，有流量没收入，有用户不够忠诚，白白负担服务器、带宽、运行和维护等成本。但对于 HULU 而言，其拥有庞大的视频节目投资方作为后盾，因此版权价格相对较低，再加上各大内容提供商为中介带来的富裕广告客户资源，使得 HULU 有实力来提供免费服务，以实现通过简单的方式让用户体验高质正版视频的目标。HULU 正版内容免费观看不仅可以提升自身品牌价值、影响力，也增大了对广告主的吸引力。

（2）广告支撑兼付费服务模式

HULU 在其所提供的节目视频中嵌入广告，从而得到广告收入。2012 年 11 月，根据 comScore 发布的美国网络视频市场数据，美国网民观看了 105 亿条视频广告，HULU 占 15 亿排名第三。2010 年 6 月，HULU 推出了电视节目订阅服务预览版 HULU Plus，服务月租费约 9.99 美元，能在网络电视、个人或平板计算机（如 iPad）、手机（如 iPhone）、蓝光播放器等数字设备中播放电视节目。2012 年，这项业务为内容合作伙伴创造了 10 亿美元收入。

（3）视频播放权网络媒体分销模式

HULU 通过和电视台及电影公司的良好合作，以低廉的价格独家获得热门影视剧的网络版权，再把这些版权以分销的方式分流到其他视频平台上，从中赚取差价，实现盈利。目前，HULU 拥有超过 200 个内容提供商，拥有 60000 集电视节目，2300 部电视剧，50000 小时的视频内容，推出了 25 种原创节目，服务于 1000 多个广告客户，这些视频播放权都可采用网络媒体分销的方式为其带来巨额的利润。

（4）网站构架、功能出众及优秀的用户体验

在网站架构、功能及用户体验方面也有其独到之处。HULU 播放器窗口可固定、全屏、随意调整大小，网站构架清晰别致，可按字母顺序浏览电视节目等。优秀的视频播放用户体验，可以留住和吸引用户在网站上继续观看视频的内容。用户体验是商业价值的体现，更多的用户可以增加更多广告收入从而实现利润增长。HULU 还提供个性化定制与跨平台用户体验，进而提升用户界面品质。

≫≫ 5.2.4 HULU 网站架构

1. 网站首页及内容分类

（1）电视板块分为 5 个部分：电视浏览、最热视频、最新添加、最受喜爱及拉丁频道。电视分类和一般视频网站无异，但其有一个拉丁频道，里面的内容都是拉丁文，符合了有拉丁文偏好的用户的需求，可以赢得一部分市场。电视板块界面如图 5-7 所示。

（2）电影板块也分为 5 个部分，电影浏览、最热电影、最新添加、预告片和纪录片。

图 5-7   电视板块界面

电影板块界面如图 5-8 所示。

图 5-8   电影板块界面

（3）最近发生

在最近发生一栏可以看到最新的剧集（这和一般视频网站无异）。最近发生界面如图 5-9 所示。

（4）流行片段

点击量高的视频会在此处被推荐。流行片段界面如图 5-10 所示。

（5）特色内容

像图 5-11 中的《森林的小屋》这样的具有特色拍摄手法和时效性强的视频都会在此处被推荐。

（6）与朋友互动

用户可以通过 Twitter 和 Facebook 将喜欢的内容与朋友们分享。互动界面如图 5-12 所示。

Recent Episodes

Grimm: Love Sick
Season 1 : Ep. 17 (43:52) [cc]
More: Grimm
Action and Adventure

图 5-9 最近发生界面

Popular Clips

CollegeHumor Sketches: The
Six Girls You'...
Web Exclusive (03:29)
More: CollegeHumor Sketches
Comedy

图 5-10 流行片段界面

（7）推荐内容

根据注册用户的喜好推荐相关内容，对于 guest 则随机推送。推送内容界面如图 5-13 所示。

图 5-11　特色内容界面

图 5-12　互动界面

2. 视频功能简介

对于用户来说，HULU 视频网站主要的功能体现在视频观看方面，其他社区功能、分享功能的应用较少，更多的是利用别人的社区平台，通过网络链接来实现。用户可以在自己的网页中嵌入视频，允许暂停，前进，后退，可以控制音量和全屏播放，也可以与朋友分享，并允许用代码把视频嵌入自己的博客和网页。视频播放界面如图 5-14 所示。

（1）该视频界面左边的功能键分别具有以下功能

①将这段视频嵌入其他网站的网页中观看。

②把这段视频通过电子邮件发给朋友一同分享。

图 5-13　推荐内容界面

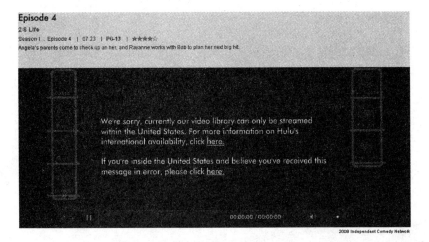

图 5-14　视频播放界面

③通过社区网站邀请朋友来分享这段视频。

④节目详细信息。

（2）该视频界面右边的功能键分别具有以下功能

①全屏播放。

②重叠，放大。

③电影模式，将非视频区域变暗。

视频植入网页的代码如图 5-15 所示。

视频功能可将 HULU 视频植入用户自己的其他社区网页和空间网页中。选单功能如图 5-16 所示。

在播放状态下，选单是隐身的。当鼠标放在影片上时，选单就自动浮现出来了。播放器提供了使用者反馈功能，让使用者可以即时把观看影片的问题进行反馈。播放器反馈功能如图 5-17 所示。

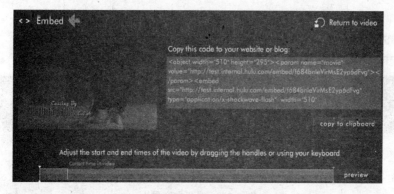

图 5-15　视频植入网页的代码

图 5-16　选单功能

图 5-17　播放器反馈功能

用户视频功能有以下不足之处：

①HULU 不像 iTunes 或 Amazon Unbox，无法通过电视机顶盒或移动播放器进行播放。节目也不能保存下来离线观看，缺少移动性。

②HULU 没有直播业务，所有的东西都是轮播。

③HULU 的收视许可依然仅针对美国、日本的用户，其他地区依然无法观看 HULU 上的视频。一些社区功能、Web2.0 功能，需要通过第三方平台来实现。比如通过 RSS 可以让用户的收视信息同步到第三方网站（Facebook 的 Mini-feed 聚合等）。

④HULU 在用户的个人功能上面的扩充比较少，只能是轮播。而且，HULU 上的很多视频不完整，一些视频仅仅只有一个片花。

⑤在设计上面，仅仅停留在用户观看视频方面，而在怎么留住用户，增强用户的黏性方面，他们还有很多的工作要做。

3. 平台技术

（1）视频播放相关技术

从整个技术架构上来看，HULU 采用的都是成熟的视频技术，节省了整个技术架构的开发成本，并且消费者不用装任何软件就可观看其视频节目，极大地方便了用户。

①视频编解码码率分类。固定比特率（Constant Bit Rate，CBR），其带宽的利用率很低，传输视频的经济性较差。动态比特率（Variable Bit Rate，VBR），VBR 可获得近似恒定的图像质量。平均传输速率降低到 CBR 的 1/2 左右，但带宽的利用率仅为 30% ~ 40%。平均比特率（Average Bit Rate，ABR），也被称为"Safe VBR"，是 VBR 的一种插值参数。ABR 是在指定的平均比特率内，以每 50 帧（30 帧约 1 秒）为一段，低频和不敏感频率使用相对低的流量，高频和大动态表现时使用高流量。

②HULU 播放器视频编码格式。采用最新发布的 ADOBE 技术，支持高清流，采用 H.264 视频编码。码流分为 480K 与 700K 两种，均高于 Youtube。HULU 不是采用 VC1，而是采用 On2 VP6 和 H.264 编码格式。视频格式有 480Kbps（512px by 288px）和 700Kbps（640px by 360px），同时也提供 1.0Mbps（480p）和 2.5Mbps（720p）的高品质视频。一般的节目码流是 480Kbps 和 700Kbps，可以根据带宽来进行码流的自适应。

③CDN 技术。CDN 是构建在数据网络上的一种分布式的内容分发网。CDN 采用流媒体服务器集群技术，克服了单机系统输出带宽及并发能力不足的缺点，极大地提升了系统支持的并发流数目，同时利用全局负载均衡技术将用户的访问指向离用户最近的工作正常的流媒体服务器上，由流媒体服务器直接响应用户的请求。服务器中如果没有用户要访问的内容，系统会根据配置自动从原服务器中抓取相应的内容并提供给用户。它是一个经过策略性部署的整体系统，包括分布式存储、负载均衡、网络请求的重定向和内容管理等部分，而内容管理和全局的网络流量管理（Traffic Management）是 CDN 的核心所在。CDN 原理示意图如图 5-18 所示。

单个 CDN，视频下载的可靠性和稳定性受到很大的挑战，反应速度不是很快，有较大的限制性。因此 HULU 采用了多 CND 技术，与 Akamai、LimeLight 等三家公司合作，根据客户端用户的特性调整 CDN 的选择，提高了视频加载速度和稳定性，从而确保良好的

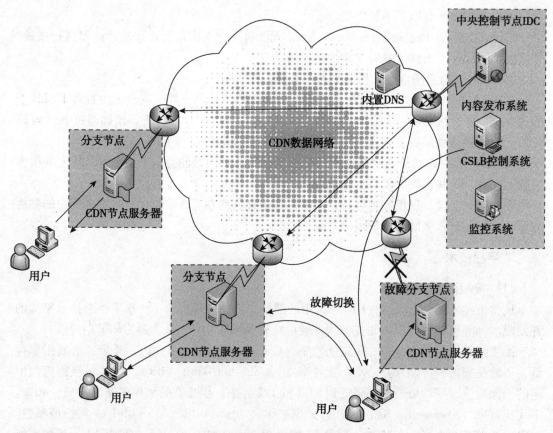

图 5-18　CDN 原理示意图

用户体验。

④视频架构缺陷。HULU 采用 ADOBE 这种用户面广，成熟度高的网页播放技术，对于各种不同用户的兼容性有很大的好处。但是，这种播放技术的劣势在于，它无法提高视频服务质量，而且其高清视频对用户带宽的考验相当大。

此外，HULU 采用的在线页面的高清播放形式，由于技术形式的限制，不能对用户进行管理，视频服务质量没有保证。相对于终端软件播放，这也是一个大的缺陷。

（2）视频播放器技术

HULU 没有采用 P2P 技术，而是利用 Akamai 提供的 CDN 分发技术。用户不用预装任何插件，采用网页播放形式。前端播放器基于 ADOBE flash 技术，并在浏览器中运行。后端 streaming 服务是基于 ADOBE 技术的 Flash Media Server。

①播放器架构设计。客户端和服务器端如图 5-19 所示。

a. Beacon Server 的作用：对播放器的行为进行配置。

b. Video Metadata Server 的作用：提供某条视频的抬头说明。

c. Video Streaming Server 的作用：提供视频具体的 Streaming UML 以及对 Streaming UML 进行具体的控制等。

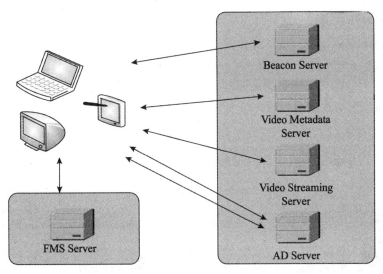

图 5-19 客户端和服务器端

d. AD Server 的作用：负责广告逻辑，播放器跟广告服务器进行交互，在播放任何一条视频之前，客户端和服务器端至少要进行 2 次交互。

后来，HULU 对客户端播放器进行了改进，加了一层 proxy，这样客户端播放器只需跟 proxy 进行一次交互，其他的逻辑交互可以在 proxy 这一层进行处理。proxy 与其他服务器同在 data center 里面，它们之间的延迟很小，同时控制逻辑被移到了 proxy 层。改进后的客户端和服务器端如图 5-20 所示。

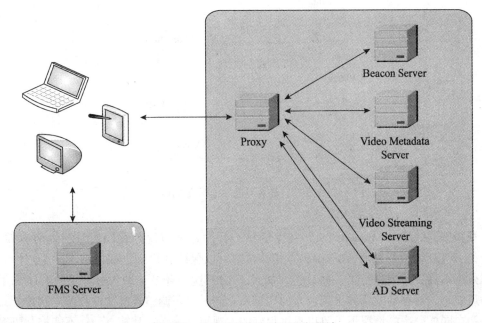

图 5-20 改进后的客户端和服务器端

②播放器模块化设计。播放器模块化设计的主要内容如下：

a. 预加载和延迟加载，前端优化常用方法。

b. 设置 cache 的大小，不同的模块设置不同的 cache。

c. 使整个播放器的结构更加灵活，根据不同的需求进行定制和裁剪。

播放器前端模块示意图如图 5-21 所示。

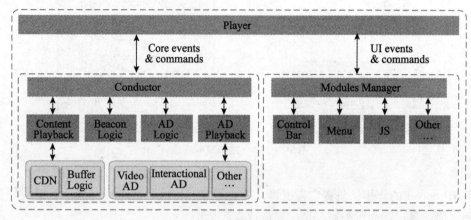

图 5-21　播放器前端模块示意图

③播放器视频编码技术。

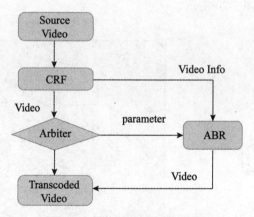

图 5-22　播放器视频编码流程图

视频编码（Video transcoding）技术的核心目的是平衡视频编码质量和编码有效性。最开始 HULU 播放器采用 ABR 编码方式，希望可以保证客户端下载视频时的稳定性，但编码效率不高，后来进行了一些改进，加入了 CRF 这一环节，即：对静止的物体采用较低的压缩率，对移动的物体采用较高的压缩率，同时，还调整转换文件和编码参数。其优点是：在同样码率的情况下，可以提供很好的主观视频感受；其缺点是：不能控制码率的波动，用户下载视频时不太稳定。HULU 播放器编码采用 CRF+ABR 这种混合方式后，在码率和稳定性之间找到了一种较好的平衡。

④优化视频播放器，提高用户体验。因 flash 和浏览器本身的限制，普通的 Web 前段优化方法不能运用到 flash 应用里，HULU 后端的 streaming 服务也是基于 ADOBE 的 Flash Media Server。

HULU 基于 ADOBE 的开源项目 MBR，根据其视频网站本身的特别需求和逻辑特点进行改进，MBR 的主要目的是判断用户客户端的各种情况，然后选择一个合适的码率，给用户进行播放。主要通过以下四个因素进行判断：丢帧率（Frame Drop）、缓冲区（Buffer）、带宽（Bandwidth）和播放器尺寸（Screen size）。

HULU 为了监控用户视频反馈的质量，根据需求，开发了性能监控系统，该系统近似于一个实时系统，播放器发送数据到服务器，服务器每 15 分钟进行一次数据整理。这样就可以尽早、尽量准确地知道系统中存在的问题，并采取相应的策略进行优化。监控系统中某个时期丢帧率的反馈情况如图 5-23 所示。

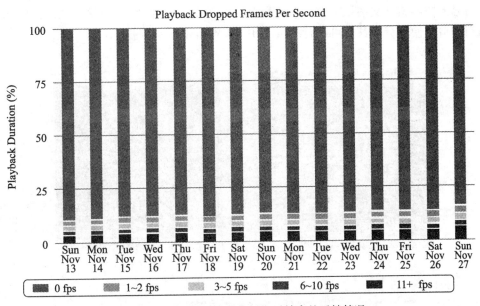

图 5-23 监控系统中某个时期丢帧率的反馈情况

播放器性能优化指标如下：

a. 加载时间（Loading time）它分为四级：0 ~ 5s，50 ~ 10s，10 ~ 20s，大于 20s。

b. CPU & Memory 近似值。

c. Bandwidth & Buffer。最大限度地提高带宽，优化逻辑保障流畅性。

d. 合适的码率 ABR。

e. Video transcoding 中播放器和服务器端的交互方式（串行还是并行）。

f. 快速开发和发布（Quick development & deployment）。

g. 平衡客户端和服务器端（Balance between client and server）。

h. 预加载或延迟加载（Preload & lazy load）。

i. 使用 FSO 并行加载（Parallel loading Use FSO）。

j. JS 的优化（JS optimization）。

k. 在广告和内容之间重新定义 buffer 的逻辑（Refine buffer logic between ad and content）。

l. 嵌入 Java 的包类（Embed wrapper）。

▶▶▶ 5.2.5 HULU 界面特点

用户界面可以反映出网站的创办理念及未来发展方向，也会直接影响到网站的商业运营，用户界面是创办者、设计者和使用者共同建设的，并随着时间的演进和用户的反馈不断更新完善。HULU 为用户提供的节目信息量较大，网站界面布局与信息架构和整体风格紧密相连，同时在信息的架构与分类上不同于传统电视台和视频网站。HULU 主要是针对下一代年轻用户而精心打造的，这其中包括在 1977—1985 年出生的用户。HULU 允许用户在自己的博客或社交网站上重新编辑和上传整部影片，告别了好莱坞过去的刻板僵化，让节目和剪辑便于分享甚至可进行编辑。HULU 界面如图 5-24 所示。

图 5-24 HULU 界面

第一，从版式布局看，HULU 视频网站整体布局秉持简洁之风，围绕流行节目展开，风格接近于文化类网站，网页上没有浮华的设计，与 Facebook 的设计风格一脉相承。首页采用通栏下主三分栏的框架结构，其三大部分为：主菜单栏（包括 Logo、搜索栏）、热点节目推荐/视频播放窗口、节目信息部分（可包括新增、流行、推荐或相关资料等信息），信息分类简洁明晰，特别突出流行节目。在界面布局中，HULU 尤其重视留白设计，打开界面，很难相信这是拥有数百家电影和电视剧内容提供方的网络电视台站点，除大幅 Banner 外，页面中有半数都是留白，即便是大幅 Banner 本身，也有近半数的空间是留白。同时，HULU 的视频窗口界面独具特色，在 HULU 的首页及其他二级界面上，均使用 1260 ×350 像素的大幅通栏 Banner 并放置在核心位置，中心部位放置 780×350 像素大小的 Flash 广告，点击某条视频后，切换至相关视频界面，相同的位置就预留出视频播放窗口，恰好满足了一般用户观看视频的视窗需求。HULU 视频窗口如图 5-25 所示。

图 5-25   HULU 视频窗口

第二，从导航设计看，HULU 视频网站采用了文字标题作为二级菜单导航的标题栏，并采用视频节目的缩略图作为跳转按钮。HULU 更是将缩略图导航发挥到极致，使其成为整个网站通用的导航方式。如某一节目包含多个视频，一般的网站做法是将其罗列在相关视频下方或一侧，需要点击该视频后方可看到，而 HULU 巧妙地用不同的导航按钮来表示，在节目缩略图后，放置多个叠加线框，同时在下方用简短的文字标明其包含多个视频剪辑，表意清晰，且没有占用过多的系统资源和界面空间。

第三，在色彩应用方面，HULU 的色彩方案更为简洁，使用黑、白、灰和绿色作为主色调。目前许多视频网站的播放窗口界面都选择黑色做背景色，HULU 则用页面中的黑色均衡了视觉上的突兀感。

第四，个性化定制与跨平台用户体验。为了给用户提供更好的个性化服务进而提升用户界面品质。HULU 在其网站的每一个视频缩略图右下角方向都有一个+!，方便用户将喜欢的节目添加至自己的节目单中。同时，HULU 针对用户提供的个性化推荐也设计得很细腻，当打开某个节目的视频播放窗口后，下方就会分别用缩略图和文字列表两种方式罗列出相关剧集和视频剪辑的信息以及其他用户对该视频的评论分享信息等。用户注册 HULU 后，网站会根据该用户的个人信息及搜索和观看记录为其推荐相关剧集，而且 HULU 还会记住用户特别的喜好，例如，有的用户偏爱观看不带字幕的视频，HULU 就会为其推荐相关节目，并在节目名称前添加 CC! 标志（关闭字幕）。

第五，HULU 的二级菜单中还有一个实验环节。它专门用来发布一些程序、推出一些软件服务，用户可以尝试一些实验性的项目，并在开发过程中为 HULU 提供反馈，从而提升用户体验。例如，HULU Desktop 软件，使用户即便不访问 HULU 网站，也可欣赏视频。据悉，该软件支持微软 Windows 和苹果 OSX，用户可直接从电脑桌面上欣赏 HULU 视频，Windows Media Center 和 Apple Remote 均可与之兼容，从而实现了内容导航。

≫ 5.2.6　HULU Plus 与魔击体

1. HULU Plus

2010 年 6 月，HULU 推出了传言已久的电视节目订阅服务预览版 HULU Plus，不过，在提供的节目或是整合使用的播放器上 HULU Plus 却远不及外界所期待的。

HULU Plus 设定能在网络电视、个人或平板计算机（iPad）、手机（iPhone）、蓝光播放器等数字设备中播放电视节目，而且可提供 720 万像素高分辨率的影片。HULU 电视订阅服务能轻易帮用户找到错过的热门影集，最得人心的是它有回档经典影集的大量库存，让用户能重温旧梦。

在推出预览版服务的发布会上，HULU Plus 的应用程序秀出了 3G 和 WiFi 的功能，现场展示了 HULU Plus 适用于个人计算机和苹果计算机的性能，也展示了在苹果的应用程序下，使用 iPad、iPhone 4 和第三代 iPod Touch 的效果，此外，2010 年三星推出的蓝光播放器和应用程序也成为 HULU Plus 的展示平台。HULU Plus 界面如图 5-26 所示。

图 5-26　HULU Plus 界面

2010 年 7 月 15 日，索尼 PlayStation 3（PS3）成为第一个支持 HULU Plus 收费服务的控制台，但不是每个 PlayStation 用户都能享受这项服务。索尼 PS3 家用主机用户订阅

PlayStation Plus 有两种方式，其收费标准分别为 50 美元每年或者 18 美元每 3 个月。

继 HULU Plus 支持 PS3、Roku 和 TiVo 后，2011 年 4 月 29 日，HULU Plus 流媒体视频服务正式登录微软 Xbox Live，与 Netflix 一样，HULU Plus 用户也可以在多台设备上激活该服务，这对于同时拥有 Xbox 360、Roku 或蓝光播放器的用户而言，非常有用。借助该服务，用户可以观看已经播放和正在播放的节目。

2012 年 8 月 1 日，HULU 在其官方博客中宣布，流媒体服务 HULU Plus 已登录 Apple TV。HULU Plus 已注册用户直接登录后就可以在 Apple TV 主页上看到 HULU Plus 频道，新用户可在 www. HULUplus. com/appletv 进行网上注册，或通过 iTunes 账号在 Apple TV 上完成注册，所有新注册用户都可以免费体验 HULU Plus 一周。

不过，并非所有 HULU 列管的影片都能在 HULU Plus 中播放，甚至有可能它会建议用户到其他网站寻找，像经典影集《巴比伦 5 号》(Babylon 5) 就没有提供，它会建议用户到 TheWB. com 网站找寻；或像并不很热的美国影集《花边教主》(Gossip Girl) 也没有提供，它会提供给用户一个找寻的网址 TheCW. com。虽然华纳兄弟和 HULU 已签约合作但 HULU 并不能播送这些影片，用户也就不能在 HULU Plus 订阅，这也是经营云端电视节目库的一大难题。

HULU Plus 实行使用者注册，在现有的影片库下体验预览版的订阅服务以及各种平台的使用效果，包括 iPhone、iPad、黑莓机、3G 手机、Android、个人计算机、蓝光播放器以及 LG 电视等。

在预览版服务中仍有几个地方需要 HULU 去调整，那就是影片中的广告时间以及各播放器之间的整合性。通过 HULU Plus 看影片时如果碰到广告时间，影像质量就变弱，甚至无法读取；而播放器的整合也很重要，现阶段 HULU Plus 若要转换播放器就会碰到影片轨不连续的状况，也就是说，若先用 iPhone 看了一段影片，再转换到各计算机播放时，则 HULU Plus 无法从未看的影片轨抓取数据，反而会重新播放，这给用户造成了时间轨记录上的麻烦。HULU 内部正考虑选择什么样的经营方向。一个正在认真考虑的方向是：将 HULU 转变成"虚拟有线电视运营商"。HULU 的同类公司，视频租赁业务巨头 Netflix 在逐渐成为一个付费的在线流媒体服务商的过程中获得了蓬勃发展。HULU 采取向电视网购买节目版权，并免费向观众提供的策略，但是随着电视网络运营商越来越不愿意及时为 HULU 提供新节目，HULU 正在考虑转型。HULU Plus 与 HULU. com 对比如图 5-27 所示。

2. 魔击体

2007 年 9 月，HULU 以 1000 万美元的价格收购了视频交互技术公司——魔击体，它打造的是一款在线视频播放与综合处理网络媒体工具。

魔击体于 2006 年 11 月上线，其创始人埃里克·冯 (Eric Feng) 曾任清华大学企业学讲师，在微软西雅图总部有数年的工作经验。魔击体的最大特点在于可以在一段视频的任何时间点上添加有意思的东西，比如一段话，一个 flash，或者一条视频，然后可以把这个东西分享给朋友。用户可以直接在网络视频媒体上随意在视频中配合画面对象和跟踪时间点来添加自己的注解、注释。

通过魔击体，用户可在视频中加入文本、对话、插图、超链接、动画等，使其视频变

Network/Series	No.of episodes	
	Hulu.com	Hulu Plus
ABC		
8 Simple Rules	0	52
Castle	5	23
Cougar Town	5	24
Ugly Betty	10	72
Supermanny	5	94
Modern Family	0	24
FOX		
24	5	22
Bones	10	27
Family Guy	5	147
House	5	21
Prison Break	0	77
The Wanda Sykes Show	11	21
NBC		
30 Rock	5	75
Friday Night Lights	5	13
Late Night with Jimmy Fallon	11	187
Law & Order	0	191
My Name Is Earl	0	74
Parks and Recreation	6	33
Source: One Touch Intelligence analysis of Hulu date from 8/12-8/17 2010.		

图 5-27　HULU Plus 与 HULU.com 对比

得更加丰富多彩，更加有趣。魔击体的评注都显示在视频的上面一层，所以这些操作对源视频没有任何改动。魔击体支持 Windows Media，Flash，Quicktime 和 RealPlayer 等格式以及来自主流视频分享站点如 YouTube，MetaCafe，iFilm，Reever 等的视频。

现在魔击体的网站上已有接近 20 种不同的语言注释，被收购后的魔击体已成为 HULU 重要的技术研发力量。同时，原魔击体的创始人现为 HULU 的高级副总裁和首席技术官。

≫ 5.2.7　HULU 盈利模式和策略

HULU 作为一个由大型传媒娱乐集团发起的（NBC 环球和福克斯）、从成立第一天起就有风险投资参与的（Providence Capital 投了 1 亿美元）、体外孵化的独立网络视频公司（公司的管理层并不由股东委派，而是从市场上选聘），其盈利模式表现为以优秀的正版影视、标清质量的节目内容吸引用户访问网站，创造高访问量，避免影视版权纠纷及法律风险的同时，实现广告收入，HULU 的成功与以下几个关键策略密不可分。

1. 人才策略

纳贤才拓市场的人才策略是 HULU 迅速崛起的基石。高端人才策略使 HULU 在很短的时间里迅速成为仅次于 YouTube、福克斯互动媒体的第三大视频网站。CEO 詹森·基拉尔（Jason Kilar）加盟 HULU 前在亚马逊担任部门总裁，负责视频产品研发，在亚马逊的工作经验为其日后的商场"厮杀"打下了坚实的基础。2007 年 6 月他受邀加盟还处于创业阶段的 HULU，并迅速组建了一支工程师团队，9 个月后推出了 HULU。詹森·基拉尔成功地让多家媒体公司在 HULU 上投放自己最热门的节目。另外，HULU 还从微软亚洲研究院挖来了当时只有 28 岁的天才程序员埃里克·冯（Eric Feng），让其担任 HULU 高级副总裁兼首席技术官，负责 HULU 的开发工作。埃里克·冯在组建团队后，仅用两个月的时间就完成了最初代码的编写。在此后一系列的技术改革中，埃里克·冯发挥了重要作用。此外，HULU 还为拓展国际市场积极做准备。2009 年 3 月，HULU 招募了曾先后担任搜索引擎 Overture 国际业务总经理和社交网站 Friendster 国际业务副总裁的乔纳斯·拉切（Johannes Larcher）担任新一任高级副总裁，主管国际业务。同时，HULU 还公开招聘负责海外业务开发的总监，以加快其对非美国市场的拓展。

2. 内容策略

突出传播力与实用性内容优势是 HULU 战胜其他视频网站的法宝。HULU 走的是一条专业路线，或称为精英内容建设路线，与 YouTube 等以 UGC 为主的视频网站是不同的。HULU 的内容来源于传统媒体，包括 NBC 环球集团和新闻集团以及在发展过程中陆续加入的华纳兄弟、迪斯尼等数家内容提供商。HULU 将分散在各个电视频道官方网站上的内容资源进行整合，形成一站式服务。随着合作商的增加，HULU 也在不断地扩充和丰富节目单，目前有超千部的电视剧和上百部电影。精品内容带动了 HULU 的发展，如 2008 年 9 月，因美国著名脱口秀节目《周六夜现场》（*Saturday Night Live*）的热播，HULU 流量激增，仅一次节目的点击量就超过 110 万人次。同时，不存在版权问题的困扰，其提供的所有内容都经过授权，这也为其盈利提供了保障。以网络正版内容为制高点，同时还为其他视频网站提供内容，促使 HULU 的内容获得了更大的受众面。目前 HULU 的视频节目可以同时在美国在线、MSN、美国最大的有线电视运营商 Comcast 旗下视频网站 Fancast.com、新闻集团旗下的 MySpace、CBS 旗下的 TV.com 以及雅虎网上发布。

3. 经营策略

不断创新的盈利模式是 HULU 获得成功的秘诀。据媒体调研机构 Screen Digest 2008 年的数据显示，成立一年且仅在美国本地运营的 HULU 美国市场广告收益达到 7000 万美元，预期将迅速赶超 YouTube。《经济学人》杂志一针见血地指出，YouTube 证明了用户会上网观看视频，而 HULU 则证明了广告主会为视频买单。究其成功的秘诀主要有两个：一是专一而高端的内容模式；二是不断创新的产品类型。广告主希望投放能够获得回报，而基于 YouTube 模式的视频网站却无法让他们放心。UGC 能够吸引浏览者，获得高流量，但对广告主来说却无法很好地控制，此外还存在层出不穷的版权纠纷。相比之下，HULU 能够合法获得 NBC、福克斯以及其他内容公司的优秀内容，所有视频都出自传统媒体和专业人士之手，显然更易获得广告客户的青睐。虽然 YouTube 等视频网站先行者也在考虑添加获得授权的传统媒体内容，但却不可避免地陷入用户原创视频与专业视频混杂不清的尴尬境地。HULU 用广告支撑视频流服务，目前拥有超过 200 家广告客户，其中包括麦当劳、美国银行和百思买等大品牌。HULU 还通过不断创新，增加广告产品类型，将视频广告融入内容建设，在获得高投放的同时，让观众不产生厌恶感。在形式上，HULU 观众拥有自主权，可对广告进行选择观看，并设置个性化的广告阅读方式。例如，观众可以选择在广告中穿插多个广告短片，也可以选择在节目播放前一次性观看一段较长的广告。观众还可以通过投票对广告进行评价，其结果将反馈给 HULU 创意团队。在内容上，HULU 广告呈现出多样化：HULU 广告中经常会有一些充满趣味的情节广告，融游戏、娱乐于一体。在广告模式上，HULU 一直在进行着新的尝试。2009 年 HULU 为了配合其广告主麦当劳的新产品 McCafe 的宣传，从美国东部时间 5 月 8 日 19：00 开始，所有的影视节目取消往常显示的广告，只播放 McCafe 的广告。活动延续到次日凌晨。在活动开始前，HULU 就在主页上刊出由阿莱克·博得维以及卡通片 *Family Guy* 的主角 Meg 代言的倒计时广告，吸引观众眼球。

5.3 爱奇艺

▶▶▶ 5.3.1 爱奇艺简介

爱奇艺（iQIYI. COM）原名奇艺，中国影视门户。2010 年 1 月 6 日，百度宣布，正式组建独立网络视频公司。2010 年 2 月 24 日，百度宣布，奇艺获得美国私募股权投资公司普罗维登斯资本 5000 万美元的投资，公司由百度控股。投资人力邀互联网多次创业成功的龚宇博士担纲领衔。奇艺 2010 年 3 月 29 日宣布测试版上线，

2010 年 4 月 22 日，奇艺正式上线，2011 年 11 月 26 日，奇艺正式宣布品牌升级，启动"爱奇艺"品牌并推出全新标志。爱奇艺作为国内领先的网络视频播放平台，是国内首家专注于提供免费、高清网络视频服务的大型专业网站。创始人龚宇博士担任 CEO。

自成立伊始，爱奇艺就严格执行国家政策规定，在坚持正确舆论导向的前提下，通过开辟电视剧、电影、纪录片、卡通、音乐、综艺等频道，提供丰富多彩的正版视频节目来满足用户日益增长的需求，不断丰富用户的精神文化生活。同时，爱奇艺坚持"悦享品质"的公司理念，以"用户体验"为生命，通过持续不断的技术投入、产品创新，为用户提供清晰、流畅、界面友好的观映体验。

1. Logo 理念

爱奇艺标志设计理念为"爱奇艺，屏生活"，以"屏"为核心视觉元素，基于"屏"无处不在的发展趋势，充分体现多屏合一和网络视频的互动特性。跳脱出播放键的具象表达，彰显爱奇艺旨在成为全屏时代领导者的意图。全屏时代，媒体与用户绝非简单的传受关系，而是真正尊重用户所需，给予用户自主选择与话语权利，基于互动、沟通、关爱的信息内容服务。

"爱"，是"关爱"，是洞悉用户所需，让用户悦享品质视频及服务的使命体现；

"爱"，是"喜爱"，期待以产品、内容、服务赢得用户，建立用户品牌认同；对 I 的放大，充分体现了对个体用户（Individuality）的尊重，互动特性（Interaction）及革新精神（Innovation）。爱奇艺 Logo 如图 5-28 所示。

图 5-28　爱奇艺 Logo

2. 品牌理念

爱奇艺品牌理念为"悦享品质"，英文为 Always Fun，Always Fine。"悦享品质"四个字准确地表达了爱奇艺高度追求品质的经营理念。作为国内首家倾公司全力来做正版高清视频播放平台的爱奇艺，将从流畅的观映体验、高清的视觉效果、贴心的分享感受等多个方面将"品质"做到极致，满足用户"悦享品质"的生活追求。这一品牌理念的推出，体现出爱奇艺对用户和广告客户双方面的高度重视，意味着在视频行业中，无论是用户需求还是客户需求，都将从更高的品质层面上被满足。对用户而言，初级的"视频浏览"阶段将为"视频欣赏"阶段所替代，对客户而言，基于庞大的"悦享品质"的用户，爱奇艺将会创建高品质的视频营销平台，视频广告的投放精准度有望全面提升，营销价值得以在视频网站上最大化呈现。

网络视频在中国的发展脚步很快，可资改进的用户体验和有待满足的营销需求还有很多。任何想要有所成就的公司，都必须对用户保持自始至终的关注与尊重，进而持续不断地提升广告主的营销价值。爱奇艺为此将全力以赴，以确保用户和广告主能够真正地"悦享品质"。

5.3.2　爱奇艺发展历程

1. 2010 年，创建与急速发展

2010 年 1 月 6 日，百度宣布投资组建独立视频公司，由龚宇任 CEO。奇艺 2010 年 4 月上线，获得了普罗维登斯资本 5000 万美元的投资。在三个月的筹备期内，奇艺已与中影集团、华谊兄弟、湖南卫视、北京卫视等版权方达成合作协议，采购了大量正版内容。

2010 年 8 月 17 日，奇艺正式发布 Eco-Media 技术平台，旨在凭借综合性的技术支撑体系，满足内容方、广告主、用户和视频网站的需求。11 月 17 日，奇艺发布全流量数

据，宣布打造中国第一影视门户。

2. 2011 年，持续扩张到品牌升级

2011 年 2 月 1 日，百度发布年报，奇艺董事长李彦宏公布奇艺上线 8 个月后，月度用户覆盖过亿。3 月 9 日，奇艺宣布 2011 年 2 月，奇艺月度独立用户数已经达到了 1.48 亿，上线短短 10 个月的奇艺，已经覆盖了超过 50% 的中国网络视频用户。

2011 年 8 月和 11 月，百度斥资 2.8323 亿元收购爱奇艺 39.13% 的 B 股可转换优先股，累计获得爱奇艺 53% 的股权。之后，百度宣布收购原爱奇艺第二大股东普罗维登斯所持股份，这意味着百度在原来持有爱奇艺 53% 的股份基础上，再次增加了对爱奇艺的控股权并成为单一最大股东。

数据显示，奇艺 2011 年第三季度独立访问用户为 4.07 亿，移动终端用户的数量占到 20%。2011 年第二季度该数据为 2.5 亿。同时，奇艺不断进行创新，连续推出影视娱乐社区奇谈、会员专区、APP 专区及中插片广告，发布了"奇艺出品"战略，并建立了网络自制行业标准。2011 年 11 月 26 日奇艺宣布品牌升级，启动"爱奇艺"品牌并推出全新标志。

3. 2012 年，不断完善到稳居全行业前列

为丰富节目，2012 年 2 月，爱奇艺引进的法国恋爱交友真人秀节目《浪漫满车》正式启动。3 月，爱奇艺开始实施"分甘同味"内容战略，开启了网络视频的 iPPC 时代，为了更好地运营和解决网站的技术问题，公司聘请 Google 视频搜索负责人汤兴博士出任爱奇艺首席技术官。4 月 22 日，爱奇艺全新首页隆重发布。

2012 年 4 月，爱奇艺月独立用户数达 2.3 亿，月度累计观看时长突破 420 亿分钟，APP 终端覆盖 9037 款机型和所有操作系统，手机客户端装机量近 4000 万，iPad 客户端装机量超过 600 万，多项核心数据均稳居全行业第一。

4. 2013 年，重金收购 PPStream，打造中国最大的网络视频平台

2013 年 5 月 7 日，百度宣布以 3.7 亿美金收购 PPStream 视频业务，并将 PPStream 视频业务与爱奇艺进行合并。双方业务合并后，龚宇将出任新爱奇艺公司 CEO，负责新公司的统一管理。PPStream 创始人张洪禹、徐伟峰任联席总裁，继续负责 PPStream 相关业务及新公司的业务拓展。如果双方融合顺利，将改变目前优酷土豆处于绝对第一，其他视频网站抢夺第二名的市场格局。

爱奇艺 2012 年总收入在 6.5 亿元左右，这一数字高于搜狐视频、腾讯视频等竞争对手，如果只以收入指标进行衡量，爱奇艺已成为视频行业的第二名，但由于起步较晚，在用户量等指标上与搜狐视频、腾讯视频仍有差距，甚至偶有被搜狐视频超越的情况发生。收购 PPStream 后，PPStream 本身拥有的庞大用户基数，将使爱奇艺在收入、用户基数等指标上完全占据行业第二名的位置。

2012 年的易观数据显示，在 iPad 和安卓市场上，PPStream 的市场占有率位列第三，而在 iPhone 的视频应用中 PPStream 已然位列第一——这显然较其 PC 端的份额高出许多。

与此同时,爱奇艺在 iPad、安卓和 iPhone 中的占有率,分别位列第六、第一和第四。如果两者顺利合并的话,新公司将在三大平台中均拔头筹,这对于还困惑于移动互联网的百度,无疑是一大利好,若加上百度视频和百度移动搜索的导流优势,在移动互联网中构建一个自己的优酷土豆也有可能。

>>> 5.3.3 爱奇艺业务架构

1. 业务架构

爱奇艺视频网站属于 HULU 模式,业务上涉及用户、广告主和内容方。爱奇艺向用户提供优质内容、为广告主投放广告、向内容方支付版权费用,同时,获取用户数量、从广告主获取广告效益和从内容方获取优质内容,依靠百度两大核心产品网页搜索和视频搜索,联手百度视频、贴吧、娱乐、知道、百科、HI 等优势产品,不断提升用户服务体验,提升广告的精准度和内容方的回报率,打造最强势的网络视频平台。爱奇艺业务架构示意图如图 5-29 所示。

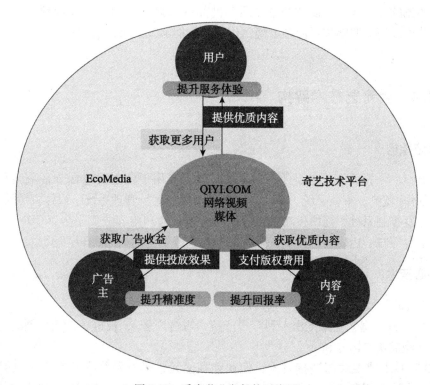

图 5-29 爱奇艺业务架构示意图

具体来说,在用户、产品和广告方面,爱奇艺采取的策略如下:
(1) 对用户:进行高品质人群定位和高级用户属性分析,精准地捕捉真实需求,提升广告精准度。

（2）对产品：坚持正版、高清、长视频，布局简洁明朗的页面环境，产品人性化、多功能从而获得更多用户和提升用户体验。

（3）对广告：坚持"少即是多"原则，优化广告环境，让用户选择广告，提高投放效果，从而提升内容方的回报率。

2. 业务特点

（1）纯正版

为建立良性的产业链和促进视频版权生态健康发展，爱奇艺自上线之日起就全部播放正版影视作品，坚决抵制盗版影视作品，专注于高清，长视频，不报道时政新闻，不涉猎视频分享。

（2）高流量

爱奇艺现有网站50%的流量来自于百度；长视频70%的流量来自于百度。爱奇艺流量优势得天独厚，百度在保证用户体验的前提下，将爱奇艺推荐给中国7成的网民。

（3）好体验

凭借领先的技术能力，以"悦享品质"的品牌理念，将用户体验做到极致，产品人性化、多功能及简洁明朗的页面环境使每位用户都能够在爱奇艺愉快地欣赏完每一部影视作品。

▶▶▶ 5.3.4 爱奇艺技术架构

1. 网站架构

如同 HULU 一样爱奇艺也是闭合型平台，整个应用平台主要包含节目采编和存储系统、节目制作/监测、审核系统、节目自动转码系统、运行管理系统、媒体资源管理系统、媒体内容分发控制系统、网络发布系统等应用管理模块和内容分发平台（CDN）、流媒体在线播放平台等核心内容传输模块。爱奇艺平台整体结构图如图5-30所示。

2. 核心技术

（1）"视链"技术

2011年1月，奇艺独家推出专利广告产品"视链广告"，视链是奇艺独创的视频超链接技术，已经成功申请专利。

"视链"技术即视频超链接技术，使视频画面元素具有网络交互功能，鼠标经过画面，显示出人物介绍和相关信息，通过对影视剧中人物的注释，为用户提供更立体化的观映体验。

用户观映电视剧或电影时，当某角色在剧中首次出场时，可滑动鼠标至该人物头像，便会闪现相关的"角色名"、"演员名"，角色名链接至百度角色词条，演员名链接至百度百科。当鼠标离开人物头像周围时，该提示将自动隐藏。

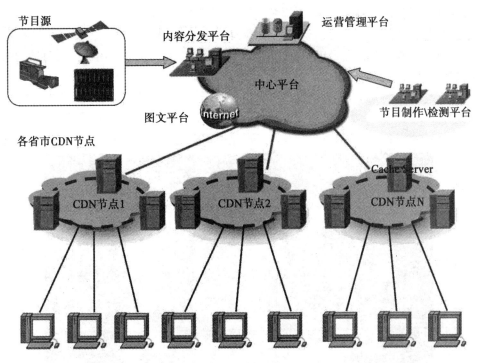

图 5-30　爱奇艺平台整体结构图

最初，视链技术应用在新版《三国》中，2012 年初，爱奇艺宣布视链技术全球商用，此后，王老吉、联合利华等多家广告主在《非诚勿扰 2》、《无懈可击之美女如云》等影视剧中投放了视链广告，并成为经典的营销案例。视链广告与传统视频广告形式相比，拥有更高的"接触质量"和"接触数量"，可以争取到现有媒介状况下的稀缺资源——高度专注观看状况下的受众注意。

视链广告更为客户提供了与剧情密切结合的营销空间。针对在影视剧中已有植入式营销的客户，视链广告提升了植入式营销的关注度。针对饮料、日化类快速消费品牌，视链广告提供了与影视剧主题贴切的生活方式与生活形态。针对服饰、化妆品类客户，视链广告提供了将观众转化为消费者的直达通道。

（2）浮屏技术

2011 年 12 月 21 日，爱奇艺正式推出视频行业首个双屏互动广告展现技术——"浮屏"。登录爱奇艺的用户，可以通过广告悬浮窗的展现方式充分享受视频广告带来的互动乐趣，广告主、用户的利益诉求在"浮屏"技术里得到了更加良好的展现和结合，这是爱奇艺继首家专利技术"视链"被多家广告主成功商用后的又一项重大创新，爱奇艺"智服务"战略再次成功领跑视频行业技术服务领域，凸显了网络视频广告特色。

对于"浮屏"广告技术的第一位广告客户三星，爱奇艺营销团队为其量身打造的"Note 手机"贺卡互动广告，不仅有效点击率得到了提升，而且在新浪微博等社交平台的展现更加频繁，广告自媒体扩散的价值也得到了深入挖掘。广告的悬浮窗就是一个画板或写字板，观众可以选择具有圣诞或新年背景的贺卡，并在悬浮的手机屏幕内写下自己的祝福，然后分享到新浪微博送给自己的好友。

据爱奇艺产品负责人介绍，爱奇艺技术团队研发的"浮屏"广告展现功能在国内视频行业中尚属首例，并且已经申请独家专利保护。该功能来源于对用户行为习惯的深入观察，既能满足广告主的展现需求，也能帮助用户了解更加详尽的广告内容，同时还能够加入更多具有趣味性的互动内容，减少广告给用户带来的焦躁情绪。浮屏广告：三星如图5-31 所示。

图 5-31 　"浮屏"广告：三星

日常生活中，很多网民把视频贴片广告看做"枯燥 30 秒"，"浮屏"广告展现技术的研发将扭转观众坐在电脑前苦等影视剧的现状，为传统视频贴片广告带来一场互动式革新。

三星案例成功地将社交平台互动性和"浮屏"技术互动性很好地结合了起来，后续即使不向社交平台跳转，单凭其用户可参与的趣味性，也能增加用户在广告前停留的单位时长，广告主的利益能够被进一步放大。随着视频行业逐渐走向成熟，各大视频网站之间清晰、流畅、界面友好的差异化竞争更为激烈，对于用户而言，任何一点贴心的体验提升都将提高其对该视频网站的黏性和认同感，因为正是这些基于用户体验的技术创新，让广大网民最终能够从视频行业的高速发展中获得实在的好处。

爱奇艺自 2010 年 4 月底上线以来，凭借清晰、流畅、界面友好的用户体验快速获得了大量用户的关注，陆续推出的"视链"、"观看记录"、"开灯关灯"、"自动跳过片头片尾"、"中英文字幕转换"等产品功能颇受用户的好评。爱奇艺推出的"浮屏"广告展现功能，无疑又将给营销领域带来一场技术竞争。

（3）大规模流媒体 CDN 系统

CDN 系统专门针对流媒体应用开发设计、用于分布式多服务器集群之间的内容自动分发和调度、用户行文的分析和服务调度、多服务器之间的负载均衡控制等功能。该系统基于 Linux 服务器平台，具有很高的安全性和稳定性，真正满足大并发高可靠性的电信级应用要求，是超大规模视频网站应用中较好的解决方案。

CDN 系统需要根据实际的应用环境来设计和部署，即 CDN 优化设计，以此来满足网站的实际需要，从而实现 CDN 系统的最佳性能，使资源的利用率和平台的整体服务性能达到最优。CDN 即内容分发网络，其目的是通过在现有的 Internet 中增加一层新的网络架构，将网站的内容发布到最接近的网络"边缘"，使用户可以就近取得所需的内容，提高用户响应速度。其工作原理是在网络各节点放置内容缓存服务器，由 CDN 中心控制系统实时地根据网络流量和各节点的连接、负载状况以及到用户的距离等信息，将用户的请求导向到最佳的服务节点上。对用户来说，通过 CDN 系统，缩短了得到响应的时间，提高了数据传输的稳定性，从而提高了网络服务器的总体性能。

分布式 CDN 具有如下特点：

①本地 Cache 加速提高了企业站点（尤其是含有大量图片和静态页面的站点）的访问速度，并大大提高了其稳定性。

②镜像服务消除了不同运营商之间互联的瓶颈造成的影响，实现了跨运营商的网络加速，保证了不同网络中的用户都能得到良好的访问质量。

③远程访问用户根据 DNS 负载均衡技术自动选择最快的 Cache 服务器，以加快远程访问的速度。

④远程用户访问时从 Cache 服务器上读取数据，减少了远程访问的带宽、分担网络流量并减轻了原站点 Web 服务器的负载。

⑤广泛分布的 CDN 节点加上节点之间的智能冗余机制，可以有效地预防黑客入侵并降低各种 DDOS 攻击对网站的影响，同时可以保证较好的服务质量。

在最初的半年内，爱奇艺投入了 5000 万元布置大量骨干 CDN，全国节点 CDN 达到 30 个，爱奇艺的第三方 CDN 服务，因价格太高，服务质量得不到保证，只作为辅助。

（4）一云多屏

爱奇艺持续地创新，开创了一云多屏概念，云即在云端实现视频编码，共享云端计算和存储等综合服务，屏即移动客户端全面部署，高端智能移动终端装机量逾 1000 万，iPad 用户达 240 万，稳居行业第一。一云多屏如图 5-32 所示。

≫≫≫ 5.3.5　爱奇艺功能应用

1. Logo 及界面展示

（1）爱奇艺 Logo

爱奇艺网站设计风格完全模仿 HULU，Logo 同样采用绿色和灰色两种突出品质的颜色（见图 5-33）。

①Logo 使用方法。以下为两种可行的方法，应用爱奇艺 Logo，通常使用"首选"版本，黑白 Logo 仅适用于使用印刷字体的媒体。

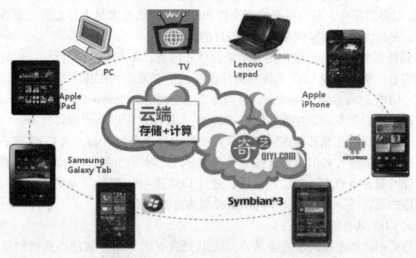

图 5-32　一云多屏

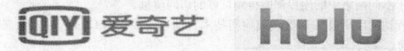

图 5-33　爱奇艺 Logo 与 HULU Logo

a. 爱奇艺标志首选如图 5-34 所示。

浅色背景　　　　深色背影　　　　复杂背影

图 5-34　爱奇艺彩色标志

b. 爱奇艺标志单一颜色如图 5-35 所示。

浅色背影　　　　　深色背影

图 5-35　爱奇艺单色标志

②爱奇艺 Logo 标准色。公司标准色是保证 Logo 正确使用的前提，在任何场合都要正确使用标准色，在不同的环境下可以选择不同色值，以保证颜色的准确性。用于印刷应选

用 Pantone 国际标准色卡色或使用 CMYK 的色值，在 Web 上应使用 RGB 的标准色值。爱奇艺 Logo 标准色如图 5-36 所示。

#78A524
C:45 M:0 Y:100 K:24
R:120 G:165 B:36

#8C8C8C
C:0 M:0 Y:0 K:45
R:140 G:140 B:140

图 5-36　爱奇艺 Logo 标准色

（2）爱奇艺界面

爱奇艺首页如图 5-37、图 5-38、图 5-39 所示。

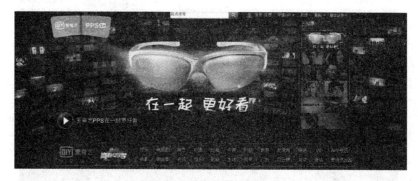

图 5-37　爱奇艺首页导航条

图 5-38　首页——专区展示

专题推荐可按类型、时期、品牌及首播剧场向用户推荐，大片突击依靠的是强大的后盾——百度的数据优势、最初用户积累，百度一下当下热门电影和电视剧，第一项永远是爱奇艺。

标签：娱乐、电影、电视剧、动漫、纪录片、综艺、音乐、旅游。除网络版外，爱奇艺还开发了适配 IOS、Android 客户端及基于 P2P 的 PC 客户端，打造"三屏合一"战略。爱奇艺客户端界面及使用如图 5-40 至图 5-42 所示。

图 5-39　首页——分类

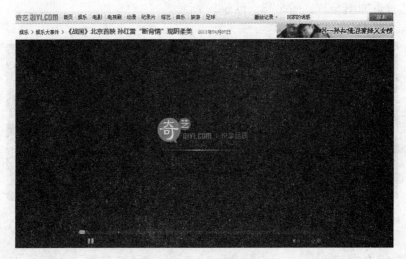

图 5-40　客户端播放界面

图 5-41　高清晰度提高用户体验感

图 5-42 让用户选择广告模式

2. APP 专区

（1）PC/MAC 版

①爱奇艺视频桌面版（版本：V2.1.0.7，更新日期：2013 年 5 月 3 日）。

a. 优点：

·更快地快速安装，极速播放。

·更小的安装包，内存占用少。

·更炫酷的设计，品质享受。

·更丰富的全网搜索，应有尽有。

b. 特点：

·焦点图个性化推荐你的最爱。

·综艺频道全新聚合，看综艺更方便。

·搜索历史、搜索热词快速搜索你的目标。

·下载选集更方便，下载完后可定时关机。

②爱奇艺视频 Mac（版本：V1.3 更新日期：2013 年 4 月 17 日）

a. 优点：

·免费使用，内容丰富。

·免费下载安装，悦享爱奇艺全部免费高清正版视频。

·最新影视、热门综艺、经典动漫、自制出品、纪录片。

·智能记忆播放记录，精彩不间断。

b. 特点：

·专为 OS X 平台量身打造，观看流畅，运行稳定。

·一键保存视频文件至本地，断网也可观看，随时随地随心观看。

·适配 OS X 10.8 及 Retina Display。

·支持 Mountain Lion 系统,界面图标为 Retina 优化,可以立即开始体验。

(2)平板电脑版、手机版

①专为 iPad、Galaxy Tab、lePad、Asus Pad 平板电脑及各种型号手机提供,手机版爱奇艺客户端支持的系统有:ios|android|windowsphone|bada|symbian3|meego。

特点:

·畅享移动高清:为移动用户量身打造,操作界面清新友好,内容丰富多元。

·快速发现内容:分频道视频浏览,提供最新、热播、好评三种排序方式。

·更小、更快、更流畅:安装包小、CPU 占用少、播放更加流畅清晰。

·智能续播功能:播放记录支持时间记忆,方便进行视频续播和回放。

②爱奇艺啪啪奇(最新版本:Android V2.0.0 版,更新时间:2013 年 4 月 10 日)

啪啪奇是爱奇艺旗下最新推出的一款有关手机视频拍摄、编辑和分享的产品,一键拍摄,即时分享。通过啪啪奇,你可以轻松捕捉多姿多彩的生活闪耀瞬间,创造出有趣的视频,分享给新浪微博、微信好友和微信朋友圈。

产品特色:

·快速拍摄:快速启动摄像头,拍摄简单上手,提供自动防抖和校色校正功能让视频增效。

·拍摄功能强大:LOMO、美肤、小清新、复古、青葱、漫画、近黄昏、黑白、手绘、鬼马幻想、时空门等多款特色滤镜特效,让手机拍出最炫、最好玩的视频。

·丰富的视频编辑:支持剪辑时长、添加背景配乐等功能为视频增效。

·特色配乐:中国年、清新、童趣、派对、糖果爱、舞动、孤独、古典、遐想、夜朦胧。

·省流量省内存:采用领先的视频编码技术,比手机自带拍摄软件节省 90% 以上的码率;拍视频不再担心手机内存,分享视频不再担心手机流量。

·快速分享:视频可以分享到新浪微博、微信好友和微信朋友圈。爱奇艺遍布全国的CDN 网络,让你的视频飞速上传。

(3)爱奇艺 FLASH 版

爱奇艺 FLASH 版有网页版、Windows 版、AIR 版和下载 Adobe AIR 版。爱奇艺 FLASH 版见图 5-43。

图 5-43　爱奇艺 FLASH 版

    爱奇艺 AIR 版客户端软件基于 Adobe AIR 技术创建，可以在 Windows 平台、Android™平台、黑莓 BlackBerry®平板电脑平台和苹果 iPhone、iPad 等 IOS 设备及电视上使用。Adobe AIR 是一项跨平台的技术，使用户可以在各种设备及平台上使用基于 AIR 创建的应用程序。

    产品特点：

    ·适合远距离观看，在家尽享影院体验。

    ·支持爱奇艺全站，高清视频流畅观看。

    ·至简操作，键盘、鼠标、遥控器都不是问题。

3. 功能应用及用户体验

（1）功能应用

爱奇艺功能应用见图 5-44。

图 5-44　爱奇艺功能应用

    ·调亮度：用户可以根据自身的观看环境，调节画面亮度来配合观看。

    ·片段分享：可以让网友轻松地截取自己喜欢的视频片段（最高可截取 10 分钟），分享于 SNS 及各大论坛。

    ·关灯：用户可以足不出户体验到影院般的感受，简洁的页面带给广告主充分的展示空间，缔造视觉唯一性。

    ·清晰度：根据用户的宽带情况，自动智能推送相匹配的码流，同时用户也可以自行选择清晰度模式，为用户带来更加快速和清晰的画面感受。

    ·随心看视频：将影视按用户选择分类，提供"开心、无聊、悲伤、郁闷"等选项。

    ·记忆播放：用户在下次观看同一视频时，系统会从上一次中断的时间点恢复播放。

（2）爱奇艺实验室

爱奇艺实验室（见图 5-45），汇聚爱奇艺最棒、最尖端前卫、闪烁灵动实验光芒的产品，同时向广大亲爱的爱奇艺网友收集有创意的思想，看视频、玩社区、热追明星，所有影音娱乐，只要你想，就有机会成真！全新视频体验，我们一起创造。

图 5-45 爱奇艺实验室

·MV 播放器（上线时间：2012 年 10 月 18 日）

爱听音乐，还爱看 MV？不想查找，最爱随心所欲？MV 播放器，电台式收听，影院般观看。强大的推荐系统，发现你的音乐 DNA。

·奇遇（上线时间：2011 年 11 月 18 日）

这是一个神奇的视频体验，采用业内最前沿的推荐算法，考量用户观看视频的行为、兴趣等因素，帮助用户快速、实时、方便地发现所喜欢的影视剧。还在等什么？快来试试吧！与您心中的它不"奇"而"遇"！

·视链（上线时间：2010 年 10 月 12 日）

人脸识别技术，国内首创；操作简单，触发精彩；直通百度百科，网罗全明星；一键直击奇谈社区，更多精彩呈现。

·多音轨多字幕（上线时间：2011 年 10 月 13 日）

看美剧、日剧、韩剧、泰剧最讨厌什么都听不懂！所有视频都是统一的白色字幕最讨厌了！在这里，爱奇艺让你的一切讨厌都变成浮云。强大的字幕音轨功能，不仅同步显示外部字幕，还可以变换不同配音，提供个性化的用户体验。

·视频预览（上线时间：2011 年 8 月 3 日）

超越时间线，选择更自由；小框预览视频，体验优质品质；随心看视频，悦享每 1 秒。

·IE9 任务栏锁定（上线时间：2011 年 10 月 28 日）

如果你使用的是 IE9 的浏览器，你可以把爱奇艺锁定在操作平台的任务栏上，从此你便可以享用爱奇艺专为你定制的浏览器功能。你不但可以一键找到想看的内容（甚至上次未看完的视频），而且可以接收更新的消息、订阅信息提示。方便快捷到难以想象。

·多屏互动（上线时间：2012 年 6 月 18 日）

如果你同时拥有 PC 和 iPad，且它们都安装了爱奇艺客户端，并加入了同一无线网络，即可轻松享受方便快捷的飞速跨屏数据传输。坐在沙发上，用 iPad "找到"书房里的 PC，一键选中 PC 下载内容即可传输到 iPad，无需数据线，轻松看大片。

（3）独特的用户体验：

①低网速下，爱奇艺依托百度的全国 CDN 布局保证了用户体验最佳，根据网速推荐

高清或普通播放模式。

②高网速下，爱奇艺的超清模式提供了超越其他网站高清级别的画质，在1080P的电视上能获得超爽的用户体验。

③片源数量多，特别是爱奇艺一直在补老片的片源，且都是高清甚至超清版本的，将逐渐建立起难以超越的内容壁垒。

④Cookies 中记录了上次的播放时间点，再次访问时能接着上次的时间点，并且自动往前5秒。

⑤连续播放剧集时可自动跳过片头与片尾。

》》》 5.3.6 爱奇艺营销模式

最开始爱奇艺一共设立了电影、电视剧、纪录片、综艺四个频道，并不断地增加，对内容的分类几乎与 HULU 一样，收入来源是向广告主收取广告费，主要广告形式是贴片广告和视频植入广告。不过，爱奇艺与其他视频网站不同，因为它是中文第一搜索引擎百度旗下的视频网站，在独一无二的百度矩阵资源的鼎力推广和支持下，在投放环境、用户质量、精准效果方面，给广告主提供了更优的选择和更好的效果。

1. 爱奇艺独有"SWS"模式

爱奇艺深入探索广告投放新技术、新模式，以"SWS"模式为核心竞争力，为品牌广告主提供高品质、高性价比的视频营销服务。

Search（搜索）：爱奇艺在百度搜索端截流用户，70% 以上的网络用户选择通过搜索查看影片。

Watch（观看）：爱奇艺拥有高品质的播放平台，超高清、全正版、大画幅，彰显客户品牌。

Share（分享）：爱奇艺联合百度贴吧打造互动平台，满足用户分享与沟通的心理，最大化地传播品牌。

爱奇艺提出了"最懂视频用户"的理念，虽然同样是播放《无懈可击之美女如云》，但是爱奇艺却紧紧抓住了网络视频用户在影视剧收视上的"SWS"的行为模式，在Search-Watch-Share 的全行为路径上为清扬实现了品牌强势曝光，打造了基于用户体验的视频营销新模式（见图 5-46）。

2. 广告营销及计费方式

爱奇艺的主要广告投放客户均来自品牌广告主，广告价格实际高出现有的视频分享网站的 20% ~ 50%，主要广告形式是贴片广告，即广告都在内容之中，与传统页面广告的价值存在着显著差异。

爱奇艺广告采用与 HULU 一样的 CPM 计费方式。相比于按尺寸、位置、发布时间计费的页面广告，按 CPM 计费的视频广告效果将更加直观、营销更为精准。CPM 计费是按照显示次数来计算广告费，此类的广告单价通常表现为 1000 显示/元。

图 5-46　爱奇艺与清扬合作

3. 广告推广渠道

爱奇艺广告采取"百度资源海量聚焦+爱奇艺全站矩阵式"的推广模式。主要有以下几个特点：

- ·百度网页搜索及视频搜索推广。
- ·爱奇艺全站资源强势热推。
- ·客户专题页面推广。
- ·爱奇艺站内广告呈现。
- ·爱奇艺及百度联手打造专属互动活动。

4. 广告创新及分类

（1）广告创新

·选择式广告：美国视频网站 HULU 最先推行"用户选择广告"的模式，爱奇艺联合法国阳狮集团在国内也首次开创了"HULU 模式"的选择性广告，有效地提高了用户的参与感与尊重感，深受广告主认可。

·调研式广告：调研式广告相对传统的常规广告来说，增加了广告与用户的交互性，减少了强制广告对用户的干扰，提升了用户体验，有利于提升用户对该品牌广告的回忆率、认知度以及购买倾向。

（2）广告分类

·贴片广告类：教育客户如何按 CPM 投放广告，代表客户有：力士、迪斯尼、伊利、奔驰等。

·冠名赞助类：重点剧日、剧场、事件的借势营销，代表客户有：美的、珍爱网、广丰、FOREVER MARX 等。

·植入广告类：植入广告方兴未艾，重点是如何与网络视频结合，代表客户有：昆仑山水、清扬、三星、联想等。

·搜索整合类：贴片广告融入搜索的整合，代表客户：三星。

·跨屏整合类：IPAD 也可投入广告，代表客户：速腾。

·特型广告类：独创视链，代表客户：王老吉、多芬。

5. 高品质视频营销策略

爱奇艺高品质视频营销策略如图 5-47 所示。

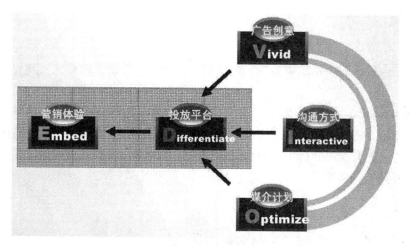

图 5-47　爱奇艺高品质视频营销策略（VIDEO）

（1）Vivid（生动的创意体现）：互联网视频作为电视广告的播出延伸平台，不仅继续了强大的表现力，更在用户选择性、创意表现空间方面拥有更多拓展的空间。爱奇艺提供业内最大尺寸的广告视频播放窗口为客户展示优质的广告创意。

（2）Interactive（互动的沟通方式）：由于网络视频具有互动性，在扩展视频内容人际传播的同时，视频广告的营销主题也更易成为用户传播的话题，此外，根据网络互动性对电视广告进行适当的修改和延伸，能够达成用户的深度沟通与品牌接触。百度两大核心产品：网页搜索、视频搜索，联手百度视频、贴吧、娱乐、知道、百科、HI 等优势产品，配合打造爱奇艺最强势的推广平台。

（3）Differentiation（差异化平台优势）：与垂直视频网站和门户类视频频道不同的是，整合百度搜索引擎关键字分析以及其他百度定位技术，爱奇艺能够整合分析用户的多种潜在资讯和消费需求，不仅仅实现了人群属性上的定向覆盖，在人群消费需求分类上也拥有更多定位优势。爱奇艺的三重精准营销平台如图 5-48 所示。

（4）Embed（植入式营销体验）：爱奇艺锐意拓展高品质原创视频内容，通过将用户

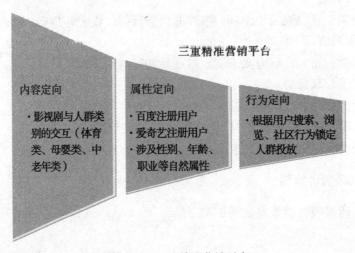

图 5-48　三重精准营销平台

品牌、产品植入独家的娱乐视频节目，配合贴片、赞助等传统营销模式实现更加深入的营销体验。

（5）Optimization（优化的媒介计划）：爱奇艺致力于为营销客户提供视频广告媒介计划的优化（如图 5-49 所示），通过分析、把握不同企业的潜在消费人群在电视媒体、网络视频媒体之间的交叉媒介行为，整合电视媒体计划与网络视频媒体计划，使企业能够获得更高的营销投入产出率。

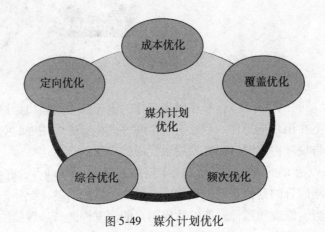

图 5-49　媒介计划优化

6. 网络营销模式里的"探索者"

爱奇艺用短短两年的时间，成为行业的第二把手，与其网络营销紧密相关。在网络营销的模式上，爱奇艺紧跟时代的步伐，开创出不少独特的网络营销模式。

（1）内容营销

①大剧营销。视频网站行业里，影视剧的版权成本是企业三大成本之一，而丰富的影

视剧又是用户覆盖及浏览时长增长的动力，很多企业选择以量取胜，烧大钱去采购大量的版权内容，结果用户却不见得买账。爱奇艺虽然资金压力小，却不做这种吃力不讨好的事，始终坚持采购最核心的版权内容、生产最有影响力的自制节目，循序渐进地进行内容的布局。如今，爱奇艺的专业频道，已覆盖网民喜爱的内容。在内容架构上，爱奇艺根据目标市场的兴趣习惯精准投放，90%以上是影视剧长视频，10%的短视频也是与长视频有关的娱乐新闻、明星报道等。爱奇艺不报道时政新闻，不涉猎视频分享，有长短影评，使喜欢影视剧的用户更集中。在版权购买上，紧跟一线卫视（湖南卫视、江苏卫视、浙江卫视等），突出网络趣味（时装偶像、情感话题等），彰显平台定位（轻熟龄、都市化）。2012 年全年 50 部独家剧，150 部非独家卫视剧，覆盖 90%以上一线卫视台剧目，覆盖 80%以上顶级热门大戏。

人群兴趣点与剧目对应关系分析如图 5-50 所示。

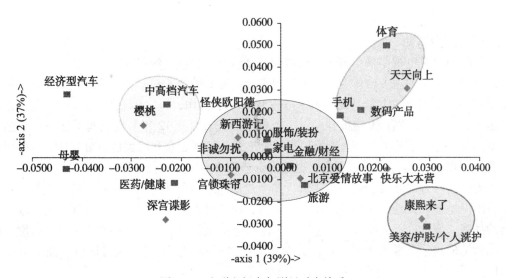

图 5-50 人群兴趣点与剧目对应关系

注：采用剧目与人群兴趣点数据进行对应分析，通过点与点之间的距离来判断具有不同兴趣点的人群对剧目的偏好差异，剧目和人群兴趣点之间距离越短，表示关系越紧密；坐标轴是用以表示距离的工具，数字的大小并无优良中差的意义。

②自制内容。为应对视频网站的同质化现象以及满足年轻观众对微电影这种免费、灵活、短小精悍的电影形式的收视心理，爱奇艺推出了网络影像领域的自制品牌"爱奇艺出品"。自制的内容主要是综艺节目，具有非常强的网络特质。其中有爱奇艺独有的网络娱乐自制团队制作的综艺节目，如《浪漫满车》和《娱乐猛回头》等。从百度指数看，《娱乐猛回头》自开播以来，用户关注度呈几何级数上扬，点播量超过老牌同类节目（见图 5-51）。同时，爱奇艺还推出了自制内容资源与第三方合作媒体内容资源整合的各种内容。《城市映像 2012》第一支微电影《阿布》由三星赞助，是三星和爱奇艺深度、立体的营销合作，截至 2012 年 9 月 29 日，该单片播放量 10648479 次。借助整体活动与线上线下宣传推广提升各个消费群体对于三星以及爱奇艺的品牌认知及品牌美誉度，实现了广

告主与爱奇艺视频营销共赢的局面。

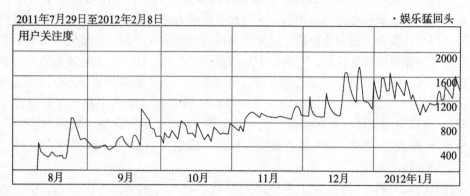

2011年7月29日至2012年2月8日 ·娱乐猛回头

图 5-51 《娱乐猛回头》用户关注度

（2）网台联动

互联网只是电视剧播出的一个渠道和载体，其附加值是浅层次的，电视剧制作公司仍然是以卫视、大的地方台作为首选的播出平台。然而爱奇艺却颠覆了这个行业观念，同湖南卫视、浙江卫视、山东卫视等多家电视台深化了合作，以"网台联动"跨媒介的创新营销模式，取得了网台共赢的佳绩。一个典型的代表是 2012 年爱奇艺与浙江卫视强强联手推出的《中国好声音》，迅速掀起了一股热潮，得到观众和网民的良好反响，《中国好声音》不但"唱响"了浙江卫视，也让爱奇艺用户量成为同行业第一。

爱奇艺内容部高级总监高瑾表示，如今爱奇艺的网台联动包括营销，是真正的网台联动，不但是捆绑式地对一部热播剧进行销售，而且对该剧进行宣传，全程深入植入双方平台的品牌。通过一部大剧、一家卫视、一家视频网站相互依托的"1+1+1"捆绑式推广的大剧营销模式，爱奇艺获得了不少大企业的广告投放，其市场收入份额也不断上升，在 2011 年第四季度已达到 6.9%（见图 5-52）。

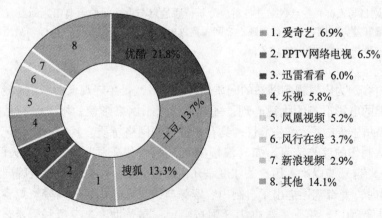

- 1. 爱奇艺 6.9%
- 2. PPTV网络电视 6.5%
- 3. 迅雷看看 6.0%
- 4. 乐视 5.8%
- 5. 凤凰视频 5.2%
- 6. 风行在线 3.7%
- 7. 新浪视频 2.9%
- 8. 其他 14.1%

图 5-52 2011 年中国网络视频市场收入份额

（3）技术营销

①搜索精准营销。爱奇艺通过百度阿拉丁和视频搜索来了解网民的喜好、关注点，同时将绝大多数的产品聚集在爱奇艺平台，增加用户的黏性，利用站内的推广资源进行矩阵式传播。

②视链技术营销。爱奇艺通过视链技术实现视链广告，即只要消费者轻点鼠标就可以通过视链弹出悬浮链接及多链接暂停页直接到京东商城购买产品，实现了"看到即买到"的新广告方式。比如在美食节目的播放过程中，通过一道添加海鲜酱油味道更妙的菜讲解其效果的同时，网友可以通过画面浮层的提示，点击链接进入相关品牌的专题页面，甚至是电子商务平台。爱奇艺这种创新的营销模式，既可以把品牌植入节目中，又能通过节目的播放推广品牌，不但为广告主提供了更广阔的营销空间，同时也大大提升了站内用户互动的积极性。

③多屏整合营销。平板电脑、智能手机等高科技产品对年轻的社会群体的生活习惯及消费行为的影响越来越深刻，如几乎在每个咖啡厅，都能遇到用 iPad 看视频的用户。2012 年 9 月 11 日，艾瑞在 2012 中国互联网大会《视频下一站：桌面》论坛上发布的《中国视频客户端现状和发展报告》显示，视频客户端用户增长要快于视频网站。

在这种未来 PC 屏可能消失，只剩下移动设备屏及电视屏，两屏合一而不是三屏合一的趋势下，爱奇艺虽然是 2010 年才开始进入视频网站行业，但在开拓网页视频市场的同时，也马不停蹄地进行移动端的视频市场的挖掘，以抢占移动终端市场的先机。爱奇艺是唯一提供第三方监测支持的 iPad 客户端平台。截至 2012 年 3 月，爱奇艺的 APP 终端覆盖 9037 款机型和所有操作系统，手机客户端装机量近 4000 万，iPad 客户端装机量超过 600 万，移动端的视频播放量占总播放量的 8%～10%，领先一步占领移动终端市场，成为行业内移动视频里的老大。

≫≫ 5.3.7　爱奇艺优劣势及面临的问题

1. 爱奇艺的优势

（1）海量聚焦：通过百度阿拉丁和视频搜索将绝大多数产品聚集在爱奇艺平台，再通过爱奇艺强大的站内推广资源，进行矩阵式传播。

（2）了解用户：通过百度指数、百度司南等强大的后台用户分析技术，使爱奇艺更了解网络视频用户的偏好，知道目标受众最常去的贴吧和关注点。

（3）体验至上：爱奇艺平台深度提升用户体验，无论是用户的观片体验还是观看广告的体验都在同类网站中处于领先地位。

（4）精准定向：爱奇艺的互动活动，可以精准定位到其相关的影视剧吧、演员吧、角色吧、地方吧等，在扩大其影响力的同时，直达目标受众，做到精准营销。

（5）话题传播：爱奇艺专区投票与百度贴吧联动，通过各关联贴吧之间的转贴，形成几何级传播攻势，可以在极短时间内迅速进行传播。

2. 爱奇艺的劣势

（1）进入时间晚

国内最早的视频网站如土豆、优酷，已发展了四五年时间，积累了较完善的数据资源库和巨大的用户群。现在，这些网站开始打造正版高清平台，优酷、土豆、CNTV 都出现了 HULU 与 YouTube 并存的雏形。

（2）版权采购的压力大

尽管依靠百度的品牌资源能集结一批优秀的内容合作伙伴，但正如 CEO 龚宇所言："在中国版权极度分散的情况下，任何一家公司都无法对版权实现垄断。"中国影视内容制作方和版权拥有方极其分散，且制作能力与国外相比较弱。据统计，在全国有不下一万家内容商。爱奇艺面临的版权采购压力较大。

3. 爱奇艺面临的问题

2010 年，中国的网络视频市场已经具备了正版高清模式快速发展的土壤，盈利模式日益成熟。目前我国网络视频用户规模已达到 2.65 亿。未来几年将继续保持快速增长，至 2012 年，用户规模已超过 5 亿，占总体网民的比重约为 85.7%。用户上网看视频的习惯已经形成，长视频领域的高价值已被证实。广告主显然已经注意到这一趋势。

iAdTracker 的监测数据显示，各行业 2010 年在视频网站的广告投放费用都有较大增幅，食品饮料、鞋服、化妆品等行业的广告投放费用比例都在上升。预计在未来几年中，我国视频行业还将继续保持较高的增长速度，2013 年，广告收入将达到 108.6 亿元。

版权环境的加速净化更有助于催生纯粹的正版视频网站。广电总局对互联网视听服务的清理整顿进一步升级，多家知名 BT 网站因为"无证上岗"而被关停。业内自发组成"中国网络视频反盗版联盟"，倚靠行业的自律进行管理。这一系列举措有效遏制了网络视频无序发展的现象，客观上加速了视频分享网站的洗牌与淘汰，并为进一步的网络内容监管打好了基础。

（1）多个 HULU 并存的竞争态势

极度分散的版权环境决定了中国没有能一统天下的内容供应商。以分享模式起家的网站很早便感觉到转型的必要性。

土豆 2008 年即推出"黑豆"正版清晰影视剧和综艺视频播放平台；酷6网启动酷6剧场，专门播放有版权的电影、电视剧等长视频；搜狐一直坚持"正版高清"之路；网易正式上线视频频道；腾讯也已悄然布局了网络视频的发展策略，借助其海量的用户和极强的黏性，将会抢去大量的视频用户。

"正版+高清+免费"在中国注定不只是爱奇艺一家的宝葫芦。想要在这场竞争中取胜，爱奇艺就必须找出差异化的优势所在。

（2）盗版问题的长期困扰

由于相关法律尚不健全，在未来相当长一段时间里，版权仍是视频网站的难解之题。因而爱奇艺在版权策略上"追求多而全，不追求独"，大众小众口味都要满足，目标是发展成国内最大的正版影视剧娱乐内容库。

5.4 搜狐视频

≫ 5.4.1 搜狐视频简介

搜狐公司（sohu.com）是中国最领先的新媒体、通信及移动增值服务公司，是中文世界最强劲的互联网品牌。搜狐视频（tv.sohu.com）是搜狐公司旗下以正版高清长视频为显著优势的综合视频网站，2008 年底国内首家推出 100% 正版高清电影、电视剧、综艺、纪录片、音乐等系列高清优质视频频道，由此迅速成为中国最有竞争力和影响力的综合视频平台之一，涵盖了电视直播、视频新闻、电视栏目库，以及网友上传播客等传统视频业务。

搜狐视频推出的手机客户端软件，涵盖电影、电视剧、动漫、综艺、纪录片、原创视频等精彩视频。搜狐视频界面时尚、速度流畅、操作简单，支持高清视频、离线下载，为广大用户提供了一站式视频播放解决方案。

≫ 5.4.2 搜狐视频发展历程

2004 年底，网络视频刚刚在世界范围内兴起，这是宽带时代和流媒体技术发展的必然，搜狐视频的前身搜狐宽频成立。

2006 年，门户网站第一个视频分享平台——搜狐播客成立。

2008 年底，国内首家推出 100% 正版高清电影、电视剧、综艺、纪录片、音乐等系列高清优质视频频道，由此迅速成为中国最有竞争力和影响力的综合视频平台之一，同时旗下也开展了电视直播、视频新闻、电视栏目库，以及网友上传播客等传统视频业务。

2009 年 2 月，搜狐视频全面战略升级，搜狐"高清影视剧"频道上线，首家斥巨资购买影视剧，首播千余影视剧，成为中国首个 100% 正版的视频网站，在中国互联网领域第一家推出"正版+高清"的网络视频服务，创立并推动了中国视频行业健康、良性发展的商业模式。

2010 年，搜狐视频与搜狐娱乐、搜狐矩阵媒体平台全面整合，进一步强化了搜狐视频独有的门户媒体属性领导力，制作出一系列有影响力的原创影视作品。同时搜狐视频首家提出并实践"台网联动"理念，在宣传与营销领域，全面与传统电视台深入整合，取得良好的产业协同发展效应。

2011 年 7 月，搜狐视频启用新品牌标志，由之前的深蓝标志调整为红白标志，英文域名 tv.sohu.com 中的"o"变形为视频播放键样式，与搜狐其他频道相比具有明显区别，同时搜狐视频在自制影视剧方面持续发力，保持市场领先，同时加大力度推出一系列高品质原创栏目。以独有的门户媒体的身份实现强大的协同效应，通过不断创新的可持续商业模式，实现正向商业循坏。

2012年2月20日，天津市滨海新区开发区管委会与搜狐公司签署全面合作协议，搜狐视频总部正式落户天津。4月24日，搜狐视频、爱奇艺、腾讯视频联合宣布，三方已达成协议，共建"视频内容合作组织"（VCC），在版权和播出领域实现资源互通、平台合作，此举意在应对优酷、土豆的竞争。

2013年，搜狐视频重磅推出大型音乐培训类真人秀节目《冲刺好声音》，该栏目由搜狐视频自制娱乐节目主持人于莎莎主持。从2013年4月15日起到6月10日，每周一20点直播，节目共8期，第一期于4月15日20点如期播出。现场超越卫视，美轮美奂的舞台设计也让人印象深刻。

2009年10月至2010年9月搜狐视频服务月度覆盖人数如图5-53所示。

图5-53　2009—2010年搜狐视频服务月度覆盖人数

≫≫≫ 5.4.3　搜狐视频业务架构

1. 业务模式

2009年搜狐"高清影视剧"频道上线，成为中国首个100%正版的视频网站，在中国互联网领域第一家推出"正版+高清"的网络视频服务，并积极探索新的业务模式。2010年搜狐视频首家提出并实践"台网联动"理念，在宣传与营销领域，全面与传统电视台深入整合，取得良好的产业协同发展效应。

台网联动是一种基于网络和电视的集播出、宣传、互动、效果反馈于一身的现代跨媒体合作形式，即在网络上做好电视台的服务，开设电视台节目与活动的网络版，而电视台在适当的情况下可将网站广告捆绑销售，帮助网站扩大知名度并提高存活率。

从媒体经营方面来看，这种新型整合方式不仅带来了可观的运作收入，完善了跨媒体合作经营方式，而且从传播的角度来看，台网联动代表了媒介融合的主流方向。但随着受众需求的增长和新媒体技术的更新，台网联动的范围也在逐渐拓展。如今，台网联动既使传统影视内容在互联网上获得了良好的延伸推广，也使影视收视率获得了有效的提升。

创新的线上线下整合营销将令品牌广告高度曝光，收获数倍放大的营销回报。2011年以来，搜狐视频已经着力进行优质内容的品牌整合，可以满足用户分类查找、收视的使用需求，也为广告客户提供了一个完整的整合营销方式。

目前，搜狐视频已经不仅仅是一个购买影视剧资源的播出平台，而是越来越重视影视内容的编排和整合，与电视台、制作机构之间在联合投资、台网联动等方面全面融合，并形成鲜明的个性和风格。在视频新媒体与传统媒体将进一步深度融合中，探索并创造出更大的营销价值。

2. 业务特点

（1）台网联动发力新媒体营销。

台网联播——演艺明星和互联网大佬共同出席，就是今天搜狐视频的创新模式。2011年，搜狐视频率先与 20 世纪福斯电影公司签约，从此正版的好莱坞付费电影正式登录中国互联网平台。随后，搜狐视频又与索尼影视等著名外国片商达成合作协议。从这里起步，搜狐开始越来越多地购买影视剧版权，提供属于搜狐视频独家的内容服务，台网互动避免同质化竞争。

在内容方面，搜狐视频斩获了《断奶》、《战雷》、《步步惊心 2》、《杜拉拉之似水年华》等 15 部 2013 年最被业内看好的影视剧版权。因看好这种合作模式，《小儿难养》制作方金逸盛典才将该剧的网络独播权交给搜狐视频。

（2）用户数和收费模式的权衡

盗版对付费业务的发展制造了极大的障碍，盗版现象的普遍存在使得很多国内用户仍然无法接受在网络上付费看电影的事实。面对这种情况，搜狐视频的付费业务力图将内容与服务打包，比如用户花费一定的金额，不光可以看付费电影，而且可以享受看全站免费视频无广告的服务。

目前搜狐视频主要的营收来源为广告和付费业务，截至目前，搜狐视频的客户已覆盖了快消、IT、金融、汽车、医药等几大重点行业，分拆之后的客户总量较之前实现翻倍增长。"两条腿"走路才能让视频网站的收益更加稳定。CEO 邓晔称"付费业务在海外已比较成熟，但在国内仍处于起步期。搜狐视频对付费业务一直十分重视，未来 5 年，将不断从内容、产品、服务等多方面提升付费业务。"

（3）积极探索移动端的商业化模式

长期以来，视频移动端跨媒介广告投放效果难以科学计量、缺乏有效盈利模式，在 iPad 和 iPhone 等移动端引入 CPM（每千人成本）广告售卖模式，并支持秒针、AdMaster、尼尔森、好耶等权威第三方曝光监测，为视频移动端广告的规模化售卖创造了无限可能。目前搜狐视频移动端视频播放量占总体播放量 20% 以上，公司仍在大力拓展移动端的覆盖面。

依靠搜狐"娱乐+视频"的双平台优势以及第一季《中国好声音》的超高人气,搜狐视频在此次合作上将运作三屏合一平台,加强在电脑网络屏幕、移动端手机屏幕、移动端Pad屏幕上的跨屏整合服务与营销,与第二季《中国好声音》的电视平台——浙江卫视一起,实现全网全渠道覆盖。据悉,《中国好声音对战最强音》在搜狐视频上总播放已超过了3100万次。首部自制纪录片《突袭最强战队》上线已取得约2000万的点击率。

▶▶▶ 5.4.4　搜狐视频技术架构

1. 网站架构

（1）网站内容架构

搜狐视频网站内容全貌如图5-54所示。

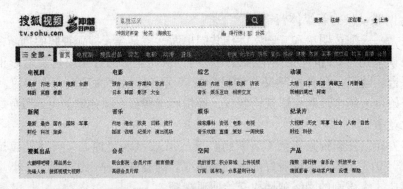

图5-54　搜狐视频网站内容全貌截图

搜狐视频网站内容划分类别有两种:内容特性划分和策划性划分。根据内容特性可分为:电影、电视剧、综艺、纪录片、动漫、新闻、娱乐、音乐等（见图5-55）。根据策划性可分为:搜狐出品、微栏目、拍客等。

图5-55　内容特性类别

（2）网站开放平台

①开发指南：站外上传（见图 5-56）。

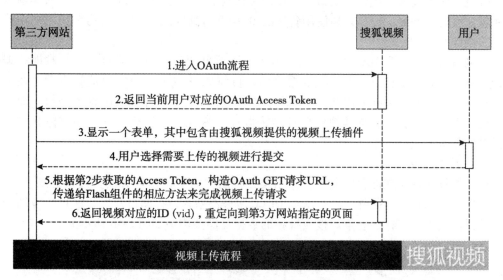

图 5-56　站外视频上传流程图

②辅助工具：视频分享代码生成（见图 5-57）。

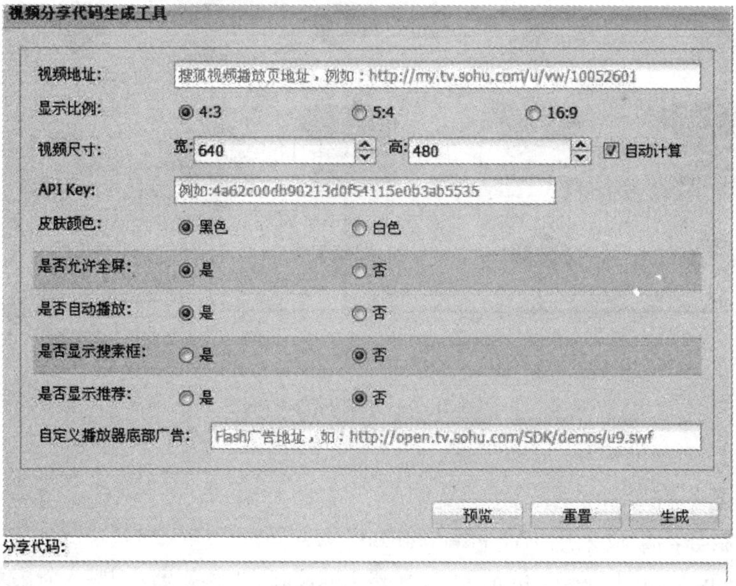

图 5-57　视频分析代码生成工具

2. 相关技术

（1）视频编码和播放技术

搜狐视频编解码技术采用目前最主流的 H264 编码技术，文件系 MP4 格式。通过直接提高带宽的成本投入，从根木上给用户带来更流畅的观看体验。同时，为了解决高清视频和视频速度慢的冲突，搜狐视频使用备选的 IP 调度与高性能的 CDN 机房解决用尸观看视频的质量问题。

在网络节点选优质 IDC 资源，编码做到高画质低码流，改进编码方式，对视频编码进行压缩，在同等带宽条件下加载数据更多，目前 95% 以上用户可以流畅观看。在视频播放技术方面，搜狐视频采用 PC 端 flash 播放，移动端 html5 和 m3u8 格式播放，而客户端使用 P2P 技术。同时，搜狐视频已计划采取通过深入定制给移动终端播放体验带来极大提升的技术。

（2）数据存储

搜狐视频在视频文件存储上没有使用缓存机制，而是将视频文件直接推送到 CDN 前端服务器。数据存储的硬件主要是采用 DELL 服务器系列，存储自开发程序可任意增加服务器数量以实现扩充存储容量。搜狐视频的数据存储架构图如图 5-58 所示。

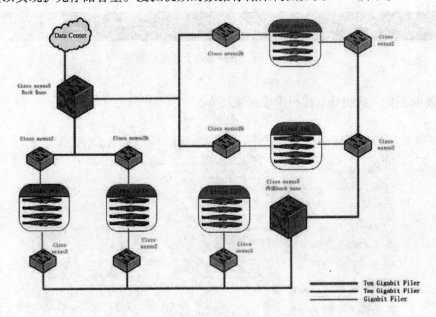

图 5-58　数据存储架构图

（3）服务器集群

搜狐视频服务器集群采用 LVS+Keepalived。

LVS 是 Linux Virtual Server 的简写，意即 Linux 虚拟服务器，是一个虚拟的服务器集群系统。本项目在 1998 年 5 月由章文嵩博士成立，是中国国内最早出现的自由软件项目之一。目前有三种 IP 负载均衡技术（VS/NAT、VS/TUN 和 VS/DR），十种调度算法（rrr | wrr | lc | wlc | lblc | lblcr | dh | sh | sed | nq）。

Keepalived 在这里主要用于 RealServer 的健康状态检查以及 LoadBalance 主机和 BackUP 主机之间 failover 的实现。

Linux Tone SNS 系统简单负载均衡架构如图 5-59 所示。

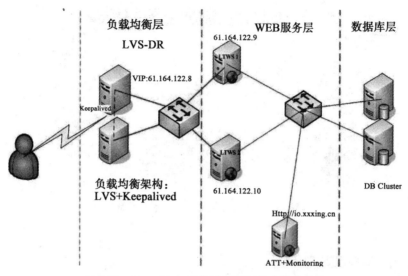

图 5-59 Linux Tone SNS 系统简单负载均衡架构

搜狐自建强大的 CDN 内容分发系统数据。通过将庞大的视频数据进行切片存储，多份镜像，集群式加载数据，从多台服务器请求数据，将带宽压力均匀分布并使内容接近消费者，从而极大地提高了视频加载速度。

▶▶▶ 5.4.5 搜狐视频运营特点

1. 大投入

2012 年，搜狐集团 CEO 张朝阳宣布营收过 10 亿美元。张朝阳很重视娱乐综艺，2013 年 5 月《冲刺好声音》节目 8 期全直播，这种 5000 万量级的大投入，历史性地改变了互联网综艺的形态。此前无一家互联网做过这种周播直播，其团队和配备，开创了网络视频真人秀比肩甚至超过顶级卫视综艺的先例。

2. 台网联动

搜狐视频独创台网联手制播。"搜狐视频+天天向上"由搜狐视频与湖南卫视联合主办，由天天向上团队制作打造，是互联网史投入资金最大，最高制作水准的选秀节目。

3. 大制作

搜狐视频不仅仅与卫视、影视合作，同时还成立视频自制团队，投入巨额人力、财力，发展自制剧（见图 5-60）。

图 5-60　搜狐视频自制剧发展里程碑

4. 网络精品原创反向输出

网络精品原创反向输出模式如图 5-61 所示。

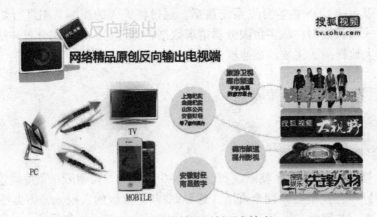

图 5-61　网络精品原创反向输出

▶▶▶ 5.4.6　搜狐视频产品

1. 搜狐影音

搜狐影音是搜狐视频为 PC 机强势推出的一款全能视频加速播放器，除支持搜狐视频的线上资源外，更融合了国内各大视频网站的影视资源，并且拥有近百个卫视和地方台直播，支持 34 种本地音频、视频格式文件播放（见图 5-62 所示）。独创 2D 与 3D 的 Easy 转换模式、全新加速模式和超级上传功能，结合丰富的在线视频内容无广告播放，让视频观看更高速、更便捷、更流畅。

图 5-62 搜狐影音客户端界面

（1）搜狐影音的特点

全网影视：支持搜狐视频、优酷、土豆、乐视等国内各大视频网站热门影视资源，覆盖全网 90% 的视频节目。

播放全网影视：国内各大视频网站热门影视资源任你选播。完美播放本地音视频文件。

视频直播：支持近百卫视和地方台直播，比电视频道更全面。

超级上传：支持搜狐播客的视频上传，并支持多任务上传、断点续传。极大地方便了用户分享视频。

高清大片下载：支持搜狐视频海量节目的下载，轻松完成网络视频本地播放。

全网一键追剧：一键将喜欢的电视剧、综艺节目放在桌面，更新时自动提醒。集集不落、剧剧尝鲜。

3D 转换：可将所有 2D 视频在播放时进行实时 3D 转换，在家也可享受电影院的震撼效果；同时支持 3D 视频的颜色转换，一副 3D 眼镜即可观看所有 3D 模式。

内置浏览器：搜狐影音中内置了 Web 浏览器，这是与众不同的一个个性特征，其他播放器目前来看无这个功能，如果系统崩溃导致 IE 浏览器或者其他第三方浏览器卡等其他问题，用户可直接使用搜狐视频播放器自带的浏览器上网。

（2）搜狐影音最新版本

搜狐影音播放器目前最新版本为 2013 年 4 月 27 日发布的"4.0.0.131 版"。该版本采用全新内核并嵌入智能模块，保证了对所有视频的高速加载，并且具有断点续传和记忆下载等功能。

新增功能：

①增加带宽测速功能，帮助用户合理选择视频清晰度。

②增加卡顿测速，提供手动选择网络接入点功能。

③在线视频列表和搜索框支持右键功能，播放、下载更方便。

④观看即将下线的视频时，增加下载或预加载提示。

⑤上传200MB以内的视频，如果其他用户已经上传过，可以秒传。

2. 搜狐视频移动客户端

搜狐视频移动客户端是搜狐视频专门为手机、PAD等移动终端用户量身打造的在线免费视频客户端产品（见图5-63）。目前，搜狐视频移动客户端已经覆盖IOS、Android、Symbian、Windows等智能终端操作系统，能够满足广大移动网民随时随地观看搜狐视频的需求（见图5-64）。

图5-63 搜狐视频Apple客户端下载

图5-64 搜狐视频移动客户端优化目标

搜狐视频客户端拥有领先的播放速度，丰富的正版高清影视内容，真正做到了"剧多、剧快、剧清晰"。搜狐视频作为互联网影视行业的佼佼者，拥有海量的正版影视资源，涵盖电影、电视剧、动漫、综艺、纪录片、原创等精彩视频。搜狐视频界面时尚、速度流畅、操作简单，支持高清视频、离线下载，为广大用户提供一站式视频播放解决方案。

3. 搜狐视频电视剧盛典

搜狐视频电视剧盛典是一个透明、公开化的电视剧颁奖礼，向对中国电视剧产业作出过突出贡献，并对未来电视剧产业有积极影响的人物和作品提出表彰。盛典采用现场开奖的方式，由评委团现场投票揭晓。采用这种现场开奖的方式，一是为了真正体现搜狐视频在电视剧评选规则上的公开与透明，二是重新定义了新媒体在此类评奖活动中的公信力与认可度。

（1）现状

搜狐视频电视剧盛典成功举办了八届，已成为媒体与观众心中的"观剧风向标"。2010年至2011年搜狐视频电视剧盛典是以季度举办颁奖礼，自2011年年度盛典引入独立评审团后，举办时间改为一年两次。

（2）评委团构成

搜狐视频电视剧盛典评审团由大众评委、专业评委两部分构成。其中大众评委面向社会招募，由搜狐公司董事局主席兼首席执行官张朝阳亲自面试。专业评委由电视台购片主任、媒体主编、主笔或剧评人、搜狐编辑、社会公共知名人士组成。

（3）奖项设置

最佳电视剧、最佳男演员、最佳女演员、最佳男配角、最佳女配角、最佳新人、最佳编剧、最佳导演、最佳制片人、最具网络人气男演员、最具网络人气女演员（奖项设置会根据电视剧行业情况做相应调整）。

（4）奖项评选规则

最佳编剧、最佳导演、最佳制片人等专业度较高奖项，将于盛典当日下午，由评委会主席张朝阳及专业评委一同开会讨论得出。最佳电视剧、最佳男演员、最佳女演员、最佳男配角、最佳女配角、最佳新人等奖项将由评审团于盛典现场投票得出。

（5）改革创新

盛典采用现场开奖的方式，由评委团以现场投票方式揭晓，因此，评委的投票将直接左右获奖的名单，因此众多奖项都会到最后一刻才能揭晓，此举也将一改国内各影视剧颁奖礼"谁来谁有奖的陋习"。

≫≫ 5.4.7　搜狐视频五大特色频道

搜狐视频相对于其他视频网站，还有纪录片、综艺、电影、动漫及韩剧五大特色鲜明的垂直频道。

1. 纪录片频道：纪录改变态度

搜狐视频纪录片频道创办于2009年8月29日，是业内第一家新媒体纪录片平台，为纪录片爱好者提供历史、军事、自然、财经、人物、旅游等11大门类的正版纪录片。

搜狐纪录片频道同时发挥搜狐门户的媒体优势，与30余家内容机构进行合作，网络支持中国85%以上的纪录片大赛、纪录片节等大型活动，不定期举办纪录片观察论坛。

搜狐纪录片频道从创建之初就积极融入行业各个层面，与主要电视播出机构北京台、上海文广上最早达成合作协议，成为央视纪录频道的主要网络合作平台之一，独家网络支持广州国际纪录片节。同时支持校园纪录片发展，与清华大学清影工作室、半夏的纪念国际大学生纪录片节达成合作。

作为中国视频网站第一个纪录片频道，搜狐视频与国内外多家权威版权方如 BBC、大陆桥、凤凰等深度合作，联手多支国内顶级制作团队，汇聚全球众多高品质纪录片 5 万余部集，日均流量超过 400 万，单部最高浏览量超过 5 亿 3 千万。纪录片频道的营销优势在于以厚重的气质精准锁定成熟高端人群，优质内容全面提升品牌气质，定制纪录片全面、深度展示品牌理念。

2. 综艺频道：看综艺，品综艺

综艺频道主要分为综艺最看点、海外综艺、台湾综艺、卫视强档、真人秀和脱口秀等，覆盖全国 42 家卫视，网罗近 300 档当红综艺节目，日均流量超过 900 万，主流节目台网联动，外延周边内容，依托媒体化运作，让网友在琳琅满目的综艺中找到自己的最爱。

综艺频道的营销优势在于台网联动与媒体化运作确保流量稳定，提升内容品质，为品牌带来稳定曝光与气质提升。

3. 电影频道：赏片，审片，评片

电影频道携手 BBC、迪斯尼、华纳等全球权威版权方，拥有 1800 部高清正版影片，周边内容超过 4500 集，日均流量超过 700 万，拥有巨大传播力和影响力。开办三档独家电影栏目《第一审片室》、《独家纪录片》、《人文影展》；与用户体验优质的豆瓣影评互通；自身产品开发的"影评看点"功能，为用户搭建了一站式赏、审、评的互动平台。

电影频道的营销在于在带来超高流量、稳定曝光的同时，用媒体化运作和一站式产品汇聚更多影迷中的意见，带来广泛二次传播，营销效果更超值。

4. 动漫频道：动漫不只是孩子看

搜狐视频动漫频道网罗全球最新最热的动漫作品 2 万多部集，包含搞笑动画、冒险动画、童话动画、动作动画和原创动画，频道覆盖 95% 热门国产动漫剧集，超过 4 万部集的海量片库，全球经典动漫持续更新，日均流量 400 万。

独家播出：《美少女战士》、《阿拉蕾》、《灌篮高手》等；非独热播：《蜡笔小新》、《奥特曼》等动漫作品。同时致力为国产动画、原创动画提供宣传展示平台，热播《猪猪侠》、《巴啦啦小魔仙》等，并与北京卡酷卫视合作联动播出动画片《星系保卫战》，积极推出成年人和青少年均喜爱的网络动漫内容。

动漫频道的营销优势是亲子动漫与成人动漫专区的划分，帮助品牌精准覆盖目标受众。

5. 韩剧频道：那些年，我们追过的韩剧

2006 年首推韩娱频道，已积累数千万的忠实用户。2012 年，搜狐视频与韩国希杰娱乐达成战略合作协议，独家引进希杰经典电影、高收视韩剧、时尚综艺、音乐现场等，并整合韩国三大公共电视台（SBS、KBS、MBC）经典和首播韩剧，一场全网饕餮的韩娱盛

宴蓄势待发。

韩剧频道的营销优势是通过对韩国娱乐资源全面整合，帮助客户网聚核心消费群；将明星影响力与粉丝热情整合，找到客户攻心消费者的最佳突破口；线上娱乐与线下互动整合，客户多渠道立体广告效果升级。

≫≫ 5.4.8　搜狐视频四大核心优势

优势一：打造全面、丰富的播放平台

搜狐视频拥有国内最全面的正版长视频资源库，已收录超过 10 万部集影视剧，并全面覆盖央视及省级卫视黄金档。囊括欧洲、好莱坞、韩国、日本和港台优秀影视剧，且全部为正版高清内容。围绕年轻用户和高端用户推出了视频空间和 VIP 频道这两大针对细分人群的专属内容。

搜狐视频是国内首家引入美剧的播放平台，与索尼影视、FOX、狮门影业、BBC、迪斯尼达成了最广泛的国际联盟合作。搜狐视频集合了《国土安全》、《生活大爆炸》、《绯闻女孩》、《吸血鬼日记》、《黑衣人 3》等国外优秀影视剧作品。在国内，搜狐视频与 183 家电视频道全天候同步直播，均经过电视台合法授权，涵盖央视及地方各电视台总计 900 档电视栏目、330 档精品栏目，频道数目居门户网站首位。

电影频道：搜狐视频电影频道有着海量的高清电影资源，其中电影正片 1690 部，包括好莱坞电影 500 部、华语电影 600 部、日韩电影 240 部等，除此之外，搜狐视频电影频道每天更新大量国内外第一时间发布的预告片、花絮、特辑等短视频资源，这些优势都让搜狐视频电影频道成为普通网友乃至资深电影发烧友上网看电影的第一选择。

电视剧频道：搜狐视频电视频道不仅拥有来自美国、日韩、内地、港台的大量热播剧集和经典节目，更独家拥有英剧、泰剧等特色剧，从大热剧集到经典节目，无所不包且独家领先，热门剧覆盖率超过 80％，搜狐视频电视剧频道是网民观看电视剧的最佳选择。

纪录片频道：搜狐视频与中国纪录片产业深入结合，并团结了一大批该领域的专业人士和相关资源，集合了全国最优秀的纪录片名人，以他们的视角打造中国最大最全的纪录片资源库，是纪录片爱好者观看影片的首选。

动漫频道：包含各类最新最热国产动画、日韩动画、欧美动画、搞笑动画、冒险动画、童话动画、动作动画和原创动画，是国内视频网站中，动画片源最多，访问量最大的动漫频道，深受动漫爱好者的喜爱。

娱乐频道：下辖原创、综艺、音乐、娱乐新闻四大板块，以"专业媒体+实体运营"为理念，以最具优势的内容服务为支点，结合影视投资、艺人经纪、商务开发等实体化运作的形式，构成了搜狐娱乐首创的产业布局。通过加强与传统媒体的互惠合作，致力于开拓媒体运营新平台，凭借更高层次的视角展望娱乐市场新需求，构筑完整的娱乐产业链条。

新闻频道：搜狐视频新闻频道除了具备海量、全面等门户网站的特点外，还充分发挥了视频媒体的特质，收录国内、国际、军事、科技、财经、社会、生活、旅游等领域的新

闻事件。

电视直播：搜狐视频建立了中国互联网最大的电视台直播中心，183 家电视频道全天候同步直播，均经过电视台合法授权，涵盖中央到地方各电视台总计 900 档电视栏目、326 档精品栏目，频道数目居门户网站首位。

音乐频道：作为中文互联网第一个音乐频道，已成为汇聚华语最全原创音乐人、资讯、作品的传播平台。汇聚中文互联网最全面的音乐资讯和报道、最新最热的音乐试听，秉承"独立"的态度，以"独到"的视角，呈现"独家"的内容。

视频空间：视频空间是搜狐视频倾尽全力为用户打造的视频搜索和分享频道，用户在这里发布影评，建立专辑，收藏喜欢的视频，关注好友的视频，评论和转发视频。搜狐视频并不是国内最早提供 UGC 功能的视频网站，但视频空间却是国内发展最快的具有 UGC 功能的频道。

VIP 频频道：VIP 频道是搜狐视频针对细分人群推出的重点频道，不仅丰富了搜狐视频播放平台的内容，还提高了搜狐视频的用户忠诚度。VIP 频道除了为付费用户提供全高清影片外，还提供高清设备的外接无压缩传输，一根简单的高清线就可以将搜狐视频的正版高清内容外接到家中的大屏幕上，让用户享受高清画质。

优势二：树立权威公正的媒体形象

搜狐视频以打造中国最"权威公正"的视频媒体平台为己任。凭借 14 年门户媒体影响力的沉淀和 6 年娱乐产业运作布局的经验，搜狐视频娱乐频道已成为业内记者每日必看的资讯来源，作为业内最具公信力与影响力的视频媒体，更是成为赵本山、章子怡、赵薇等一线艺人最为青睐的娱乐门户。

影响力：搜狐娱乐频道始终以抢先一步的自采能力和永远技高一筹的策划水准激荡传媒风云，曾成功策划 2008 年梁朝伟刘嘉玲大婚完美直播、2006 年马季葬礼及 2007 年侯耀文葬礼无网络环境直播、2008 年 5 月西藏—北京无延时视频，通过在线同步启动《赤壁》官网、2008 年奥运火炬希腊—三亚—珠峰—北京全程报道、2008 年 8 月 8 日 20 小时不间断直播北京奥运开幕式、2009 年除夕独家纪录赵本山小沈阳春晚台前幕后、2009 年央视春节联欢晚会无延时直播及点播等重要事件，数次改写互联网视频直播历史，对改变行业格局起着至关重要的启蒙和推动作用。此外，还与央视国际、安徽卫视、上影集团、本山传媒、华谊集团等上百家传媒公司和影视制作机构深度合作，直接影响娱乐业。

公信力：娱乐行业从来不缺颁奖礼，奖项五彩缤纷，明星光彩夺目，但中国电视剧行业若想取得长足进步，却需要一个与众不同，能公正表彰大家所做努力的奖项。搜狐视频电视剧盛典为发扬媒体公信力，坚持现场开奖、全程透明的原则。搜狐视频对绝对公正的坚持也获得了一线明星的力挺，多位一线明星直言为了支持国内第一个坚持透明公开的投票机制的奖项，即使坐冷板凳，也依然要出席现场。

优势三：推出精彩纷呈的搜狐视频出品

搜狐视频出品囊括门户自制剧和自制栏目两大板块，是搜狐视频最具竞争力的优势内容，立足时代前沿、成为搜狐视频体现"观点"与"态度"的标志性板块。先后推出了

《钱多多嫁人记》、《猫人女王》、《夏日甜心》、《秘密天使》等极具代表性的门户自制剧以及《大棚嗙吧嗙》、《搜狐大视野》等极具特色的自制栏目。

搜狐视频门户剧凭借高投入、大制作的精品理念，已成为网络视频行业自制剧的典范。搜狐视频自制剧获得了多个专业奖项，并利用搜狐矩阵所具有的平台优势，创下了网络自制剧点击的最高纪录。搜狐视频开创性地以 2300 万投入开拍门户自制剧《秘密天使》，创下国内互联网自制剧投入的最高纪录，通过与韩国拍摄团队合作，提升了搜狐视频门户自制剧的水准，并凭借大投资、高制作水准吸引了多家韩国电视台的关注。

此外，搜狐视频筹拍的多部门户自制剧还获得了多项大奖并创下互联网点击的新纪录。门户剧成功的运作模式得到行业的广泛认可，例如《钱多多嫁人记》获中国首个国家级网剧大奖——金鹏奖；《疯狂办公室》是互联网上首部为时尚白领人打造的热播剧，播出以来广受好评；《夏日甜心》获得 5.58 亿次的网络点击率；"7 电影"全称"7 电影——移星唤导计划"，网罗了 7 位国内一线男星（刘烨、黄渤、黄磊、吴秀波、王学兵、李光洁、张默），开篇之作《坚定的锡兵》更是获得第三届金鹏奖最佳短片奖；《猫人女王》是由搜狐视频携手猫人国际联手投拍的，汇聚了国际化制作班底与众多话题美人；《秘密天使》是邀请韩国制作团队倾力打造的互联网首部自制韩剧，播出后反响不俗，受到网友们的热烈追捧。

搜狐视频出品的自制栏目涵盖娱乐事件、社会万象、焦点民生等多种类别，每年制作超过 3000 小时的原创视频节目，并输出至各大电视台播放，其中《大鹏嗙吧嗙》作为互联网第一王牌脱口秀，已经吸引到国内外观众的目光，《向上吧！少年》更是凭借精良的制作水准在湖南卫视黄金时段播出。而中国历史人文纪录片《新天空》、《先锋人物》自制栏目等深受网友欢迎，点击量迅速飙升。

优势四：引领行业趋势的产品技术

搜狐视频经过历时 6 年的布局，已拥有覆盖全国的 CDN 网络节点，与三大运营商建立了良好的合作关系，超过 100 个骨干 CDN 节点覆盖一线至三线城市，并通过业内领先的编解码技术率先在视频网站中实现了 1080P 高清视频流畅观看的用户体验。

2D 转 3D：搜狐视频独家开发的 Easy3D 技术可对所有 2D 视频在播放时进行实时 3D 转换，在家也可享受电影院的震撼效果；同时支持 3D 视频的颜色转换，一副 3D 眼镜即可观看所有 3D 精彩内容。

全格式支持：搜狐影音加速播放器除支持搜狐视频的线上资源外，更支持 34 种本地音频、视频格式文件播放，只需要一个播放器即可实现加速与本地播放功能。

离线观看功能：支持视频的缓存，在有 WiFi 时进行缓存，公交、地铁或无网络时仍能观看，视频随时随地看。

多屏互通：可通过 AirPlay（iOS）、DLNA（Android）将手机、iPad 上正在播放的视频投放到电视等大屏幕设备中播放。iPad 支持原画 1080P 播放，支持原画品质播放，最高分辨率达到 1920*1080，最适合 Retina 和大屏幕播放，与 AirPlay 结合，能够充分感受高清品质带来的震撼。

>>> 5.4.9 搜狐视频营销及成功案例

无论是传统电视还是在线视频，占有优质内容永远是制胜营销的不二法则。搜狐视频在为用户提供高品质海量内容信息的基础上，敏锐把握视频传播的前沿规律，创造性地整合设计了版权视频营销产品、自制出品营销产品、UGC& 娱乐营销产品三大优质稀缺资源，创新营销产品类型，为客户的个性化传播提供了科学、全面的解决方案。

1. 版权视频营销产品：顶级资源创造核心价值

依托海量高清版权视频，搜狐视频建立起一整套强势营销体系：首先是全年顶级资源——大曝光+大影响，包括顶级大剧（国内版权大剧+海外剧）、福布斯排行榜。其次是全年热播资源——稳定曝光+广告立体展示，包括大剧尊享剧场、黄金强档+首播精选。最后是剧库超值资源——精准人群定位+稳定曝光+灵活定制八大优选剧场、垂直频道（综艺、电影、动漫、纪录片、电视剧）。

（1）全年顶级资源——大曝光+大影响

秉承"搜狐视频顶级大剧，重塑一部剧的生命。"的理念，搜狐视频认为顶级大剧有两大核心衡量标准：一是顶级品质，二是顶级影响。

顶级品质包括导演主创、出品机构、行业评价，等等。搜狐视频顶级大剧网罗了海清、吴秀波、张嘉泽、六六、高群书等电视剧行业最具价值的编剧、导演和明星，同时汇聚了中国最优质的影视出品机构，如上影英皇、华美时空、唐人影视。

顶级影响包括播放卫视、内容题材、台网联动等方面。搜狐视频顶级大剧覆盖全年主流卫视黄金档，如湖南卫视、江苏卫视、安徽卫视、浙江卫视、东方卫视、央视等主流电视播出平台。而在内容题材上，搜狐视频以娱乐媒体的眼光，从网民的兴趣出发，挑选最具话题与传播效应的大剧。台网联动是指搜狐视频与同步播出的卫视平台，在前期炒作、中期播放、后期收官三个阶段打造全面、深度的台网联动。

从实战来看，顶级大剧主要有三大营销优势：大流量带来大曝光、定向人群实现精准投放、媒体运作成就整合营销。作为中国第一家引入美剧的视频网站，搜狐视频以《生活大爆炸》、《绯闻女孩》等顶级独家正版美剧资源，与美国同步追剧的播放模式，以及众多精品策划、活动等得到美剧迷的长期追捧。美剧最大的营销优势是精准锁定高端人群，整合精品策划、活动等娱乐营销手段，完美实现精准营销与事件营销的双重效果。

（2）全年热播资源——稳定曝光+广告立体展示

搜狐视频 2012 年全新打造的剧场明星产品，汇聚了当季最优质的大戏资源，保持月均更新两部王牌大剧的保鲜频率，形成季度型售卖产品。

全年热播资源的营销优势在于为客户搭载王牌资源组合，曝光更有品；正值热剧话题爆发期，流量再冲高，曝光更充分；多题材剧目配合精品媒体策划，受众最大化；立体回报供客户独家尊享，尊贵身份形象相得益彰。搜狐视频的黄金级剧场产品，两大资源包组合出击：首播精选+黄金档剧场。

首播精选剧场：汇聚主流卫视同步首播的 20 部新剧，立体化回报，具备稳定的曝光量与超高的性价比。

黄金强档剧场：囊括当前同步卫视首播的极热剧目，搭配本年度风雨大作的绝对经典大剧，组成超强资源阵容，始终保持超高的流量水平，极具价值。其营销优势在于利用黄金级资源为客户赢得黄金级价值——重磅、优质的资源组合，是客户海量曝光、信息稳定传达的保障；多元化的广告形式有机整合，客户广告效果加速提升。

成功案例 1：光明乳业赞助首播院线

①剧场冠名式投放环境，更受用户认可，客户广告渗透进网友心中，"润物细无声"。尼尔森调查数据显示，三分之一的网友对剧场的整体感、设计风格及剧集内容抱有强烈好感，而客户广告的吸引力和接受度，也有大幅的提高。

②剧场多元化广告，如特色专区与贴片广告的搭配，使客户的传播效果优化升级。尼尔森调查数据显示，客户品牌的认知度、喜好度、预购率及推荐率综合提升，客户阶段性营销目标完美超额达成。

成功案例 2：神剧 *LOST* 与奔驰 GLK 的 "Found" 之旅

①合作缘起：*LOST* 精准覆盖奔驰 GLK 人群。

奔驰 GLK 目标受众：社会高端精英人群，以男性为主。美剧 *LOST* 受众以男性居多，年龄在 30 岁以上的占 51%，大学专科以上学历占 85.1%，家庭月收入 6000～10000 元的占 42.7%。奔驰 GLK 希望传达 "摆脱 LOST，Find your way" 的品牌精神，在经典美剧 *LOST* 的基础上，定制 "Lost & Found" 主题活动，推广品牌理念并深入影响潜在消费人群。

②三大营销策略实现精准覆盖。

精准营销：奔驰成为独播剧 *LOST* 合作伙伴，精准覆盖高端精英人群。营销手段包括专题、视频播放页、追剧日志等方式。定制营销：品牌定制线上 "Lost & Found" 活动，品牌与剧情紧密结合，传递品牌精神。营销手段包括展现奔驰 GLK 穿行于剧中 "荒野小岛" 场景、*LOST* 六型人格测试、"迷城记" 征集都市人的 LOST 故事。植入营销：品牌植入搜狐视频自制栏目，多渠道传递品牌与产品信息。营销渠道包括《明星在线》、《大鹏嘚吧嘚》以及《潮流实验室》等。

③奔驰 GLK 实现多点回报（推广期内）。

专题页面总 PV2.6 亿次、视频总播放次数 2 亿次、追剧日志专题总 PV120 万、*LOST* 六型人格测试人数 3.8 万、*LOST* 迷城记阅贴量 13 万、《大鹏嘚吧嘚》节目日均 PV17 万。长尾效应：与 *LOST* 的成功合作，促使奔驰在推广 E 级轿车时仍将目光锁定在搜狐视频独家美剧《泰若星球》。

（3）剧库超值资源——精准人群定位+稳定曝光+灵活定制

搜狐视频久经实战考验的经典剧场，资源覆盖全站所有常规电视剧和电影逾千部，精准覆盖白领、家庭、年轻、高端等八大类人群，实现海量资源下的超精准营销，堪称网络视频投放的性价比之王。剧库超值资源的营销优势在于更明晰的受众定向，客户广告效果升级。精英剧场，有效锁定都市商务精英；白领剧场，精准面对都市白领阶层；伊人剧场，时尚优越女性的首选；青春剧场，年轻潮尚男女紧跟时代；宫廷古装，年轻优雅女性的最爱；家庭情感，深受广泛都市家庭青睐；睿智剧场，高端睿智人士的娱乐专供；男性剧场，都市家庭男性的视听大餐。

成功案例3：搜狐视频全球同步首播31部美剧：发力国际版权

2012年9月12日，搜狐视频宣布将陆续提供包括《国土安全》、《灭世》、《破产姐妹》、《老妈和奶爸》、《摩登家庭》、《生活大爆炸》、《疑犯追踪》、《美版福尔摩斯》、《绯闻女孩》、《尼基塔》等热门大片在内的31部美剧的全球同步首播。在提供上述热门美剧全球同步首播的同时，搜狐视频还将充分利用在线视频的特性，使用媒体矩阵进行全方位互动营销。其中包括发起2012秋季档美剧巡礼、开展全国规模的大型线上活动、组织地面沙龙和论坛等。

此外，搜狐视频还与新浪微博、搜狐微博、腾讯微博、搜狐视频空间、QQ空间等社会化互动媒体全面打通，使用户在收看直播的同时，可以将观看体验一键发至上述平台，与各平台的好友同步分享。搜狐公司副总裁、搜狐视频CEO邓晔表示："搜狐视频作为视频产业中的领先企业，拥有国内最大的正版视频内容库，也是极具公信力和影响力的媒体平台。作为最早将正版美剧引入中国市场的视频网站，搜狐视频将为广大用户提供最全、最新的美剧内容，以及最丰富、最立体的观剧体验。"

作为最早大规模与好莱坞知名电影、电视公司合作的互联网企业，早在2009年，搜狐视频就曾携手华纳公司推出囊括华纳旗下近百部影视剧的华纳专区。

2010年，搜狐视频成为迪斯尼、BBC等国外著名版权方在中国内地的战略合作伙伴；与迪斯尼联手打造最具特色的家庭亲子动画专区；独家播出《神探夏洛克》、*Top Gear*等BBC经典作品。

2011年9月，搜狐视频与美国20世纪FOX公司达成战略合作协议，在3年内陆续引进FOX提供的400余部最新大片；与美国知名电影、电视公司狮门影业达成战略合作协议，成为其在中国内地授权的深度合作伙伴，狮门影业除了给搜狐视频提供近300部精彩影片，还在片源提供、资源共享等方面提供更大力度的支持。

2012年4月6日，搜狐视频宣布与美国索尼影视达成合作协议，在未来的3年内，索尼影视会陆续提供600部最新大片及经典影片的网络播放权。搜狐视频在国际影视剧、综艺节目版权上的积极引进与保护，已经在国际市场上为中国在线视频行业赢得了良好口碑。美国投资机构Citron近日发布报告称美国资本市场看好中国视频行业前景，"搜狐视频目前在中国视频市场份额排第二，根据优酷并购土豆的估值，搜狐视频应该比土豆值钱，其视频估值可以为搜狐每股增加12.61美元"。

知名数据咨询机构Hitwise公布的2012年7月国内主流视频网站市场份额排名显示，优酷、搜狐视频和迅雷排行前三，其中，搜狐视频增幅最大，以4.32%的速度迅速攀升，与第三名逐渐拉开显著的竞争差距，在总体市场中的份额达到了14.48%，牢牢占据了视频行业前三甲的位置。业界分析人士表示，凭借独特的选剧与造剧能力，搜狐视频已加速行业格局重塑的进程，而这一优势也被沿用到搜狐视频国际版权合作的案例之上。在完成与众多国际知名影视公司深度合作，助力"互联网院线"的成熟、成长的同时，搜狐视频未来的盈利之路也会同步拓宽。

成功案例 4：百洋·迪巧借势《心术》升级视频营销战略

三星、别克、中国平安等 17 个主流品牌客户牵手搜狐视频，成就了大剧营销的经典案例。其中的百洋·迪巧（以下简称"迪巧"）更是以此为契机，升级了自己的视频营销战略。

①合作目标分析：首先是最大化品牌曝光，借势让迪巧 TVC 广告在互联网上最大限度地曝光，引发关注。其次是品牌专业形象传递，传达迪巧专业、安全的品牌形象以及产品不伤害宝宝味蕾的 USP。最后是品牌好感度提升，让更多 25～40 岁的年轻妈妈知道迪巧、了解迪巧、信任迪巧、选择迪巧。

②大剧营销升级：针对迪巧三大需求，搜狐视频大剧营销全面升级，包括台网联动升级、媒体运作升级、视频互动升级、量身定制升级。其中，台网联动升级是指搜狐视频与天津卫视强强联合，最大化《心术》社会影响力。搜狐视频台网联动《心术》宣传片在天津卫视每晚两集《心术》中间黄金时段播放，同时搜狐视频当家主持人大鹏与赵忠祥坐镇天津卫视《大剧档案》聊《心术》。同时 5 月 12 日护士节天津卫视、搜狐视频举行盛大《向上吧 心术》加油会，以背景板、主持人口播等多种形式体现迪巧赞助身份，多家平面、网络媒体报道。

媒体运作升级是指搜狐视频千万量级媒体化运作《心术》，创大剧流量峰值。使用包括活跃传媒框架广告、火车站广告、晶茂传媒电广告、搜狐门户倾全矩阵资源推广等大剧运作策略，使《心术》播放量 4 天突破千万，首月突破 4 亿，单日播放 2300 万创大剧播放最高峰。

视频互动升级是指首次商业化搜狐视频全新互动产品"狐有礼"，强化消费者交互。消费者观看《心术》的同时，有机会获得掉落的定制迪巧礼盒，点击可获得客户电商平台代金券。将用户观看视频时掉落的礼包定制成迪巧 LOGO，最大化提升迪巧品牌曝光，强化品牌与消费者的交互及品牌好感度。活动进行 1 个月，共近 20 万人次点击迪巧礼包进入狐有礼活动专区。

量身定制升级是指专业打造话题栏目及评选活动，有效传播品牌。搜狐视频与迪巧联合打造《心术三人行》栏目，邀请剧中主创与医界孙东东教授共同探讨医疗话题，解析剧中情节。该栏目至今播放量超过 25 万，植入迪巧产品礼包，同时，结合剧情策划内容营销，定制《我心中的好医生》评选活动，选取剧中四大角色，网友可在页面中通过送锦旗支持自己喜欢的医生，从而搭建迪巧与消费者沟通的桥梁，有效传递品牌专业、安全的特性。活动执行 1 个月，参与人数突破 15 万，120 份迪巧礼包、3000 份现金券全部送出。

③传播效果：迪巧贴片上线仅 1 个月，曝光超 1 亿 500 万，同时品牌认知度由之前的

22%上升至49%，美誉度由20%上升至37%，预购率由35%上升至46%。

2. 自制出品营销产品：气质出品打造精品

搜狐视频节目诚意出品，积淀6年原创视频制作与13年门户媒体推广经验，引入顶级电视制作团队，用专业态度做节目，彻底撕下网络自制节目低端形象标签，先后打造出《搜狐大视野》、《大鹏嘚吧嘚》等多档精品风格栏目。《搜狐视频大视野》用人文情怀去刻画历史、文化，展示社会大事件的激情碰撞，以严谨、深入、连贯的方式引领网友品味历史，赏析社会百态。

《搜狐大视野》是目前视频网站投入最高的自制栏目，总播放次数超过5亿，日均VV244万，具备深度的文化气质。《大鹏嘚吧嘚》经历了5年的锤炼与主持人大鹏品牌的升级，自由、锐利、幽默、正义，成为中国互联网第一脱口秀节目，荣获业内玛克思影像节最佳网络节目奖。

自制出品营销产品的优势主要有三类：精准营销，软性结合，更广覆盖、更高性价比。精准营销是指不同栏目气质聚合不同受众群体，栏目投放更精准地触及客户目标群体。软性结合是指栏目制作灵活多样，用更多软性结合方式体现客户，完成15秒TVC不可承载的广告效果，融广告信息于内容，更高效地与消费者沟通。更广覆盖、更高性价比是指栏目发行至东南卫视、安徽财经、上海纪实等数十家电视台，栏目通过多渠道发行覆盖更广阔的人群，影响力升级，客户投放性价比更高。

搜狐视频自制影视出品秉承"全明星、大投入、高品质、强制作"的理念，与中国电影集团等专业制作公司保持长期合作关系，致力于打造高端精品产品。从门户剧、套拍剧到首部新媒体商业大片、纯韩剧、性感"美"剧，搜狐视频自制影视锐意革新，引领行业风向标。

搜狐视频自制影视出品特色鲜明、好评如潮，在各种影视类评比中斩金获银。其中，《钱多多嫁人记》作为全明星阵容的首部门户剧，荣获中国首个网剧大奖——金鹏奖最佳网剧奖；联合天娱传媒首度试水网络套拍剧《夏日甜心》，开精品纯爱短片先河；"7电影"是搜狐视频与中影集团结盟，推出"移星唤导7电影"计划，集结刘烨、黄渤、王学兵、黄磊、吴秀波、李光洁、张默7位一线男影星跨界执导7部影片；《秘密天使》是一部投资高达数千万的巨制大作，国内首部全面跨国合作的自制剧，韩国著名制片人宋贤英、知名导演赵云以及有着"韩国喜剧之母"美誉的文善姬组成豪华三人组全盘操刀；《猫人女王》在北京、泰国两地取景，来自好莱坞的导演、摄影、后期制作班底全面打造首部性感"美"剧。

2012—2013年搜狐视频影视出品也将推出更多的精品好剧，其中最具看点的主要有几下几部：

（1）《钱多多备嫁记》。继2011年《钱多多嫁人记》火爆后，搜狐视频延续"钱多多"热潮，再次出击，清新浪漫打造备嫁记：末日了，相爱了就快结婚吧！《爱情公寓》系列导演韦正指导，刘心悠、蒲巴甲、丁子峻、乔任梁（演员全部暂定）联袂出演，再掀热潮。

（2）《攻心四美》。四大网络美女作家人气小说改编四部微剧（匪我思存《来不及说我爱你》、桐华《步步惊心》、人海中《钱多多嫁人记》、明晓溪《泡沫之夏》），四大超人气美男领衔主演：霍建华、严宽、乔振宇、钟汉良。梦幻无敌、虐心之作、帅气飙升、人气爆棚是这部剧的亮点。

（3）《北极星的夏天》。搜狐视频系列微电影，清新纯爱浪漫登场，强打 2012 毕业季。大学毕业前，5 个女生的在流星下许下愿望，要永远做朋友。一串"北极星"项链在她们之间不断传递，带出 4 人不同的爱情与永恒的友情。新生代偶像明星拟请：佟丽娅、林更新、周韦彤、卢芳生、林鹏、黄轩、李治廷等。

（4）《肩膀计划》。搜狐视频导演星计划全面开启，大牌明星助演新导演作品，大师导演点评成片，一语千金，搜狐视频集平台推广与媒体话语于一身，助力新导演梦想起航。这一次不再是张艺谋成就章子怡，而是章子怡成就下一个张艺谋。演员拟请：蒋雯丽、王珞丹、李小冉、邬君梅、刘烨、余少群、蒲巴甲等。

（5）独家套拍微剧《被时光掩埋的秘密》。编剧：桐华（《步步惊心》）、导演：曾丽珍（《来不及说我爱你》），两大电视圈当红情感女王首度强强联手打造《被时光掩埋的秘密》，三地超人气偶像钟汉良、张钧甯、贾乃亮领衔主演，湖南卫视独播，必将掀起新一轮偶像剧风暴。搜狐视频独家套拍微剧由原班人马打造，女主角与 2 个男主角的情感纠葛在微剧中真正揭晓结局，新颖剧集形式在正剧播出后预计将引爆收视狂潮。

成功案例 5：斩金获银的《钱多多嫁人记》

搜狐视频 2011 年大手笔出击，第一波门户剧《钱多多嫁人记》震撼上档，力邀电视制作班底及明星刘涛、陈楚河联袂打造。搜狐视频千万资源推广运作，联动全国 60 家主流媒体报道，剧集开播 1 个月点击量突破 5000 万。

四大客户：北京现代、巴黎欧莱雅、新百伦、TOTO 鼎力支持，客户品牌、产品、专卖店等巧妙软性植入剧中，搭载剧集热播及剧集推广，高效曝光。

播出平台：《钱多多嫁人记》输出旅游卫视、数字电视碟市频道，正式落地北京、上海、浙江、江苏等全国 27 个省市以及手机终端 CMMB 等多渠道。

深受好评：获得广电总局颁发中国首个网剧大奖——金鹏奖最佳网剧奖。先后参展亮相戛纳电视节、香港国际影展。"钱多多"品牌影响力在运作下获得大力提升。

成功案例 6：《猫人女王》演绎性感时尚（见图 5-65）

①合作背景：猫人作为中国时尚内衣领域的领导品牌，正全力寻求时尚领域的新突破。"I'm Sexy"的全新定位亟待确立为品牌主导。

搜狐视频与猫人品牌共同开创剧情与品牌深度集合的全新模式，性感"美"剧《猫人女王》，吹响了打造猫人品牌性感新活力的号角。

②推广策略：猫人品牌与剧集内容自然融合，革新了过去的硬性植入模式。人物锁定，剧中主要人物设定为猫人公司时尚总监，巧妙带动剧情发展，故事以模特圈作为背景，自然体现数十款猫人产品。

图 5-65　猫人女王

③营销效果：内容升级带动猫人品牌人气，2012 年 6 月中旬猫人天猫旗舰店访问量迅猛翻倍。同时猫人品牌借势打造"女王"系列性感内衣产品，未来将投放市场。6 月 7 日第一集上线，第 5 天播放量破千万，第二集上线当天播放量突破 700 万，在 2 个月推广期内播放量突破 1.3 亿。

3. UGC& 娱乐营销产品：顶级娱乐定制个性活动

（1）最具消费者参与度的 UGC 营销

搜狐视频作为中国重要的 UGC 上传平台之一，用户平均每天上传视频超过 10 万条，日均流量超过 5000 万，注册用户 5180 万人。

2012 年 5 月搜狐视频作为主办方及唯一上传平台，携手台北国际短片电影节及第五届全球华人非常短片创意盛典，共同打造为期 7 个月的首届两岸原创微电影大赛，启动视频原创者及新锐导演扶植计划，依托强大娱乐资源及媒体化运作优势，倾力推广，打造年度盛大的原创视频盛宴。

UGC 营销贴近草根原创强化品牌亲和力；超长活动周期，持续大规模曝光；创意视频带来更多二次传播，营销效果更超值。

（2）信息软着陆、深沟通的娱乐营销

搜狐视频作为权威娱乐媒体，以最优势的内容服务为支点，加入影视投资、艺人经纪、商务开发等实体化运作的形式，多年来积累了丰富的娱乐运作经验，为客户提供活动营销、音乐营销、代言人营销、大事件营销等多种成熟的娱乐营销解决方案。

成功案例 7：红牛新能量音乐计划，新能量挺音乐

搜狐视频连续 5 年携手红牛打造新能量音乐计划，作为权威娱乐媒体，邀请众多音乐大师，为音乐爱好者提供专业展示平台，为用户带来饕餮视听盛宴，更为品牌量身定制与音乐完美融合的整合营销。

音乐营销的优势在于借助音乐实现品牌年轻化；以音乐为支点的整合营销更具亲和力及互动性。2011 年"红牛新能量挺音乐"活动首月共计征集原创音乐作品 2 526 首，音乐选手共计 677 组，投票数高达 1 460 994 票。活动首月，活动网站总 PV 达 2 859 725、活动首页 PV：1 675 551、日均 PV：9 5324。通过海量推广资源，百余篇新闻报道，打造全年最盛大音乐事件，推广资源总点击近 2700 万次。

另外，5 期定制音乐节目《追梦日记》共计播放 35 万次；7 期原创王牌节目《大鹏嘚吧嘚》软性植入，2 个月总流量超过 2 千万，并形成海量二次传播；7 场红牛不插电演唱会抢票活动吸引超过 5 万人参与。

成功案例 8：借势 2011 戛纳电影节，欧莱雅成就经典事件营销

搜狐视频作为国内主流视频媒体，以直播及点播形式对全球大事件进行视频报道，成功推出神九发射等大型视频专题，汇聚各大媒体声音，海量新闻资源，并以专业报道团队直击北京国际电影季、奥斯卡颁奖礼、戛纳电影节等全球娱乐盛事，为网民呈现全方位的视频报道第一现场。2012 年下半年，搜狐视频继续对美国大选、威尼斯电影节等重大事件进行全面、实效、有观点的报道。大事件营销优势在于搭载全民关注的重大事件，集中爆发式曝光，深化品牌印象。

在戛纳金色专题推广中，根据巴黎欧莱雅独特金色主题定制专题主视觉和头图，让巴黎欧莱雅成为中国人气最高、认知度最高的戛纳电影节合作伙伴；该专题一个半月推广期的总浏览量达到了 23 888 507 人次；新闻报道内容处处凸显巴黎欧莱雅官方赞助商身份。品牌赞助商身份体现在每一个与戛纳电影节相关的新闻素材；强化巴黎欧莱雅品牌代言人范冰冰、巩俐为代表的明星宣传报道，凸显巴黎欧莱雅彩妆产品所推崇的金色彩妆产品；特别制作《好莱坞明星街拍》戛纳特刊，全方位回顾并热辣点评戛纳盛典各大红毯秀造型，强调巴黎欧莱雅中国代言人团队的完美表现，本专题的总浏览量达到了 251 306 人次。

6 / P2P模式典型案例分析

THE
FUTURE
OF
MEDIA
SERIES

6.1 概述

Peer to Peer 即对等计算或对等网络,通常简称为 P2P,可以简单地定义为通过直接交换,共享计算机资源和服务。在 P2P 网络环境中,成千上万台彼此连接的计算机都处于对等的地位,整个网络一般来讲不依赖于专用集中服务器。网络中的每一台计算机既能充当网络服务的请求者,又能对其他计算机的请求做出响应,提供资源与服务。通常这些资源和服务包括:信息的共享与交换、计算资源如 CPU 的共享使用、存储资源如缓存和磁盘空间的使用等。

基于 P2P 的网络电视采用了一种基于 P2P 平台的全新的流媒体播放技术,它充分利用 P2P 网络的优势,采用特有技术,可直接连接到其他多个用户的计算机节点,利用自动式文件分块重组方案,可做到一边下载一边播放。目前国内外有很多基于 P2P 流媒体播放的网络电视,比如 Joost、QQLive、迅雷等。

6.2 Joost

Joost 原名 Venice Project,是一款基于 P2P 技术构建的全球性新型宽带网络电视服务的网络,即 Joost 是在互联网上看电视新的方式,用户可以使用 Joost 免费观看全球各个地区的电视节目。用 Joost 在线观看的电视节目画面清晰,速度流畅。用户可以随时和观看同一频道的人在线聊天,为观看的频道打分。

Joost 开创了网络视频娱乐新纪元,作为新生代的视频娱乐平台,其结合了电视娱乐的高质量享受以及网络互动的无穷乐趣,把个性化的娱乐互动内容,通过专业的手段,传播给广大用户。Joost 平台能让节目内容更具吸引力及传播效果,具有高清流畅、互动以及随时、随地、随意地观看节目的特点。

≫ 6.2.1 Joost 发展历程

2006 年，Skype 公司的创始人弗里斯和曾斯特姆拿出部分资金投资到名为"威尼斯工程"的网络电视服务，其主要工作就是 KaZaA、Skype 使用点对点电视技术开发一个交互式软件，在网上能共享电视节目和其他形式的视频。公司高层过去一直以代号"The Venice Project"（威尼斯计划）称呼这家新公司，2007 年 1 月 16 日，公布正式名称为"Joost"。

Joost 与"juiced"果汁谐音，在丹麦文中没有任何意义，选择 Joost 是因创始人喜欢这个词的发音。Joost 从问世以来就引来无数关注，一度被称为 Youtube 的杀手，从最初一家 P2P 文件共享网站转型为网络视频网站。

2007 年，美国《时代》周刊年度 50 个最受欢迎的网站评选中，Joost 以网站的成长和发展前景、内容和可用性以及独特性和创新性等方面的优势，获得音频和视频类网站排名第七的好成绩。

Joost 最初用户需下载一款视频播放软件才能观看视频节目，而 HULU 使用简洁的网页界面，取得了较大成功。2008 年 10 月，Joost 向 HULU 学习，放弃了客户端模式，全面转向网页版 Flash 模式，提供基于 P2P 技术的网络视频服务。

2008 年 12 月 13 日，Joost 和 Facebook 实现融合，Facebook 用户可以直接登录 Joost，并可以和好友一同观看视频。具体来说，Joost 加入了 Facebook Connect 平台。Facebook 用户可以使用账号登录 Joost 网站。登录之后，用户可以和其他 Facebook 好友进行沟通互动。比如查看哪些朋友在 Joost 上，他们都在看什么视频，等等。

2009 年 7 月，Joost 公司宣布将更改原有的战略，进行重组，转型成为有线电视、卫星电视和广播等媒体公司的"白色标签"（White-label）视频平台。Joost 同时宣布，公司首席执行官沃尔皮将会离职。此外，公司还将会进行裁员。

我国台湾地区知名门户网站 PChome Online 原有意于 2008 年引进 Joost，但在该年年底因合约谈不拢而使合作计划暂缓，使得 Joost 正体中文版的发布计划延后。

在内地，与 Skype 营运方式类似，Joost 与 TOM 集团合作，由合资公司为中国内地用户提供简体中文视频节目。TOM 负责 Joost 在中国的市场开拓与业务营运，Joost 负责技术开发支持。双方通过与国内众多的内容提供商合作获取正版节目资源。目前，与 TOM 合作的中国版 Joost. tom. com 已经停止服务。

Joost 的问题在于流量低和创收困难。市场研究公司 comScore 的数据显示，2009 年 3 月 Joost 独立访问用户为 52.3 万，HULU 为 4160 万，Fancast 和 TV. com 分别为 83.3 万和 350 万。

2009 年 11 月，美国网络广告公司 Adconion 媒体集团（以下简称"Adconion"）宣布以未公开的价格收购了网络视频公司 Joost 的资产，其中包括技术和商标。同时，Adconion 将接收约 12 名 Joost 员工，并计划继续运营 Joost. com 网站。

6.2.2 Joost 业务架构

Joost 业务模式主要是通过 Joost 平台，提供电视及网络相结合的视频娱乐体验及丰富、正版且完全免费的节目，吸引社会中坚消费群体为用户，吸纳广告主投放广告，与内容提供商进行广告收入分成。

1. 业务模式

Joost 业务模式如图 6-1 所示。

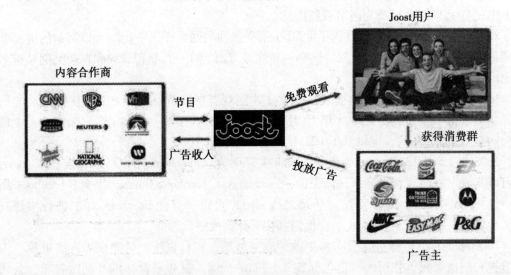

图 6-1　Joost 业务模式

2. 业务特点

（1）高速清晰：全程无缝拖拽技术，使所有互联网用户获得更清晰、高速的观影体验。

（2）内容丰富：涵盖国内外大量各类型视频资源和资讯，任意点播，免费呈现。

（3）互动性强：在线即时沟通技术为合作伙伴带来与消费者充分、深度沟通的机会。

（4）针对性高：先进的技术，更有针对性地向特定消费群进行广告精准传达。

6.2.3 Joost 网站特点

1. Joost 的界面

Joost 公司创始人作为全球网络界教父级的人物曾经成功创立过 KaZaA 和 Skpye。通过先进并且安全的点对点视频流媒体技术，Joost 平台整合了电视及互联网的最佳体验，在 Joost 界面上，也采取了简约至上的理念（见图 6-2 至图 6-4）。

图 6-2　Joost 英文版界面

图 6-3　Joost 中文版界面

2. Joost 的特点

Joost 实际上是 Skype 和 KaZaA 开发 P2P 网络电视，通过 Joost 你可以在网上收看到电视节目。在这一点上，Joost 与国内的 PPLive、PPStream 及 QQLive 等没有太大的区别，但与 PPLive 等不同的是，Joost 不仅是免费电视，而且更像家里的录像机，用户可以任意选择节目，控制节目的播放；同时，Joost 还是一个社区，用户可以在看电视的同时，与其他观看相同节目的网友进行交流。使用 Joost，用户可以得到传统电视的视觉享受，包括

图 6-4　Joost 网站页面

良好画质的影片效果，与朋友一起分享电视的乐趣。

Joost P2P 模式如图 6-5 所示。

图 6-5　Joost P2P 模式

Joost 凭借自身在点对点技术平台上的优势及经验，为用户提供与众不同的视频及互动服务。比起传统流媒体服务，Joost 可以更有效率地提供更安全的服务，Joost 网站具有以下特点：

先进的可升级技术：基于 Joost 独特技术平台，码流会随着用户增加而增强，因此节目越受欢迎，观众的视频娱乐体验越好。

国际传播功能：Joost 是一个全球性的网络视频娱乐平台，全球 Joost 用户都有可能成为您的观众。

内容合作商品牌管理：Joost 为每位内容合作商设立独立的频道，内容合作商的 Logo

清晰可见，并可选择节目在什么地区播放、如何播放，是观众认识品牌的有力渠道。

用户化功能：Joost 可为内容合作商设置 overlay（一种广告界面），为每位内容合作商提供与观众充分交流的平台。

全球版权管理：Joost 可根据内容版权情况设定全球观看的区域限制。

内容保护：Joost 使用独特技术，使得节目内容不被盗用或非法传播。

▶▶▶ 6.2.4 Joost 的优势

Joost 为用户提供能与普通电视节目相媲美的不中断视频服务。对于广告商，这个新平台可以为它们带来与电视规模相当的用户群，更加先进的定向性投放，更加精确的广告监测手段，以及与用户更加深入的互动。Joost 网站具有以下优势：

1. 完美的视觉享受促进了用户的使用信心和频率

（1）全屏高清流畅与电视媲美的清晰画质。

（2）全球领先技术使得画面流畅播放。

（3）用户按个人喜好编辑自己的播放频道。

（4）清晰友好的用户界面。

Joost 的视觉界面如图 6-6 所示。

图 6-6　Joost 完美的视觉界面

2. 领先的视频平台吸引全球众多内容合作商

①国内外 600 多家内容合作伙伴。

②节目类型丰富多彩，用户总能找到想要的正版节目且完全免费，节目内容更具欣赏价值。

Joost 部分内容合作商如图 6-7 所示。

图 6-7　全球众多内容合作商

3. 深度沟通的平台

（1）只要联网即可随时随地观看，不受节目时间编排限制。

（2）Joost 同时是一个社区，可以让用户就节目随时沟通。

（3）结合电视及网络的优势，可获取用户收视偏好数据与对节目的反馈信息。

（4）网络视频用户不断增加，为内容提供商的节目争取更多的观众。

Joost 的沟通平台功能如图 6-8 所示。

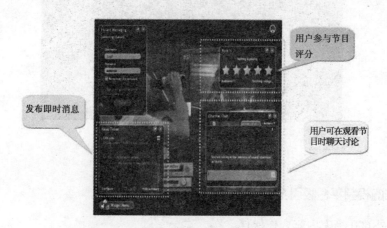

图 6-8　深度沟通的平台

4. 节目再次创造商业价值的新媒体平台

（1）不同的频道针对不同的用户，让广告人群更加精准。

（2）用户收视偏好的后台数据，使广告投放直达目标人群。

（3）具潜力的盈利模式：视频广告。

（4）将节目展示给观众，通过 Joost 平台了解观众的收视偏好（见图 6-9）。

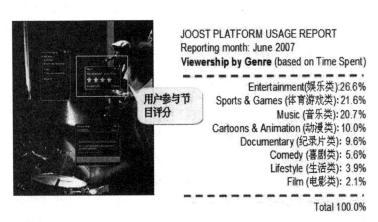

图 6-9　Joost 高价值、低风险新媒体平台

≫≫ 6.2.5　Joost 运营模式

Joost 采取的运营模式是与内容提供商按一定的比例分账。例如，分账比例为 3：7。甲乙双方将对甲方视频节目在 Joost 平台产生的广告收益进行分成。广告收益=广告收入-与该广告收入有关的税款-如有广告代理公司时扣除广告代理公司的佣金。

甲方所得收益为以下两个部分：（1）对甲方提供视频节目内容直接在 Joost 平台产生的广告收益按 3：7 分配，即甲方视频节目直接广告收益的 30%。（2）按节目类型所属频道广告收益进行分成，即甲方提供视频节目内容的点播量/该节目所属频道总点播量×频道广告收益×30%。

如果广告商由 Joost 提供那么 Joost 将获得上述相关利润的 70%，如果广告商由内容提供商提供那么内容提供商将获得上述相关利润的 70%。

≫≫ 6.2.6　Joost 失败的原因

当前，除了美国的 HULU 之外，从巨头 Youtube 到更多小型视频网站，无一不靠着风投的资本交着亏损的成绩单。Joost 是典型的 P2P 视频网站，它的失败，原因何在？对未来视频网站的发展走向究竟有何启示？

1. 缺乏内容是直接原因

网站前任首席执行官沃尔潘在接受英国卫报旗下的 Paidcontent. org 采访时表示，坚持传统电视台的"自产自销"的运营模式是 Joost 失败的主要原因。这句话暗示了 Joost 内容资源的不足。面对网络视频服务，电视媒体更多采用一种"自我发行"的运营模式，它们希望通过自己的网站播出自己制作的电视节目，对于第三方的聚合平台并不感冒。结合中国本土的情况，以 PPLive 为代表的网络电视厂商在聚合第三方资源平台方面不遗余力，从先后宣布签约凤凰卫视、湖南卫视、CCTV-6 等国内强势媒体来看，网络电视新媒体正在为开拓更好的内容发展模式而迈进，在加强与强势内容方合作的同时，逐渐成为影视产品产业链上的一环，与电视台和影院形成良好的互动局面。

内容的来源不仅要依靠电视台，影视节目也是观众观看的主要内容。P2P 流媒体技术下的视频网站，有别于土豆、优酷等分享类视频网站，原创的内容互动不可能成为业务中的亮点，然而与此同时，在中国对视频网站运营限制不断的情况下，对内容的把握和版权的合法化也是避免其陷入重重官司的最大优势。影视内容的获取可以填充内容资源的平台，而在避免同质化的竞争中，Joost 的沃尔潘还说，Joost 从成立到现在所面临的最大的一个挑战是，无法获得独家的影视内容。一些网民也许会考虑到底是用下载的 P2P 视频客户端，还是通过网页直接观看，不过最根本的问题是：网民希望看到精彩的影视内容。在这一方面，搜狐网络近期热播的《我的青春谁作主》、《南京！南京！》等影视作品，就是打了独家影视播放权的牌，可见国内外视频网站面对竞争时采取的策略是一致的。

2. 盈利能力是根本原因

纵观国内外的视频网站，对带宽的投入成为成本的最大负累。然而播放的速度又与浏览人群的数量成正比，因此对广告收入影响极大。各大网站纷纷对各自的带宽和技术进行优化，以保障观看流畅。然而不论用户数量有多庞大，视频网站依然"入不敷出"。

Joost 仅仅依靠广告创收的单一盈利模式已不能满足正常的运营需求，同时，其过高的运营成本和较少的广告收入以及其坚持传统电视台"自产自销"的自我发展运营模式是其失败的根本原因。

3. 外部环境是间接原因

在倒闭之前，Joost 已经发展到了一个不错的水平，在全球获得了 350 万独立访问者。不过随着迪斯尼公司以及 ABC 改变策略加盟 HULU 网站，再加上袋鼠网网络视频项目在英国的失败，Joost 面临的市场形势发生了变化。而当时正是美国及欧洲国家处于金融危机的时候，经济形势及市场格局的外部环境是其失败的间接原因。

网络视频虽说对传统的电视媒体构成了竞争威胁，但视频网站并非没有出路。事实上，与第三方聚合平台合作也可以扩大电视媒体的影响力，用户的损失可以由广告量的增长来填补，这不失为一个双方互利的良策。而随着娱乐生活的升级创新，越来越多的类似于视频购物这样的应用可以在视频网站上实现，新的盈利模式也将逐渐被发掘出来。一个

Joost 失败了，但面对庞大的市场需求，视频网站的运营成熟只是一个时间问题。资本、内容和运营，唯有抓住这三点，才有可能在经验的积累中走向完善经营的道路。

6.3 腾讯视频（QQLive）

腾讯视频定位于中国最大的在线视频媒体平台，以丰富的内容、极致的观看体验、便捷的登录方式、24 小时多平台无缝应用体验以及快捷分享的产品特性，满足用户在线观看视频的需求。2011 年 4 月，腾讯视频上线测试，使用域名为原腾讯播客域名（v. qq. com），腾讯 QQLive 网站（live. qq. com）已被纳入腾讯视频中同步运作。

腾讯视频 Logo 代表了：高质量、愉悦、品位、丰富。该 Logo 表达了腾讯视频将为用户带来更方便、更流畅的观看体验，以播放键为视觉载体，由象征播放按钮的三角键拼联而成（见图 6-10）。该 Logo 配色方案采用红、绿、蓝三种色彩进行搭配，组成五彩缤纷的热带鱼造型，寓意腾讯视频方便快捷的观看体验和自由丰富的选择。

图 6-10　腾讯视频 Logo

≫≫ 6.3.1 腾讯视频发展历程

腾讯视频依托腾讯强势品牌和内容资源，联合国内外影视公司和热门电视台，推出以长视频为主的影视频道集群；利用腾讯网成熟的内容采编资源，提供即时性娱乐、体育、财经类视频新闻，满足广大网民一站式视频收视需求。腾讯视频的前身为 QQLive，腾讯视频的发展离不开 QQLive 和 QQVideo（见图 6-11）。

QQLive 是腾讯推出的一款网络电视，基于 QQ 客户端庞大的用户群，用户可通过 QQ 登录，也可单独登录，提供两种观看模式：社区模式和播放器模式。社区模式集成了聊天室和论坛的内容。播放器模式拥有 16 个分类在线收看直播频道和大量正版的影视和综艺节目。QQ 用户可以随时在网上观看在线直播。QQLive 已成为国内最强的互动 P2P 平台和全球领先的互动网络视频娱乐资讯平台。QQLive2007 年 1 月至 2008 年 5 月业绩如图 6-12、图 6-13 所示。

QQVideo 是腾讯公司向用户提供的视频分享平台与互动社区。用户可免费上传视频、在线录制、观看视频、创建 V 吧、加好友，可将视频节目分享给全世界。QQVideo 给用户无限制的免费空间，带用户领略网络流行视频浪潮。

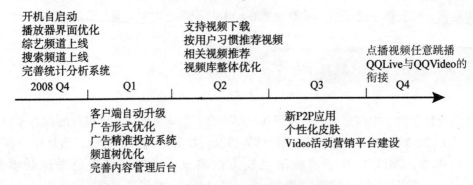

开机自启动
播放器界面优化
综艺频道上线
搜索频道上线
完善统计分析系统

支持视频下载
按用户习惯推荐视频
相关视频推荐
视频库整体优化

点播视频任意跳播
QQLive与QQVideo的
衔接

2008 Q4   Q1   Q2   Q3   Q4

客户端自动升级
广告形式优化
广告精准投放系统
频道树优化
完善内容管理后台

新P2P应用
个性化皮肤
Video活动营销平台建设

图 6-11   QQLive 与 QQVideo 同步进化

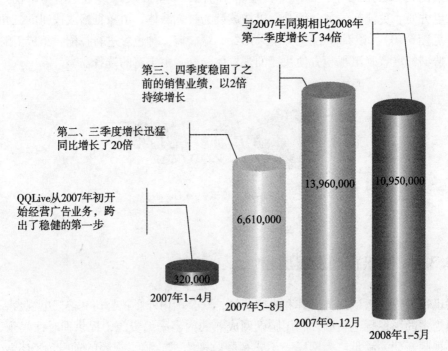

与2007年同期相比2008年
第一季度增长了34倍

第三、四季度稳固了之
前的销售业绩，以2倍
持续增长

第二、三季度增长迅猛
同比增长了20倍

QQLive从2007年初开
始经营广告业务，跨
出了稳健的第一步

13,960,000

10,950,000

6,610,000

320,000

2007年1-4月

2007年5-8月

2007年9-12月

2008年1-5月

图 6-12   QQLive 2007 年 1 月至 2008 年 5 月业绩增长数（单位：元）

随着网络视频市场的发展，2008 年起，网络视频业务格局已开始转变，纯直播、下载类视频服务，已经不能满足用户需求，随点随播、海量搜索是对视频业务的有效补充，直播+点播是网络视频行业的发展趋势。

1. 2008 年重要事件回顾——奥运

QQLive 在奥运期间为公司门户网站提供奥运视频直播支持，腾讯视频直播以 58.6% 的用户覆盖率绝对领先。

直播：同时在线人数最高突破 160 万（见图 6-14）。

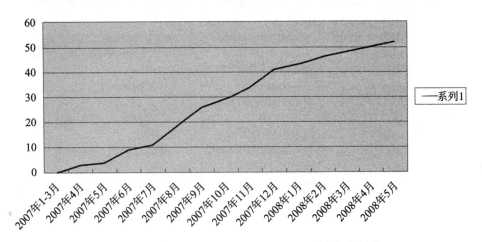

图 6-13 QQLive 2007 年 1 月至 2008 年 5 月客户增长数

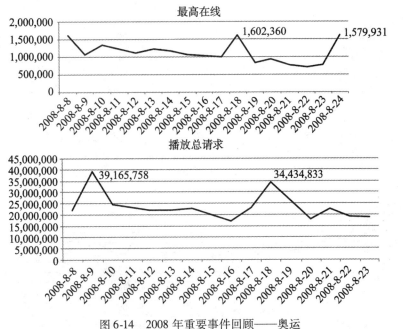

图 6-14 2008 年重要事件回顾——奥运

点播：8 月 8—24 日，奥运视频总点播请求达到 3.7 亿。其中日点播请求峰值出现在 8 月 9 日，为 3916 万。奥运单视频平均点击约 50 万，其中单视频最高点击 329 万次。

直播、点播的前期准备和运营支撑如图 6-15 所示。

2. 2008 年重要事件回顾——地震

直播："5.12"地震时日登录人数及最高在线处于低谷，随后不断上升，用户关注度

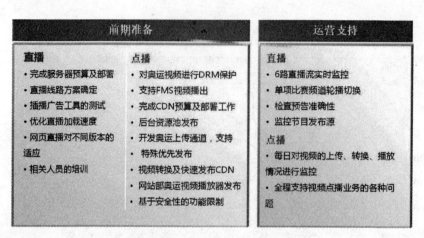

图 6-15　直播+点播准备和运营支撑情况

持续增加，地震后期逐渐回落（见图 6-16）。

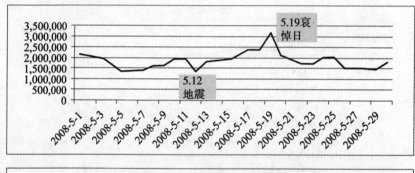

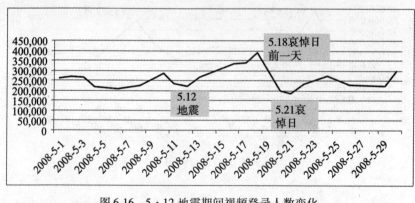

图 6-16　5·12 地震期间视频登录人数变化

　　点播：地震专题运营期间，视频请求峰值突破 1600 万，比平常高出 3 倍以上；12 天内视频每日平均请求达 1049 万（见图 6-17）。

　　对比上半年的数据，5 月日视频请求峰值比 4 月增长 1027 万（见图 6-18）。

视频播放请求统计

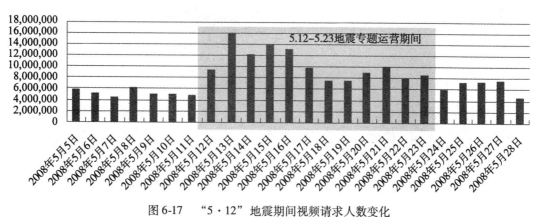

图 6-17   "5·12"地震期间视频请求人数变化

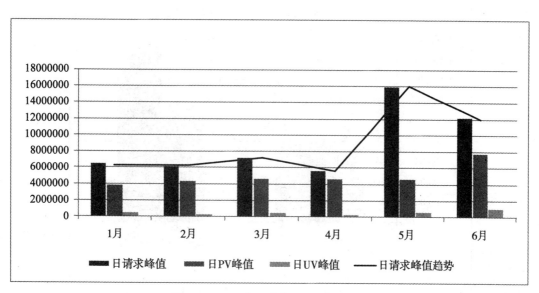

图 6-18   2008 年上半年 video 数据对比

地震期间用户上传视频增加较快，在哀悼日期间回落（见图 6-19）。

3. 2008 年重要事件回顾——春晚

在 QQ 直播平台同时最高在线低于 2007 年 60 万用户的前提下，春晚直播最高在线、直播平均在线时长仍然有所增长，活动参与度增长显著。

最高同时在线：QQ 直播平台当晚同时最高在线达到 1053070 人次，完成预计目标（100 万），如图 6-20 所示。

平均在线时长：2007 年 97 分钟，2008 年 134 分钟，增长率达 38%。

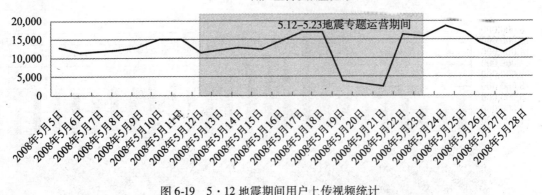

图 6-19　5·12 地震期间用户上传视频统计

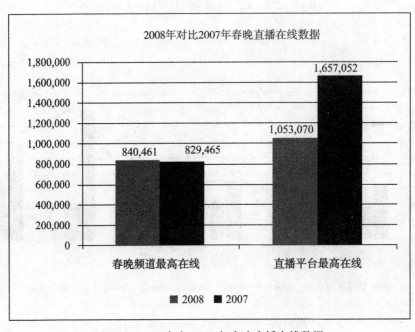

图 6-20　2007 年与 2008 年春晚直播在线数据

互动活动：2007 年我最喜欢的春晚节目有 12 万投票数，2008 年最经典的春晚台词有 961 万投票数。

4. 2008 年重要事件回顾——英超直播

直播时间：2007 年 8 月—2008 年 5 月

共直播 37 轮比赛，单场总点击量达到 45 万，最高在线达 31 万（见图 6-21）。

各事件及最高同时在线数变化趋势如图 6-22 所示。

最高同时在线用户数降低原因：

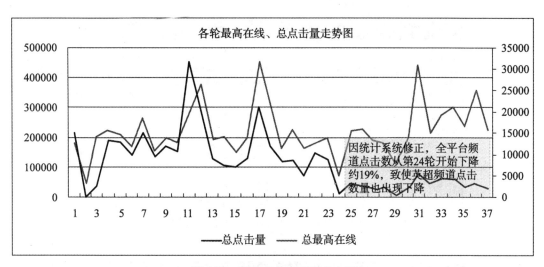

图6-21　英超各轮在线和点击量

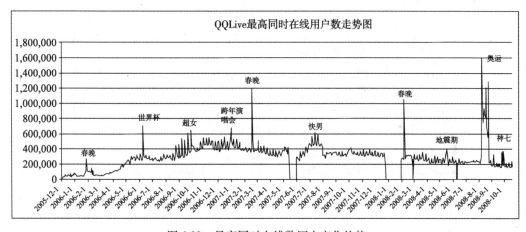

图6-22　最高同时在线数历史变化趋势

（1）行业内纯直播客户端开始提供点播服务，以及视频分享网站的迅速发展，分流了一部分用户。

（2）QQLive6.1中的聊天室功能有利于提高用户黏性，但不是发展方向，弱化后产生一定影响。

（3）目前运营精力主要放在了QQLive7.0以上版本，聊天室用户流失较多，在线用户数下降。

QQLive与QQVideo的对比如图6-23至图6-26所示。

截至2011年1月，腾讯视频总账户数2.6亿；月活跃覆盖用户8000万；日均播放量超过1亿。

18～30岁黄金群体占65%；职业多以学生族、上班族为主，是社会的中流砥柱。

QQLive

• QQLive客户端
QQLive提供视频直播及点播服务；
QQLive7.0beta版对外灰度发布，发布后用户量持续稳定上涨；
QQLive2008(7.0)版本发布，主要为奥运直播及点播，后续不断迭代新功能；
QQLive2008(7.1)版本发布，直播频道优化、新增影视、综艺频道内容。
• 后台功能完善
• 寻找外部合作机会

QQ Video

• 公司重要平台视频业务支持
如qq.com视频资源池、qzone、qqlive等
• QQVideo全面改版
• 视频上传
引导用户上传高质量视频
后台审核功能优化，活动专辑、播放器、已存问题的优化
• 奥运的视频点播支持
播放器、点播视频体验优化

图 6-23　2008 年 QQLive 与 QQVideo 对比

QQLive

• 客户端
QQLive7.0及后续版本的开发工作，主要特性为增加点播功能。
• Server
对奥运视频播放的技术准备，奥运期间的技术保障。
• P2P
在架构平台部下载P2P基础之上，进行一定规模重构，分离数据层、网络层，优化P2P算法等，并应用在QQLive点播之上。

QQVideo

• 优化QQvideo架构
提高可运营性；
优化部分服务，提高整个系统的响应时间，降低系统的复杂性。
• 完善媒体文件发布策略
降低不必要的流量消耗。
• 完善CDN外包结构
已经部署到蓝汛、网宿、自建CDN 。

图 6-24　QQLive 与 QQVideo 优化对比

QQLive

• 事件运营
奥运、春晚、英超、WCG中国总决赛、我型我秀等视频直播服务。
• 内容运营
QQLive 6.1/7.0版本内容运营工作、精品库内容收集整理、视频转换分析等；
形成相对完善的内容管理体系；
直播频道数380，版权视频750部电影、259部电视剧，播客视频1026万条。
• 合作拓展
继续加强版权内容的合作。

QQ Video

• 事件运营
奥运、地震视频点播运营支持。
• 合作运营
湖南卫视合作专区的建立。
• 内容运营
热点事件、邮件推荐、视频库内容梳理；
组织用户创建影视Q吧；
二审系统试运营。

图 6-25　QQLive 与 QQVideo 运营方式对比

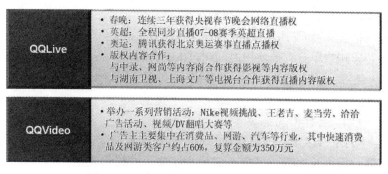

图 6-26　QQLive 与 QQVideo 重大活动对比

38% 的用户每天观看时长 180 分钟以上；40% 的用户每天都会使用。

每周的有效浏览时间高达 10146 万小时，仅次于优酷和 PPTV 排在第三位。

腾讯视频月度覆盖全国 31 个省市 8000 万独立用户，精准投放系统能为品牌广告主精准覆盖不同区域和属性的广告受众。

≫ 6.3.2　腾讯视频平台架构

1. 平台架构

腾讯视频平台构成如图 6-27 所示。

图 6-27　腾讯视频平台构成

2. 平台特征

腾讯视频平台具有在线视频服务与 P2P 客户端优势组合的特点，内容涵盖高清影视资源、资讯和原创视频。

①腾讯视频中影视、综艺内容总数超过 45000 部。

②与近百家电视台合作品牌综艺栏目。

③日均视频播放 VV（Video View）超过 7000 万次。

④QQLive70% 用户单日有效使用时间超过 135 分钟。

3. 业务模式

腾讯视频 V+四大合作模式

自 2011 年 4 月上线以来，腾讯视频的用户覆盖和流量增长至原有的 3 倍多，其中网页翻了几倍，客户端增长 40%～50%，流量快速增长的秘诀就是"V+"。从 2012 年的下半年开始，腾讯视频的开放平台——腾讯视频 V+平台已经正式启动。腾讯视频通过独有的 iSEE 内容精细化运营和多平台整合营销理念，取得了长视频用户覆盖全行业第一的成绩。腾讯有 QQ、微信、微博、Qzone 等多个中国第一的平台整合资源、积累流量，对于腾讯视频具有很强的导流优势。以优质内容为核心，让用户在这些平台里不断展现和分享它的价值，并且通过关系链实现不断分享和传播，打造腾讯视频独特价值。

腾讯视频正通过整合营销改变用户的收视习惯，即利用腾讯全平台、多触点、多终端的特点，第一时间向用户推送，用户不用搜索，也无需访问就能看到最新视频。V+有四大合作模式，包括类电视投放、运用主流媒体、结合社交分享以及原创内容植入。类电视投放能提高品牌有效曝光，运用主流媒体能提高品牌公信力，社交分享能提高品牌口碑传播效果，而原创内容植入着力于品牌的内容建设。

（1）类电视投放

V+的类电视投放方案有九大优化方式让投放更加精准：

①IGRP 补充：依循传统电视广告投放策略进行 IGRP 补充，面对电视广告 CPRP 提高，收视方式改变，贴片已成为视频核心广告方式。

②双维度定向：QQID 与 Cookie 定向双重保障。传统 Cookie 投放虽然贴近投放标准，但无法判别网吧、公司用户人群属性。通过 QQID 检核 TA 属性，辅助 Cookie 投放。

③热视频联播：黄金时间段内贴片联播，全面拦截视频核心用户。资讯类视频联播可抢占高点联播新闻，视频组合包揽黄金时间段。

④大 UV 覆盖：指定时间段内，以频控为基础，实现目标受众的最大触及率。配合销售及线下路演需求，短期内让品牌最大化接触用户。

⑤追身定投：跟踪用户行业轨迹，实现指定用户的追身定投。通过定制用户所喜好的视频进行跨频道贴片投放，根据广告点击、参与活动，或者收听特定博主粉丝投放贴片。

⑥云计算频控：透过云计算进行跨频数据统合，依照传统 TV 卖法，进行整体贴片频控。针对 PC 及移动端，进行频次控制及数据去重。

⑦深渠道投放：支持小规模、区域性投放需求。除全国、省、市（核心/一、二、三级城市）地域定向外，还可精确至"市、区"投放。灵活支持，如配合线下活动的小规模投放。

⑧多素材优化：细化至单一素材级别的频控，单一或者多广告素材的频次优化。可以进行个别素材的频控，进行接触率的设定。

⑨社交化贴片：社交资讯与视频双强组合。调用腾讯 QQ、腾讯微博、微信等社交关系链资料，如朋友关注数量、个人头像讯息，强化点击动机。贴片广告可以拉取用户的关系链，让广告讯息传递至用户社交圈，为品牌传播创造口碑。

（2）运用主流媒体

视频+主流媒体公信力可以提升品牌的信任度。以医药企业为例，腾讯视频曾为医药行业举办过一场题为"看得见的影响力"的行业沙龙。对于医药行业来说，优质的内容能够为品牌化建设提供丰富的传播土壤，广告内容与视频内容的完美结合以及资源组合，可以创造更多的传播机会，实现高性价比的广告效果。从衡量标准来说，不只是关注点击，可能更要去看互动频次、用户分享量、用户推荐等指标，这些都将是成功视频营销案例的重要考量要素。

V+营销效果显著，在腾讯网新闻频道《今日话题》中，与医疗健康相关的专题占比达 40%；腾讯问问中有关健康医疗的提问数量是 2700 万，接近"百度知道"的 3 倍；腾讯视频与医药健康相关的视频播放总次数达 2 亿次；腾讯 QQIM 医药群个数达 158 万，日均消息超过 1000 万条。

主流媒体投放案例：神舟电脑与神九飞天视频新闻合作、资讯视频贴片，展现网络视频奇效，借助大事件、媒体视角透析品牌内涵，页面总 PV2.8 亿并带来 450 万点击率，围绕社会热点事件集中贴片投放，正能量树立品牌正面影响力。

（3）结合社交分享

78.9% 的人愿意交流信息，口碑传播至关重要，视频分享和传播习惯已经逐渐形成。45.3% 的人在选择视频的时候会关注那些评论和转发次数最多的视频，21.3% 的人会将自己感兴趣的视频转发给自己的好友。

腾讯视频利用腾讯平台下视频资源进行传播，在平台内，首页各栏目下配置视频入口，固定推广。在平台外，腾讯微博、Qzone 视频传播，协同腾讯视频栏目，进行产品植入型病毒视频内容营销（见图 6-28）。

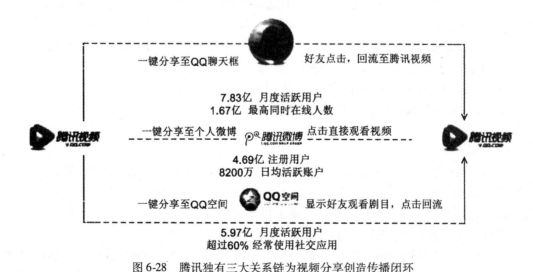

图 6-28　腾讯独有三大关系链为视频分享创造传播闭环

（4）原创内容植入

腾讯视频"全新出品"战略，是以原创内容为核心，辅助原创节目、自制网剧、微电影、短片大赛/扶持计划四大引擎保驾护航的战略，腾讯视频坚持为用户打造优质内容，将大力推进原创战略，让用户对腾讯视频的产品更加满意。

原创视频中的内容植入可加深用户品牌体验，提升好感度。内容分享是品牌与用户沟通的重要方式。在过去的半年中，95%的品牌及代理公司通过内容分享的方式和目标受众沟通。80%的用户认为内容分析能够建立品牌认知和影响力。社交平台对品牌进行全面曝光，V+微电影切合网民口味，带来更多有趣内容。

4. 业务特点

（1）平台视频完全正版

腾讯视频目前拥有 5000 余部正版授权的各类影视、综艺、动漫等精彩点播节目。

正版视频内容超过 45000 集，并且不断增强版权内容的引进力度。

与国内主流影视公司、传媒网站及电视台达成战略合作，已建立良好的合作关系。

与过百家电视台合作品牌综艺栏目，电视直播视频播放量超过百万。

合作伙伴：CCTV、东方宽频、湖南卫视、广东卫视、中影、华谊兄弟等。

（2）高清视频品质提升

一般视频网站视频清晰度较低，腾讯视频平台中 QQLive 产品下视频均为高清影视内容。

良好的观看体验极大地提升了用户忠诚度，人均停留时间高达 130 分钟。QQLive 是目前国内唯一可投放高清 TVC 广告的视频产品平台。

高质量的广告清晰度，可完美展示广告的每一处细节，提升受众对推广产品的良好印象。

（3）腾讯 SNS 互动传播

视频广告在腾讯 Qzone "看视频"产品内可得到良好传播，看视频产品为 Qzone 个人空间内全新的功能应用，展示个人及好友观看、分享、评论、转载的视频内容。

广告主视频可投放到首页，用户在个人空间内即点即播，分享的视频可实时显示到好友空间 Feeds，好友可对其再分享、转载、评论。

腾讯微博对视频分享的有效支持：①视频可通过微博平台进行用户自主传播。②新版腾讯 IM 与腾讯微博无缝集成，保证海量用户参与分享和讨论。

5. 业务范围

平台战略：腾讯集团奉行互联网全平台战略，腾讯视频作为该战略的重要组成部分，获得来自平台的大力支持，包括强大的用户基础和雄厚的资金储备。同时，腾讯视频拥有较为成熟的 P2P 业务，并逐步延伸到移动手机视频服务。基于平台的交叉销售，不仅增加了流量，也带来了丰富的广告客户资源。

内容全面：腾讯视频同样覆盖完整的视频内容形态，包括用户原创视频、影视剧、自制剧和电视直播。为了在竞争中脱颖而出，腾讯视频不遗余力地进行内容投资，包括斥资

3.6 亿元购买影视剧版权，投资 1 亿元用于自制剧制作等。

跨界合作：2011 年 5 月，腾讯斥资 4.5 亿元购买华谊兄弟的股份，成为华谊兄弟最大的机构投资者。同年 10 月，又斥资 2.1 亿元投资于中国文化传播集团。除了金融投资外，腾讯视频还与许多娱乐公司建立合作关系，包括天娱传媒、英皇娱乐等。

≫≫ 6.3.3 腾讯视频技术架构

1. 系统架构

腾讯视频系统架构如图 6-29 所示。

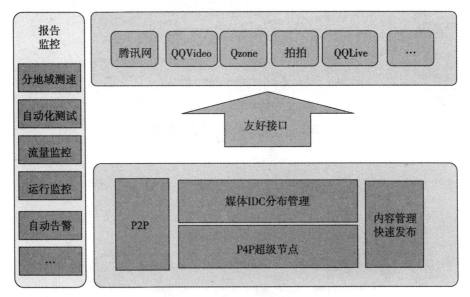

图 6-29　腾讯视频平台支持体系架构图

（1）平台支持目标
①能适应突发事件视频直播、点播的需要。
②提高网络稳定性和可扩展性。
③与被支撑业务产品平滑对接。
（2）主要途径
①完善视频网络架构。
②完善支持平台监控体系。
③完善支持平台统计系统。
④开发比较完善的平台接口。
QQLive 流媒体系统架构如图 6-30 所示。

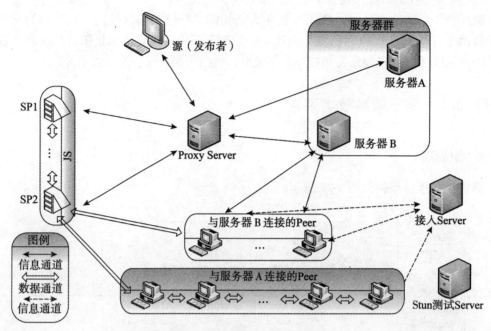

图 6-30　QQLive 流媒体系统架构

2. 核心技术

（1）P2P 优化效果及 QQLive 技术研发路线图，如图 6-31、图 6-32 所示。

图 6-31　P2P 优化图

　　网络的构建及维护：决定系统的可扩展性、可维护性、稳定性，以及系统运转的效率。
　　Buffer 管理：根据具体的应用来选取合适的 Buffer 管理策略，例如直播与点播的 Buffer 管理策略不相同。

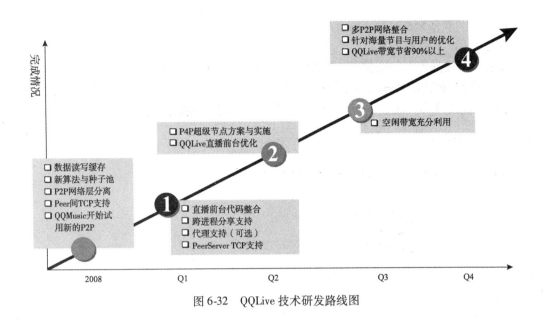

图 6-32　QQLive 技术研发路线图

伙伴节点的选择：决定系统运转的效率，伙伴节点过多，则造成系统维护开销过大；伙伴节点过少，则造成系统的稳定性差。伙伴节点的质量差，则系统的服务质量难以满足 Streaming 的需求。

数据传输的优化调度：决定流媒体数据传输的 QoS。

（2）QQLive P2P 流媒体播放，如图 6-33 所示。

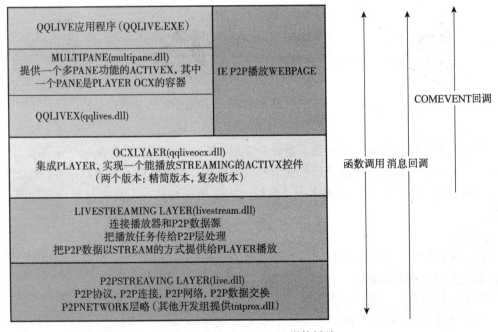

图 6-33　QQLive P2P 流媒体播放

（3）P2P 数据交互概要：

①从 Client 的视点来看，一个 QQLive Client 和 Server 交互两件事情。

②登录，注册网络状态信息；获取 SP，Peer 信息，播放的文件信息。

③连接 SP 和其他 Peers，得到 Stream Data。

④然后就是 Client 通过 Server 筛选合适的种子与其交换数据。

3. 服务端介绍

（1）P2P Streaming——网格形（见图 6-34）

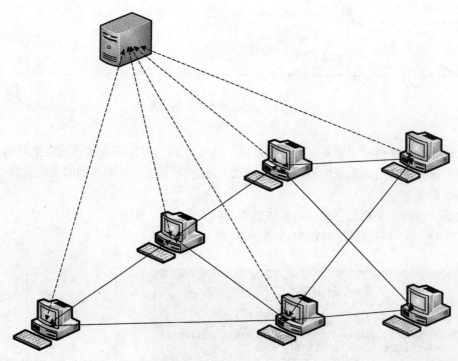

图 6-34   P2P Streaming——网格形

同样采用服务器控制，服务器负责成员管理、播放时间同步，分配用户正在参与的其他用户信息。客户端与其他用户进行通信和数据交换。与树形最大的不同是客户端之间的数据交换没有严格的顺序，是无序的，数据源的选择和数据的交换依靠客户端的算法来实现。

优点：

①充分考虑用户间网络的差异性，部分网络状况较差的用户不会影响其他用户。

②服务器实现逻辑简单。

③用户的频繁上下线只会影响很小部分的用户。

④用户数量的多少对系统稳定性影响不大。

缺点：

①客户端实现逻辑比较复杂，需要考虑播放时间的同步以及获得数据的算法。

②需要对流数据进行分片处理。

③播放的延时和流畅性依赖于算法，并且波动会较大。

目前，主要的 P2PStreaming 都采用了网格形方案，原因主要有：

①充分考虑用户间网络状况的差异性。

②考虑用户的频繁上下线。

③考虑当在线用户数量上万级时系统的稳定性。

④考虑服务器实现逻辑的简单化。

⑤可以在目前已有的 P2P 下载的系统上进行改进，实现工作量较小。

需要解决的问题：

①数据源的选择和数据交换的策略。

②直播媒体流的分片处理和分片传输。

③播放器和编解码器。

④文件播放的延时和抖动的控制。

⑤版权保护。

（2）QQLive 流程

QQLive 流程图如图 6-35 所示。

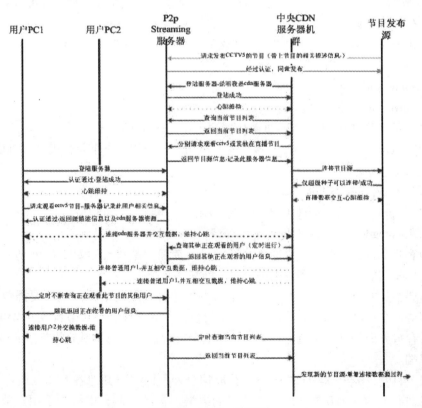

图 6-35　QQLive 流程图

（3）QQLive 服务模块介绍

①Peer 服务模块。用户登录 PServer，PS 分配唯一的 UIN，并将其加入 UIN List 当中，用户请求下载指定节目，实际就是要求观看该节目，PS 为其分配 Session ID，并将其加入 Session List，返回观看节目的配置参数、当前 SP 信息和当前源的播放时间。

用户查询种子，根据 Sessin ID 在 Session List 中返回其他种子。

用户停止观看节目，收回 Session ID，并从 Session List 中删除。

用户退出或者超时，收回 UIN，并从 UIN List 中删除。

②SP 服务模块。

登录 Proxy 服务，从 Proxy 服务上同步 SP 节目信息。

发布源登录 SP，发送流数据。

用户登录 SP，获取初始流数据。

③Proxy 服务模块。

PS 登录 Proxy，获取节目、SP 等信息。

SP 登录 Proxy，获取节目、发布源等信息。

（4）QQLive 通信机制

在登录时，采用 SSL 协议登录到服务器，本地客户端与服务器通信时采用加密通信机制。登录后，客户段发送 Get 请求，从服务器获取 QQLive 播放界面信息。登录后 QQLive 向 Web 服务器 cache. tv. qq. com 发出 HTTP GET 请求，格式主要有如下几种（视用户点击的链接的位置而不同）：

①GET /conf/update. ini HTTP/1. 1 （该链接上有很多信息），比如：

GET /hot. xml？ time =

GET /img. xml？ time =

GET /arti. xml？ time =

总之，是一些打开 QQLive 时页面呈现的图片、列表等信息。

②GET /channel. xml？ time = （服务器对该请求的应答是一个包含很多频道信息的 xml 文件）。

③GET /new_ index. htm？ uin =。

④GET /program_ channel/loge/index_ loge_ （该链接上有很多信息）。

⑤GET /program_ channel/loge/ad_ 2624511079. htm HTTP/1. 1。

本地客户端得到数据后，更新到最新的显示界面，基本流程如图 6-36 所示（QQLive 有多个作用不同的服务器，图中以一个服务器来代表服务器群）。

点击要播放的节目，客户端与存放节目源的服务器进行通信，请求要播放的节目信息；该服务器会把客户端点播节目的相关信息发送给客户端，包括节目源、网络节点信息等。同时存放界面信息，频道信息的服务器也会得到请求，把要播放的节目的最新信息传送给客户端。

播放节目时，客户端除了从服务器获取信息外，同时与其他各个节点通过 TCP 或者 UDP 协议进行通信，相互发送所点播节目的数据（见图 6-37，虚线表示用户节点间交换所播放节目的数据，实线表示用户节点与服务器间进行包括控制信息、节目信息、网络中

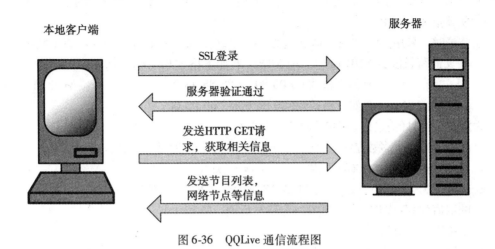

图 6-36   QQLive 通信流程图

节点信息等数据的交换）。

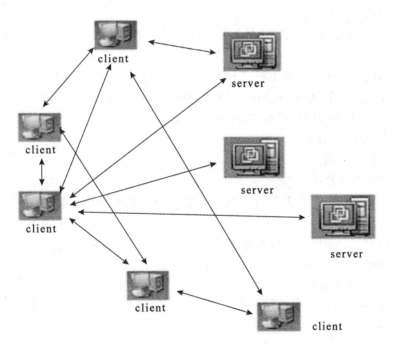

图 6-37   QQLive 网络拓扑图

（5）QQLive 流量识别

通过研究，可以得出通信的基本流程如下：在登录时，采用 SSL 协议登录到服务器，登录后发送 HTTP 请求获取页面相关信息；用户点击节目进行播放时，Peer 间会先采用 UDP 协议进行传输，当 UDP 封堵后会改用 TCP 进行传输。

由于在整个通信过程中，数据包的五元组特征具有不确定性，因此我们必须采用其他方式来识别 QQLive 的流量，通过对数据包静荷进行分析，总结出以下特征：

①登录报文（TCP）。

在登录时，采用 SSL 协议，即远端为 443 端口，这些 TCP 登录报文有以下特征：

a. 报文静荷长度为 62Bytes 时，前 5Bytes 有如下格式 00 3e 02 18 90。

b. 报文的前 8bytes 有如下格式 00 00 00 xx 88 88 43 21。

c. 报文的前 8bytes 有如下格式 02 00 00 00 xx 00 00 00。

②播放节目时的报文（UDP 和 TCP）。

节目播放时绝大多数是 UDP 包，它们具有的特征分为以下几种：

a. 报文静荷前 6Bytes 有如下格式 fe xx yy yy xx 1c。

xx 的取值为 20 或 29 或 73 或 14 或 18 或 0d 或 b4（后面四种很少）。

yy 的取值为 00 或 01 或 02 或 04 或 03（后面一种很少）。

第二和第五字节相同。

第三和第四字节相同。

b. 报文净荷前 6Bytes 有如下格式 fe xx yy yy xx 01。

第二和第五字节相同。

第三和第四字节相同。

当对以上特征的 UDP 包进行封堵时，QQLive 会改用 TCP 包进行传输，它们具有以下特征：

报文静荷前 611Bytes 有如下格式 fe xx yy yy xx 1c。

xx 的取值为 20 或 29 或 73 或 14 或 18 或 0d 或 b4（后面四种很少）。

yy 的取值为 00 或 01 或 02 或 04 或 03（后面一种很少）。

第二和第五字节相同。

第三和第四字节相同。

③其他相关报文特征

这部分主要是登录及点击节目时获取页面相关信息的 HTTP 报文特征。在这些情况下，一般是 QQLive 向 Web 服务器 cache. tv. qq. com 发出 HTTP GET 请求，格式主要有如下几种（视用户点击的链接的位置而不同）：

a. GET/conf/update. ini HTTP/1. 1，比如：

GET /hot. xml？ time =

GET /img. xml？ time =

GET /arti. xml？ time =

总之是一些打开 QQLive 时页面呈现的图片、列表等信息。

b. GET /channel. xml？ time =（服务器对该请求的应答是一个包含很多频道信息的 xml 文件）。

c. GET /new_ index. htm？ uin =。

d. GET /program_ channel/loge/ad_ 2624511079. htm HTTP/1. 1。

≫≫ 6.3.4 腾讯视频产品应用

1. QQLive 产品形态变化

QQLive 6.1 及 QQLive7.1 客户端主界面如图 6-38、图 6-39 所示。

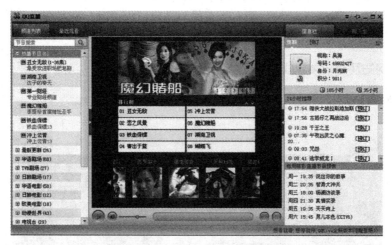

图 6-38 QQLive 6.1 客户端主界面

图 6-39 QQLive 7.1 客户端主界面

直播+点播的优点：

（1）从用户角度

①丰富视频内容，满足用户对内容的诉求。

②支持随点随播，用户无需等待，与电视媒体差异化竞争。

③支持海量搜索，查找视频更便捷。

④支持精细化运营，用户能更方便地找到精品内容。

（2）从运营角度

①有利于平衡用户获取热门内容和长尾内容的需求。

②有利于平衡用户获取即时性和非及时性内容的需求。

③有利于集中用户，提升 P2P 效果，降低带宽成本。

④有利于提升广告效果，实现精准投放。

⑤有利于提高运营效率，集中精力做好重大事件报道和高质量内容推荐。

腾讯视频具有内容品质高、版权清晰、母媒体基数大的特征，视频平台具备流量潜力，品牌价值高，资金实力雄厚，拥有大量的高品质正版资源、海量用户基数与高媒体价值，可带来广阔的发展空间。

2. 视频网站及客户端界面

腾讯视频网站及客户端界面如图 6-40、图 6-41 所示。

图 6-40　腾讯视频网站首页

PC 端特点：

清晰度：根据用户网络环境动态选择播放器，保证高清体验。

记忆播放：用户在下次观看同一视频时，系统会从上一次中断时间点恢复播放。

看点追溯：编辑精彩节选 3 分钟看点，如感兴趣可直接观看完整视频。

贴心订阅：用户关注的热门影视、直播栏目、喜爱的连载剧目，会通过微博、Qzone、软件 TIPS 进行提醒。

3. V+开放平台

V+开放平台是腾讯视频面向专业视频用户、明星、名人、机构、工作室、媒体、企业等内容提供方（简称 CP）建立的新的内容合作渠道，并为 CP 提供个人频道认证包装、

图 6-41　腾讯视频客户端界面

品牌及内容宣传展示、商业分成回报等模式。旨在通过强大的腾讯用户触达和推广手段，对专业和精品内容给予多平台、多终端的最大化传播。

"V"一指视频（Video）、二指官方认证（Verify），"+"一指区别于传统版权采购的新的合作模式、二指海纳专业 CP 联合创造网络视频时代的内容价值。V+开放平台聚焦于高端 UGC，以 CP 的自主版权内容和允许接入商业广告为合作前提，倡导"原创"、"专业"、"精品"的内容秩序和原则。与有志于贡献和挖掘真正内容价值的 CP 一起，共同打造属于未来的专业视频自媒体、共享商业果实。

V+开放平台用户类型如图 6-42 所示。

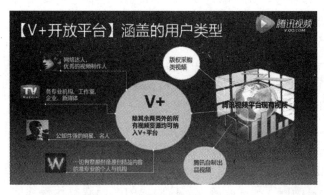

图 6-42　V+开放平台用户类型

V+视频官方微信二维码如图 6-43 所示。

图 6-43 V+视频官方微信二维码（微信号：video-plus）

>>> 6.3.5 腾讯视频三大特色

腾讯视频作为后起之秀，依靠亚洲最大、全球第三的即时通信软件 QQ 公司，发展迅速，而且特色鲜明，其具三大特色。

1. 特色之一：大平台

腾讯视频已经实现了覆盖第一、成长第一和专业第一。

（1）覆盖第一：根据艾瑞 iUserTracker 的 2012 年 9 月视频网站综合服务监测数据（PC 网站端+PC 客户端）显示，腾讯视频月度覆盖用户 2.75 亿，10 月腾讯视频月度覆盖用户达到 2.72 亿，以持续领先优酷近 600 万的优势继续保持月度覆盖用户单平台第一。

（2）成长第一：根据艾瑞数据显示，从腾讯视频上线至 2012 年 9 月，月度覆盖人数从 7296 万人增长至原有的 3 倍多，成长速度为所有核心主流平台中的第一名。

（3）专业第一：另外，Millward Brown 的专项调研报告显示，腾讯视频在专业视频（新闻资讯、体育、综艺娱乐、财经等）几大领域的渗透率最高，排名行业第一，体现出强大的媒体属性和专业能力。

2. 特色之二：大资源

（1）长视频用户覆盖全行业第一，电视剧、电影播放量具绝对优势

腾讯视频以丰富的内容和优质的视频体验成为网民观看长视频的首选媒体，非 UGC 视频内容覆盖人数达到业界第一，优质的长视频内容成为网络视频广告的最佳载体。

腾讯视频重磅推出了好莱坞影院，提供了一个观看正版高清好莱坞大片的全新专属平台。已经上线了动作、喜剧、科幻、惊悚等 20 个种类的近 400 部精彩高清北美大片，为影视爱好者提供了影院级的在线观影感受。以《逃离德黑兰》为例，该片在美国上映仅

40 天后即在腾讯视频上映，创造更新速度新纪录，实现了中国网民直通好莱坞，享受第一时间同步观看全球最新好莱坞大片的全新观影体验。

在电视剧方面，腾讯视频在过去一年当中有 61 部过亿大剧，85% 的剧是行业播放量第一，其中《轩辕剑》播放量是优酷、土豆播放量总和的 2.08 倍。预计 2013 年一级卫视剧目剧覆盖 80%，全年独播 15 部大剧。而且近期还推出了美剧频道，涵盖千余集美剧。

（2）包揽六大顶级联赛平台，体育资源丰富

2012—2013 年，腾讯成为唯一一家包揽欧洲足球六大顶级联赛的在线视频媒体，核心赛事资源全面升级。

在奥运报道中，腾讯派出腾讯门户、腾讯微博、腾讯视频三驾马车，一百多人的报道团队进驻伦敦，规模仅次于央视。巨额的投入和多年媒体运营能力使腾讯视频在奥运带动下日均播放量过两亿，在整个行业遥遥领先。奥运开幕式之后，腾讯视频进一步拉大了与同样拥有奥运视频点播权益的新浪、搜狐的差距；用户关注度上升 33%、媒体关注度上升 30%。

伦敦奥运会期间，腾讯视频在内容创新层面，自制出品了诸如《品蔚英伦》、《冲刺伦敦》、《杯中话风云》、《奥运父母汇》、《金牌第一时间》等十档原创视频栏目，成为奥运原创节目内容最丰富、最精彩的视频网站。腾讯视频先后共采访了 39 位中国冠军、1 位国际大牌（菲尔普斯），并邀请到 204 位体育、文化、娱乐等各界名人做客腾讯视频，是行业内奥运冠军访谈最多的视频网站。由于其巨大影响力还反向输送给 24 个电视台（共计 28 档栏目）共播放 250 次、23 个省市级广播（44 个频率 94 档栏目）播出 4300 余次。这些都体现出腾讯视频独特价值，在资讯视频原创方面是当之无愧的第一。

（3）全网最专业新闻与娱乐资讯平台

腾讯网门户拥有娱乐频道、新闻频道、体育频道等流量第一的频道，而腾讯视频继承了腾讯门户的 DNA，无论在资讯视频、财经视频、娱乐视频都取得快速的成长。在 2012 年时政类新闻大事件中，腾讯视频覆盖超过 5000 万用户，25～40 岁人群占 50%，其中 25% 分布在一线城市。9 月 11 日—9 月 21 日，腾讯视频对钓鱼岛事件的报道总播放量超过 6.3 亿。在大事件报道上，腾讯视频影响力远高于其他视频网站，在专业方面是当之无愧的第一。另外，腾讯娱乐综艺频道拥有超百档栏目，日均 UV710 万，覆盖影响力赶超一线卫视。

（4）差异化原创内容，引领品牌差异化营销

腾讯视频拥有强大的制作实力及丰富的资源，擅长打造独家的精品视频栏目，从视频网站内容趋同的壁垒中脱颖而出。腾讯视频联手联想、陆川制作，并邀请陆川鼎力支持，展开联想 Z 系列"我的色彩、我的电影梦"全民微电影制造大赛。腾讯视频自 2012 年全新推出明星访谈类节目，以轻松、风趣、生活化的特点，探究明星们的幸福生活。第一季《幸福女人》单季播放破亿，第二季《幸福男女》正在腾讯视频热播。

另外，腾讯视频打造的纪实类人物访谈栏目《某某某》，秉持人性关怀和自由精神，关注平凡人的生活。2010 年 11 月开播，已上线节目 75 期，每期节目视频的平均播放量超过 300 万次/期，平均评论量超过 6000 条/期；另一个腾讯原创的《微讲堂》栏目，邀请国内业界专家授课，零距离接触偶像精英，恰如网络版《百家讲坛》。

3. 特色之三：大数据

（1）背靠 QQ 海量用户数据

目前，腾讯的产品已经覆盖了整个互联网全部产品，是中国市值最高的互联网公司，商业价值最高、收入最高。QQ 注册用户高达十亿，覆盖了中国 95% 的互联网网民，QQ 客户端带来了超过 34% 的用户入口流量。基于腾讯 7.8 亿的 Database，腾讯视频将赢得更多的市场份额。

（2）社交关系链增强传播力

以腾讯 QQ、QQ 空间、腾讯微博三大关系链为核心架构的泛关系网络助力网络视频在腾讯平台实现无限传播。

（3）亿级数据，精准覆盖

腾讯的大平台网络产品 14 年来积累了数亿级用户数据，独有"巴菲特"系统帮品牌锁定人群类型偏好，通过腾讯 QQ 用户画像系统，准确分析用户属性，配合频次控制及性别定向、年龄定向、场景定向、地域定向、时间定向、内容定向六大核心定向方式实现最为精确的用户抵达，因此腾讯视频的贴片广告价值远高于竞争对手。

（4）多终端、多平台接触

腾讯视频是行业内第一个推出云视频概念的平台，也是中国最大的云视频平台。腾讯视频将发挥多年来的账户体系优势，通过用户账户记录用户喜好、用户需求，向用户推荐，更好的内容让用户在不同终端上观看内容。通过不同终端、不同时间段的覆盖，利用组合的形式使视频内容无处不达。

腾讯视频的大数据如图 6-44 所示。

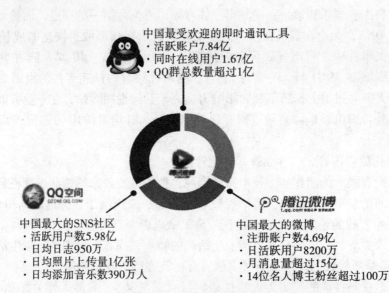

图 6-44　腾讯视频的大数据

>>> 6.3.6　腾讯视频营销及运营模式

1. 营销类别

（1）硬广类：视频广告是电视广告的有效延伸，TVC 广告、视频花絮等视频素材均可方便移植。

（2）内容营销：基于影视剧场和活动专区的企业在线营销模式，通过视频内容与目标受众的关联性提升产品推广效果。

（3）整合营销：以腾讯视频广告为主线，利用腾讯多产品线的不同特性对广告主需求进行拆解满足的整合营销模式。

2. 营销模式

（1）硬广合作产品类型及推广策略

①硬广产品类型：视频 Loading 广告、视频暂停广告、视频角标广告、对联广告。

②硬广产品精准营销策略：

地域：通过对广告展现区域筛选，进行地域定向投放。

a. 品牌投放区域选择京广沪三地为核心，向周边城市辐射。

b. 江浙地区用户的高消费能力是地域定向的重要选择条件。

时段：通过对广告展现时段的优化，进行时段定向投放。

a. 工作日的 8 点—12 点；14 点—18 点为重点投放时段。

b. 周末\节假日视频平台高流量特性有利于对人群的曝光。

内容：通过对视频内容进行筛选，提升内容与广告受众的契合度。

a. 电影\电视剧资源选择与年轻用户特征契合度高的内容类型进行投放。

b. 综艺类资源选择如《快乐大本营》、《天天向上》等符合年轻人口味的内容进行投放。

CMP 精准投放促进 ROI 转化如图 6-45 所示。

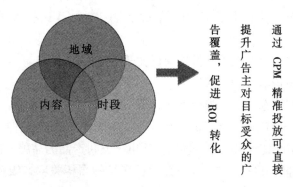

图 6-45　CMP 精准投放促进 ROI 转化

QQLive SWOT 分析如图 6-46 所示。

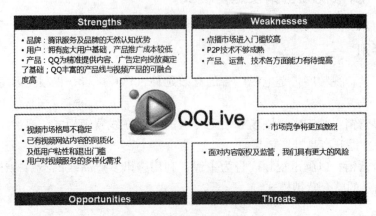

图 6-46 QQLive SWOT 分析

（2）内容营销产品推广策略

①筛选影视片单，通过内容收视受众精准投放人群。

a. 片单年份：主要选择 2009—2010 年的热播电影和电视剧。

b. 若该产品有明星代言，则选择一部分该明星影视剧。

②剧场内展示广告主产品信息，提升产品曝光。

将广告主产品信息与影视剧在 Minisite 内紧密结合；在不影响用户体验的基础上有效融入。

③剧场内设置有奖活动，提升腾讯用户对品牌和产品的认知。

a. 以剧场影视内容为出发点设置有奖精彩活动，贴近产品特性。

b. 通过 Qzone、微博等腾讯自有 SNS 体系拉动参与人数。

（3）整合营销产品推广案例

行业客户：某银行客户。营销目的：某银行客户推广电子支付产品，要求立体化营销传达品牌价值，挖掘媒体受众兴趣点，引导更多用户网上开户，使用电子银行产品。

①通过视频 CPM 广告将电子支付产品在地域、时段、内容上做精准投放，吸引用户参与互动活动。

a. 投放区域主要选择对电子支付接受程度较高的一线城市。

b. 工作日投放覆盖潜在用户人群。

c. 通过视频内容筛选，将广告展现在具备消费能力的用户面前。

②选择腾讯 IM、腾讯网平台下的大尺寸、高曝光产品进行品牌宣传。

a. 通过腾讯 QQ 首页、AIO 等广告位传达电子支付产品的品牌公信力。

b. 通过腾讯财经、新闻、汽车等与金融类产品的高相关度二级频道传达电子银行产品的功能特性。

③通过腾讯 SNS 平台，以活动专区、有奖游戏的互动形式引导用户使用电子支付

产品。

a. 在腾讯 Qzone 内植入 APP 互动游戏，以游戏积分兑换该银行礼品；以此吸引用户体验银行电子支付功能，促进在线开通并进行后续使用。

b. 腾讯用户通过 Qzone 参与该互动活动获得对应奖励后，可选择将此信息作为话题分享入腾讯微博，通过关系链进行电子支付产品传播。

在整合营销产品中，腾讯视频扮演重要角色：一方面通过腾讯视频高精度的人群定位，将银行电子支付产品的推广诉求有效传达给目标用户；另一方面作为互动性活动页面的长期入口，持续带入高质量用户，增加活动参与度，提升广告转化。

3. 运营模式

（1）广泛开展战略合作（合作商）

腾讯视频为了做到丰富的内容、24 小时多平台无缝应用体验以满足用户在线观看视频的需求，与各个影视公司、电视台开展了广泛合作。

①与国内主流影视公司、传媒网站及电视台进行战略合作，已建立良好的合作关系。

②与 54 家电视台合作品牌综艺栏目，电视直播视频播放量超过百万。

③合作伙伴：CCTV、东方宽频、湖南卫视、广东卫视、中影、东方宽频、浙江卫视、山东卫视等。

④与中影、保利华纳、华谊兄弟、圣天动漫等公司进行高级战略合作，推出旗下最新、最热的电影。

⑤品牌化电视栏目，提供最具品牌影响力的新闻、财经内容，与 CNTV、凤凰网、中青网络台达成战略合作。

⑥与四大唱片公司达成内容合作，推出"音乐"频道，已拥有超过 6000 部高品质 MV。

（2）不断提高内容质量（内容运营）

腾讯视频投入亿级资金建设正版影视库，并将给视频用户提供 95% 以上的影视剧，坚持"海量正版，精品原创"方针，全面发力并覆盖长视频、短视频、专业视频、UGC视频和腾讯出品原创视频。同时，内容质量是运营工作的核心，通过不断拓展内容提供商和内容运营，挖掘用户喜爱的内容，培养用户习惯，完成内容运营向精细化的转变。

①拓宽内容来源。

不断扩大内容合作伙伴范围，不断补充主流内容；适量加入版权风险不大的内容；长尾以及风险较大的内容依靠 QQVideo 或土豆网等合作伙伴解决；增加用户评论功能，丰富节目内容，为用户选择节目增加引导。

②已有内容的深度运营。

通过数据平台，分析用户对内容的偏好；根据用户对内容的关注度，精编运营内容；通过专题形式，将内容围绕某个主题重新整合展示；热点事件通过专题进行跟踪报道。

③增强用户黏性。

根据内容时间特点及用户喜好，使用户养成习惯；根据不同用户偏好，定期推送内容和提醒机制；加强对特色内容的提供，增强口碑效果；增加用户评分机制，对内容进行筛选和推荐。

④活动支持。

直播大事件的运营；来自广告商或合作伙伴的活动视频支持。

（3）加强频道特色运营（频道运营）

①直播：其特点是爆发力强，对节目实时性要求高。

逐步减少影视的直播频道，将影视用户引导到点播的"影视"模块去；直播保留真正意义上的直播节目，如各地电视台、重大新闻事件、体育赛事等。

②影视：建立能覆盖80%主流影视内容的视频库。

采用分成模式从各个合作伙伴处获取正版内容；购买热门的影视剧；适量加入版权风险不大的内容，欧美剧、日本动漫、日剧，等等。

③综艺：其特点是品牌强，节目有连续性，依靠QQ，做出不同于竞争对手的特色。

热门的综艺数量不多，可以很快赶上竞争对手；内容基本正版化，通过直接购买和合作形式获得；运营上更新快，视频质量高，通知及时，做成QQLive的特色栏目。

④热点：以短视频为主，内容繁杂，版权风险比较小。

内容主要来自QQVideo；提供各类用户参与的排行榜，如点击排行榜，等等；对于热点，以专辑的形式进行深度运营，比如，意甲集锦、神七发射等。

⑤搜索：主要解决用户对长尾内容的需求，以及规避一些无版权内容的风险。

内容来自QQVideo或者土豆等合作伙伴；提供各类排行榜，如电影排行榜，电视剧排行榜，等等；在运营上，对有版权的内容优先排序。

⑥音乐：与四大唱片公司达成内容合作，推出"音乐"频道。

拥有业内最全的音乐MV视频资源；依托QQ音乐成熟的运营模式打造音乐视频"首发"专区；已拥有超过6000部高品质MV。

（4）积极优化产品运营

产品运营主要是以基础数据为依据，通过完善平台的功能，改善用户体验，不断提升用户对产品的满意度，最大化用户价值。

①QQLive：关注核心观看体验，播放功能更加强大，体验不断优化电视墙、书签、在线tips等功能添加。

②QQVideo。

视频直播：直播节目的展示调整，播放体验不断优化。

视频点播：影视、综艺、动漫、热点等频道向后上线，专题、排行榜、相关性等多种内容以推荐形式推出。

基础功能：搜索功能整合改进、播放列表管理、评论/评分功能的规划等。

基础数据平台：搭建基础数据平台，每日发出数据日报，对基础数据进行分析，建立用户模型，通过数据为产品发展提供依据，同时优化数据平台，加强监控平台建设。

广告支持：搭建广告投放平台，广告表现形式多样化。完善好友推荐、分享机制，拉动用户观看，在 QQ、Qzone 等平台上将内容与好友关系充分挖掘展示。

>>> 6.3.7   腾讯视频优势

腾讯视频利用四大优势打造最强视频门户。

1. 洞察用户分布，多平台立体接触，便捷分享

腾讯视频采用腾讯独有的 P2P 流媒体传播技术，动态识别用户所在地域的网络环境，推荐用户使用最优化浏览模式进行视频观看（工作日以网站用户为主，非工作日家庭用户主要适用客户端进行视频观看）。

腾讯视频利用得天独厚的平台优势，获得了一二三线城市，甚至乡镇用户的喜爱，如此宽广而全面的覆盖，在互联网产品中当为翘楚。

腾讯核心 SNS 传播平台助力视频内容的分享和传播，依托关系链实现用户互动，将广告主信息最大化。用户观看或分享视频后，会在好友空间、微博生成 feeds，好友对其再进行分享、转载、评论等操作。

腾讯视频采用网站加客户端双平台，最大化适应中国互联网用户网络环境，良好兼容二三线城市用户。

利用腾讯视频下多平台的互联互通，用户可在多平台下进行便捷的视频传播和分享（见图 6-47）。

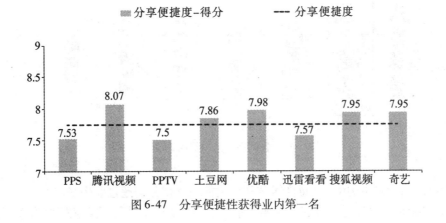

图 6-47   分享便捷性获得业内第一名

2. 内容丰富、个性布局

用户内容收视属性决定视频采买方向。

扩大采买力度，覆盖95%以上院线版权影视及热播电视剧。音乐 MV、动漫和财经版权内容适应不同维度用户需求。

通过在线视频用户内容关注度调研和腾讯视频自有用户收视度研究，进行科学化平台运营，使腾讯视频内容配比更适合用户需求（见图 6-48）。

图 6-48　科学的内容配比

3. 用户体验优秀、广告环境优质

腾讯视频的用户满意度超过业内平均水平，内容画质和分享便捷性具备极高的用户表现（见图 6-49）。腾讯视频拥有业内极为优质的广告展现环境，在业内具备极高的用户认可程度，在广告展现和用户收视间实现了平衡（见图 6-50）。

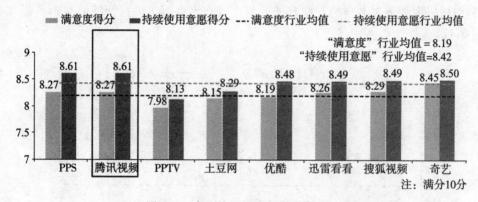

图 6-49　各网络视频用户满意度调查

2010 年腾讯视频的用户满意度得分和持续使用度得分均超过业内平均水平。

腾讯视频在满意度得分方面与主要竞争对手搜狐视频相当，较奇艺网略有差距。

4. 强大技术平台保证广告精准投放

广告主希望将广告通过科学的方式，投放给他们的目标客户/用户。

着眼于广告主视频推广策略，腾讯提供精准定向的营销服务。

精准定向可实现地理区域、时间段、人群性别、投放频次和内容五个维度的定向投放（见图 6-51）。

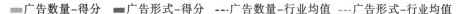

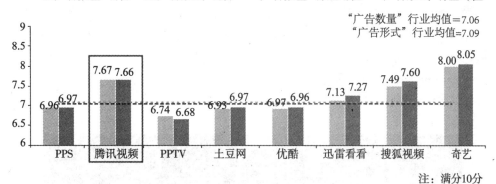

图 6-50 各网络视频广告表现效果调查

资料来源：艾瑞 2010 年在线视频用户调研数据。

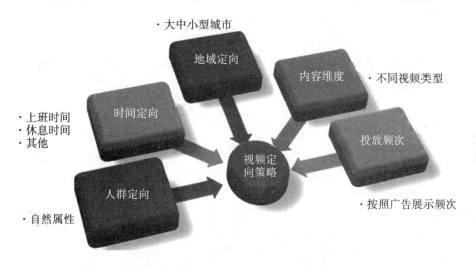

图 6-51 硬广产品精准营销策略

6.3.8 腾讯视频广告经典案例

腾讯视频在广告展示上的规则：

①腾讯视频在广告产品展现逻辑和广告主素材规范上具备极高要求。

②腾讯视频是业内唯一可投放高清贴片广告的视频平台。

③贴片广告 3 分钟内不再展现规则。

④角标广告间隔展示规则。

⑤高清贴片广告素材标准。

1. 案例分享——尼桑骐达广告

广告创意：

30 秒视频，素材大小为 2M 左右，电视广告直接转换而来。

视频 Loading 广告，覆盖所有频道进行投放。

尼桑骐达广告创意效果如图 6-52 所示。

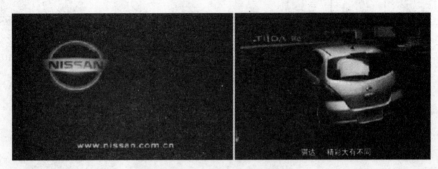

图 6-52 尼桑骐达广告创意效果

日曝光 600 万次到 800 万次，日点击 15 万次到 20 万次，平均点击率 2.8%。

广告投放前后品牌认知情况如图 6-53 所示。

尼桑_品牌认知提示提及

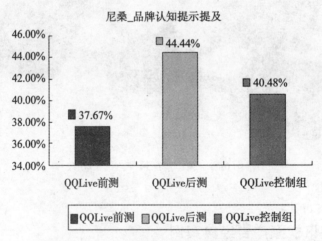

图 6-53 广告投放前后品牌认知情况对比

投放后，尼桑的第一提及有小幅上升。

投放前，尼桑的总认知提及率为 37.67%。

投放后，尼桑的提示提及提升至 44.44%，其中控制组认知为 40.42%。因此，可以认为至少有 4% 提示认知的提升是由 QQLive 广告投放带来，而另外有 3% 的认知提升是由尼桑其他投放组合带来。

2. 频道案例——与 NIKE 合作

QQLive 广告形式：首页焦点图加大品牌曝光，并可作为频道内容的入口。频道右侧频道独家冠名长期与 QQLive 内容合作，提高品牌知名度（见图 6-54）。

图 6-54　QQLive 与 NIKE 合作

3. 创意视频案例——游戏客户投放模式

2007 年共有 10 余家游戏厂商，近 20 个游戏在 QQLive 上进行投放，客户包括九城、盛大、金山、摩力游、光通、世纪天成、金酷、目标软件等。游戏客户在 QQLive 上的投放形式主要有富媒体、Loading（见图 6-55），富媒体的主要形式是：视频+浮层形式。

图 6-55　游戏客户投放模式

2008 年 QQLive 在原有的基础上增加了新的广告形式：创意视频（视频+浮层），这种广告形式不仅被游戏客户广泛运用，快消与运动体育系列也在运用（见图 6-56）。首页视频加浮层广告规范：视频 size240 * 180，扩展 500 * 340；时长：15s，30s。

图 6-56　运动、快消饮料、网游创意视频广告模式

4. 病毒式案例——黑人牙膏视频营销，炮制浪漫情人节

黑人牙膏视频营销采取的是"最佳推广时机+合适的营销方式"。2011 年情人节，黑人牙膏炮制了三段浪漫爱情故事，携手腾讯，启动腾讯微博视频传播机制，通过微博关系链裂变、感染全微博引发微博话题，将清新浪漫进行到底（见图 6-57）。

图 6-57　黑人牙膏视频营销模式

推广时期：2011 年 2 月 5 日—2 月 18 日。

投放平台：本次活动中只有一种广告资源投放—QQLive 客户端点播 loading，虽然单一，但有效的就是最好的。

广告数据：王子版视频转发 23347 次，清新密语视频转发 48236 次，公主版视频转发 27568 次。

广告特点：黑人牙膏视频互动，触发视频广告成为"寻宝秘籍"，点击"寻宝秘籍"，在观看视频广告中找到激爽法宝藏身处，引发用户主动多频次的广告接触。

成功启示：腾讯优势广告资源带来活动海量曝光，同时腾讯微博带来滚雪球般的不断传播。

5. 社交案例——百事可乐《把爱带回家》微电影社会化传播

广告数据：从 1 到 1000 万，社交平台成就海量传播。

关系链分享：借助腾讯用户多重社交关系链，借力社会热点，用高质量微电影引发共鸣，实现病毒式乐趣分享。

优势拦截传播：把控腾讯 7 亿用户必经之路，高效拦截用户观看。

互动体验：V+辅助品牌广泛传播，腾讯微博多接触点调动用户，激活社交平台裂变传播。

6. 原创内容案例——联想冠名《九分钟电影锦标赛》

特别策划：号召网友以微电影的形式诠释联想七大色彩。

权威打造：导演陆川带队参与电影作品监制，话题舆论升级。

媒介矩阵：腾讯视频、电视、影院、杂志、落地活动、户外、社交平台对品牌进行全面曝光，V+微电影切合网民口味，带来更多有趣内容。

6.4　迅雷看看

≫ 6.4.1　迅雷看看简介

迅雷看看（域名：www.kankan.com）是迅雷公司旗下的视频品牌，产品包括迅雷看看门户网站、迅雷看看播放器、迅雷看看无线。迅雷看看汇集了数十万小时以上的正版影视内容，是国内最大的数字内容发行平台，凭借高清画质、无缝跨终端等行业优势，服务超过 4 亿的中国网民。2012 年 7 月艾瑞咨询集团统计，迅雷看看在在线视频行业排名第三。迅雷看看志在打造成中国最高清的影视视频门户。

视频媒体 Web+客户端数据如图 6-58 所示。

排名	目标	月度覆盖（万人）	日均覆盖（万人）
①	优酷	26,897	3,536
②	迅雷看看	25,973	4,165
③	腾讯视频	24,332	2,767
④	爱奇艺	22,146	2,293
⑤	土豆网	22,082	1,947
⑥	搜狐	21,843	2,154
⑦	PPLive	19,352	3,515
⑧	PPStream	18,026	3,351
⑨	乐视网	16,086	1,468
⑩	中国网络电视台	15,773	1,279

图 6-58　视频媒体 Web+客户端数据

迅雷看看首页如图 6-59 所示。

图 6-59 迅雷看看首页界面

>>> 6.4.2 迅雷看看发展历程

2006 年，迅雷互联网单片发行《魔比斯环》、《夜宴》。

2007 年，迅雷公司首次对外发布迅雷看看（kankan. xunlei. com），推出数字内容正版发行平台。

2008 年，迅雷看看首家推出 720P 高清点播服务；在京召开"强强联合，共赢发展中国互联网正版内容发行战略合作"新闻发布会，推动正版发行。

2009 年，原迅雷在线和迅雷看看整合，正式启用域名 www. xunlei. com。这标志着迅雷看看成为独立产品线，定位于在线宽频影视门户，形成拥有狗狗搜索、迅雷下载、播放器客户端的完整视频服务链。版权内容总量超过 7000 部，成为中国正版内容数量最多的视频网站；引领全网正版化潮流，成为中国宽频影视行业第一名。

2010 年，首家推出全平台内容高清化，符合高清标准的线上内容占比超过 70%；首家提供 1080P 全高清在线点播收费服务；原迅雷影音更名为迅雷看看播放器；与华谊兄弟、博纳、中影寰亚等版权方达成战略合作；牵手湖南、安徽等各大卫视实现"网台互动"高清直播；荣获 2010 艾瑞 iResearch Awards 中国最佳视频网站奖；迅雷看看持续领跑中国宽频影视行业第一名。

2011 年，引进《国王的演讲》等超过 300 部欧美独家大片，同步海外院线热映；"以投代购"，进入影视产业链上游，与星邦美纳联合出品自制电视剧《音为爱》；联合百家律所打击盗版，并与片方联合维权；荣获 iResearch Awards 年度创新营销奖、快消行业最佳广告主活动网站奖；荣获"中华影响力 2011 年度笔记本消费调查"震撼视听奖；持续保持中国第三大视频网站地位；迅雷看看播放器（XMP）成为中国排名第一的影音播放软件。

2012 年，迅雷看看保持视频行业用户覆盖能力第三（Web+客户端），每月服务 2.6

亿网民；2012 年 7 月，迅雷看看推出网络首播的蓝光品质频道付费服务。与航美集团签署电影版权联合采购战略合作协议，集版权采购与影片宣发为一体的发行模式引起行业关注；携手海飞丝荣获 DCCI Adword2011 年度金营销"最佳效果"大奖；迅雷网络、航美传媒、一壹影视投资基金、坤宏传媒在上海宣布将投资 5 亿元联合打造中国的跨媒体电影院线平台；发布 1080P 全高清频道，3000 小时经典热剧免费开放；微电影频道上线，搭建中国第一微电影发行平台；新标志及新域名 www.kankan.com 完成迁移。

2013 年，3 月 3 日迅雷看看宣布，推出支持最新 H. 265 标准的最新客户端（改为升级版客户端）。该标准于 2013 年 1 月 25 日在国际电联（ITU）通过，此客户端是国内首个将该视频标准商用化的产品。据透露，迅雷看看此项技术由北京大学计算机科学技术研究所提供独家技术支持，全网首发。据该研究所实测，HEVC 6K 码率超过 H. 264 1M 的效果，2M 的 HEVC 接近 H. 264 5M 码率的效果，也就是说，在相同的带宽条件下，H. 265 将比现有的视频播放效果清晰度提高约一倍。迅雷看看未透露获得此项独家技术授权所付出的成本。在蓝光级的视频标准统治互联网近五年之后，下一代高清视频标准即将全面推开。

▶▶▶ 6.4.3 迅雷看看业务体系

1. 业务体系

迅雷看看作为迅雷公司下的一个重要产品，在整个迅雷家族产品中的角色尤为重要，截至 2011 年初，迅雷覆盖人群 3.62 亿，迅雷看看覆盖人群：1.4 亿，迅雷 7 客户端覆盖人群 2.29 亿，狗狗搜索覆盖人群 1.29 亿，迅雷会员覆盖 1.4 亿。图 6-60 是迅雷看看在迅雷整体业务中的定位和角色。

图 6-60　迅雷整体业务

迅雷看看的业务体系主要分为内容合作和事件合作（见图 6-61）。

（1）内容合作

①剧场类合作：热门影视剧选辑，全品牌元素展现。

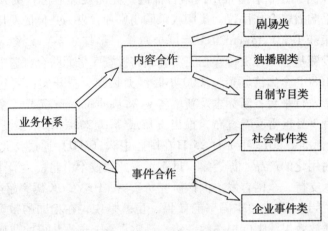

图 6-61　迅雷看看业务体系

②独播剧类合作：全流量包断最热剧集，独占贴片广告。

③自制节目类合作：访谈类节目、纪实类节目实现品牌量身植入。

（2）事件合作

①社会事件类：社会大事件类专题合作。

②企业事件类：企业自身大事件类宣传、公关专题合作。

2. 业务体系特点

迅雷看看的业务特点主要涉及技术层面、内容层面和战略层面三个方面（见图 6-62）。

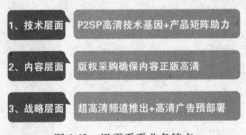

图 6-62　迅雷看看业务特点

≫ 6.4.4　迅雷看看产品功能

1. 网页迅雷看看

网页迅雷看看是当前中国最大的宽频影视门户、中国核心主流视频网站。它汇集了数十万小时以上的正版影视内容，给用户带来了高清体验。它是中国第一个全网高清化运营的视频网站，提供全高清内容的付费观看、免费点播以及热门卫视频道的直播节目。

（1）产品特点

①中国首家 1080P 全高清平台。

②52 寸屏幕一样清晰播放。

③高清电影数量第一。

迅雷看看首页结构如图 6-63 所示。

图 6-63　迅雷看看首页结构

（2）技术优势和标准

迅雷看看是中国第一个实现 720P 全网高清化运营、1080P 全高清频道免费运营的视频网站。支持用户付费点播、免费观看，并提供热门频道的直播服务。720P：高清 HD 技术标准，2M 带宽用户畅享。1080P：全高清 FullHD 技术标准，4M 带宽用户畅享。

①高清流媒体播放技术。

②边下边播技术。

③视频指纹技术。

④能切换清晰度技术。

（3）用户规模

①网页迅雷看看已成长为中国最大的影视门户。

②网页迅雷看看月度覆盖人数：月度 2.1 亿人。

③网页迅雷看看日均覆盖人数：日均 1905 万人。

④网页迅雷看看日均播放量：日均播放 9200 万次。

2. 迅雷看看播放器

迅雷影音是迅雷公司旗下的一款媒体播放器，在推出到 3.0 版后正式更名为"迅雷看看播放器"，而后在其中加入了迅雷的热门网上在线影院系统"迅雷看看"，将迅雷看看由一个网页插件转变为实体软件，可谓相当出色。

迅雷看看播放器是中国最大的影音播放器，它整合了网页迅雷看看正版内容，支持本地播放、在线点播、直播、边下边播，与网页看看相辅相成，实现了从网站点播到本地播放的产品形式。

迅雷看看播放器界面如图6-64所示。

图 6-64　迅雷看看播放器界面（版本型号：4.9.3.1216）

迅雷看看播放器不仅支持本地全格式播放，56%的用户还会通过其独有的边下边播与在线点播功能，点播迅雷看看网页的在线高清影片，享受流畅的观影体验。

迅雷看看播放器的特点：

①丰富的影片库在线流畅点播服务。

②兼容主流影视媒体格式文件的本地播放。

③自动在线下载影片字幕。

④自动记录上次关闭播放器时的文件位置。

⑤自动提示影片更新。

⑥自动添加相似文件到播放列表的设置。

⑦播放完毕后自动关机的设置。

⑧对于播放记录，支持多种记录清除方式的设置。

⑨功能快捷键设置。

迅雷看看播放器用户使用情况如图6-65所示。

迅雷看看播放器总播放时长：2264万小时/日。

迅雷看看播放器日均覆盖人数：达到3189万。

迅雷看看播放器月度：覆盖人数1.5亿。

迅雷看看播放器日均：VV数9600万次/日。

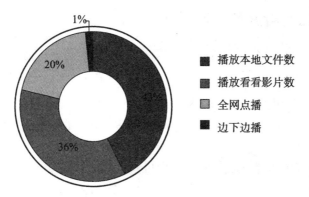

图 6-65　迅雷看看播放器用户使用情况

资料来源：迅雷看看数据中心。

迅雷看看播放器行业排名如图 6-66 所示。

序号	软件名称		软件类别		月度覆盖人数（万人）
1	迅雷看看播放器	▶	影音播放		15012.6
2	快播QVOD	▶	影音播放		12488.2
3	QQ 音乐	▶	影音播放		12458.4
4	暴风影音	▶	影音播放		10850.2
5	酷狗 KuGoo	▶	影音播放		9608.3
6	Windows Media Player	▶	影音播放		7100.3
7	百度影音	▶	影音播放		6657.2
8	酷我音乐盒	▶	影音播放		6585.0
9	千千静听	▶	影音播放		4116.7
10	QQ 影音	▶	影音播放		3808.8

图 6-66　迅雷看看播放器行业排名

资料来源：2012 年 6 月 iUserTracker。

3. 迅雷看看无线产品

迅雷看看无线产品，支持 PC、智能终端（智能手机、iPad）、安卓、IOS 系统，是目前国内最流行的无线视频产品，也是第一款支持离线观看的视频点播平台。截至 2012 年 6 月，无线看看跨终端发力，成为最受欢迎的视频 APP。

迅雷看看 Android 版安装：1440 万。

迅雷看看 iPhone 版安装量：1100 万。

迅雷看看 HD（iPad 版）安装量：1400 万。

迅雷看看无线产品日上线用户：256 万。

≫ 6.4.5 迅雷看看服务内容

1. 迅雷看看服务

迅雷看看向用户提供的服务包括但不限于如下服务：

（1）迅雷看看主页域名 www.xunlei.com，包括其他任何由迅雷公司直接所有或运营的任何网站。

（2）迅雷公司直接拥有或运营的，用户可直接用于在线观看、发表影评、下载电影的客户端。

（3）迅雷看看利用直接拥有或运营的服务器、为用户提供的信息网络存储空间。

（4）迅雷看看提供给用户的任何其他技术和/或服务。

（5）迅雷看看仅根据用户的指令，提供信息网络存储空间及相关平台服务，本身不直接上传任何内容。用户利用迅雷看看服务上传的内容包括但不限于音乐、动画、文字、图片、音视频作品等，用户担保对利用迅雷看看服务上传、传播的内容负全部法律责任。

（6）迅雷看看并不担保用户所有上传节目能够通过迅雷看看服务为其他用户所获取、浏览，迅雷看看没有义务和责任对所有用户上传、传播的节目进行监测；但迅雷看看保留根据国家法律、法规的要求对上传、传播的节目进行不定时抽查的权力，并有权在不事先通知的情况下移除或断开链接违法、侵权的作品。此规定并不排除用户对上传内容的版权担保，也并非表明迅雷看看有责任及能力判断用户上传作品的版权归属。

2. 迅雷看看内容及频道

迅雷看看是全正版运营的视频平台，与国内外 200 多个影视内容机构建立版权合作关系，并与派格太合、华谊、迪斯尼、中影寰亚、中影、保利博纳、盛世骄阳、央视国际、湖南卫视、江苏卫视、深圳卫视、浙江卫视等知名媒体和机构建立战略合作伙伴关系。2013 年多元化频道运营，打造网络视频饕餮盛宴（见图 6-67）。

图 6-67　丰富的多媒体频道资源

·热门：电影频道/电视剧频道/综艺频道/动漫频道

·教育：纪录片频道/公开课频道

·娱乐：音乐频道/娱乐频道/视频快报频道

·独家：1080P全高清免费频道

·创新：微电影频道/付费频道

（1）电影频道——中外大片，高清畅享

2013年，迅雷看看继续投入重金采购大片。95%国内电影实现网络独家首播；联手华纳兄弟、福克斯、环球影业等海外一流电影公司，引进欧美大片。中外热门经典大片，一网打尽。电影频道全年运营近百个独家视频官网。

（2）电视剧频道——网台联动，跨屏首播

迅雷看看与中外近百个电视台合作，网罗最热门剧集，打造高清同步电视剧，与湖南卫视、浙江卫视、江苏卫视、安徽卫视、韩国KBS、SBS、香港TVB等电视台开展战略合作。电视剧频道——电视剧版权采购购买国内95%的电视剧版权，与各地卫视同步播出同时，部分实现独家播出。

迅雷看看联合国内近百家电视台，率先实现高清综艺同步上线，全天24小时提供最新最火爆的高清综艺节目。2013年，迅雷综艺将联合各热门大牌综艺节目与用户最直接互动，力求为用户提供最好最及时最贴心的服务。综艺频道——最时尚 最好玩 最综艺。

（3）动漫频道——最全、最高清的动漫盛宴

迅雷看看动漫频道为用户开启动漫世界伟大航路。热播新番、经典动漫、最新资讯及海量高清ACG综合视频资源，让用户尽情畅享最全最高清动漫盛宴。其中，亲子动画板块更是耗资千万打造全网最大儿童动画平台。2013年，动漫频道将重金采购国产优质动画片及海外精品动画，巩固迅雷看看动漫频道的行业地位。

（4）纪录片频道——纪录无限，开启视界

迅雷看看纪录片频道，联手美国国家地理，集合全球高品质纪录片，独享1080P全高清资源。深度剖析国际热点，尽览世界奇闻怪谈。2013年，迅雷看看纪录片频道将融合精英与大众审美，打造纪录片专业化展示平台，为用户提供丰富多彩的视听享受。大千世界尽在掌握，体验纪录真实力量。

（5）公开课频道——名师名校名课程，知古知今知天下

迅雷看看公开课频道是中国最娱乐化的课程频道，覆盖人文、社科、自然科学三大类十八学科，让用户学习和休闲尽在掌握。2013年，公开课频道与"微什么"、"果壳问答"等网站合作，进一步展开与"新东方"等机构的合作，全面充实国内外课程储备，打造丰富灵活且喜闻乐见的公开课频道。

（6）音乐频道——无拘无束 乐享其中

迅雷看看音乐频道，集合最优质音乐资源的影像新平台。华语、韩语、日语、欧美四大板块全天24小时不间断为用户呈现最新、最高清的音乐内容。2013年，迅雷看看音乐频道将根据用户喜好，联合音乐亚洲打造更多独家好音乐。

（7）娱乐频道——全球娱乐零距离

迅雷看看娱乐频道搜罗全球最新鲜热辣的娱乐资讯，追踪一线大牌的一举一动。热点

娱乐事件、焦点新闻人物，尽在网罗。2013 年，迅雷娱乐将联合国内一线娱乐媒体，打造最具影响力和公信力的娱乐平台，以及最犀利点穴、最具态度的观点平台。

（8）视频快报频道——热门视频，抢先快报

迅雷看看视频快报频道包含各类最新鲜最劲爆的国内、国际、社会、军事、科技、搞笑、时尚等视频，欲知天下大小事，尽观视频快报。2013 年，视频快报为你第一时间展示新闻事件、呈现多维度新闻视点、还原新闻真相。

（9）1080P 全高清免费频道——树立高清新标杆 引领行业新潮流

1080P 全高清免费频道是互联网首家 1080P 全高清平台，独家免费提供 3000 小时海量电影、电视剧、动漫、纪录片。支持在线点播、下载服务、无贴片广告打扰，全方位满足观影需求，给用户清爽观影体验。

频道特点：1080P 观影环境检测；1080P 预缓冲服务；顶级影像处理技术。

（10）微电影频道——中国第一微电影发行平台

迅雷看看微电影频道与国内外优秀专业影视制作机构、个人工作室、广告客户全方位合作，免费提供全球最好看、最丰富的微电影在线点播服务，致力于构建海量高清微电影播放发行平台，并为影视有志之士架设微电影制作团队与投资方的沟通桥梁。

（11）付费频道——最高清、最优质的数字内容发行平台

迅雷看看付费频道向广大迅雷看看用户以及迅雷 VIP 用户提供高级增值服务，包括新片抢先看、1080P、蓝光下载、3D 影院、欧美大片专区等。

频道特点：点播片库、包月片库、蓝光下载、去广告特权。

7/网络视频搜索

7.1 概述

如果你错过了心仪的电视节目，那么你一定不要错过视频搜索。搜索曾是 2005 年互联网行业关注的焦点，这是网民对互联网服务的新需求，这也是市场细分和产品细分的结果。2006 年，社区搜索、购物搜索、旅游搜索等各类垂直搜索成为当年互联网行业的新热点。

视频搜索，即 Video Search，利用非结构化信息处理技术，对网络上的视频文件进行搜集整理，并可供查询。通过信息采集、信息识别、信息整理和用户查询四个步骤实现视频文件的查询。

视频搜索技术针对音视频这类非结构化数据，使用了自动数字化、语音识别、自动抽帧和内容自动关联等技术，真正做到了从内容上对视频进行搜索。可以设想，当 IPTV 和视频博客迅猛发展时，我们面对的将是成千上万个"频道"，在这些"频道"里找到想要的东西无异于"海底捞针"，仅仅靠翻阅肯定无法实现，必须借助视频搜索。随着行业细分，可以预见，视频搜索在未来将引发新一轮热潮。

进入视频搜索网站，使用关键词、句子甚至自然语言，用户均可以迅速搜索到符合条件的电视新闻资讯片断、电视节目片断以及网络视频、网络播客、音频网站上相应的音视频内容，并实现高速在线播放。内容自动关联技术，为每一个用户的搜索提供了个性化的相关音视频内容的推荐。这是用户的福音：搜索到了更为准确的视频内容，提高了搜索效率，节省了时间。另外，FLV 播放器还能根据用户搜索条件进行预览播放，帮助用户判断视频内容是否符合需要，有效提高用户的搜索效率，体验到做视频主人的快感。这些不同寻常的功能，改变了以往的搜索只能把音视频文件看成一个文件从而搜索文件名的做法，真正做到了对音视频文件的内容搜索。

如今，不论是互联网巨头 Google、Yahoo、微软，还是在本土市场占得一席之地的 Baidu、iask，搜索引擎厂商已纷纷涉足视频搜索。视频搜索技术成为热点的另一原因是它蕴涵着巨大的广告商机，可以假设，在用户等待搜索结果下载的时间里，系统知道他正在搜索的词，然后就向他播放和这个词相关的广告，其针对性比电视里的铺天盖地的广告更强。对于电视台来说，视频搜索技术还有利于对视频广告的投放效果进行跟踪，从而进一步衍生出各种形式的新广告业务。目前在视频领域，虽然还没有像 Google 和 Yahoo 这样的搜索引擎霸主出现，也没有像 TVGuide. com 那样值得关注的节目指南，但越来越多的竞争者已经加入进来，试图在视频领域内瓜分份额巨大的互联网广告收入。

7.2 视频搜索技术

与传统网页搜索不同，视频文件属于非结构化信息（Unstructured Information），视频资料的搜索技术有别于传统网页搜索。按照搜索技术可以将视频搜索分为两类：通过文件名或标签（Tag）进行搜索和通过视频内容进行搜索。

1. 通过文件名或标签进行搜索

现在，大多数网络搜索在查找多媒体文件时是通过视频文件的名字或其他标签，如视频文件的标题、作者、摘要、关键词等。Tag 是一种关键词标记，可以将视频文件标注关键词，利用搜索技术检索所有拥有 Tag 标记的视频文件，并按照一定规则将地址反馈给用户。通过 Tag 技术搜索，可以将非结构化的视频文件转化成结构化信息进行检索。

2. 通过视频内容进行搜索

该技术是对视频内容进行分析处理，转换成结构化索引，再通过内容进行检索。主要表现为通过对视频资料进行数字化处理，然后利用语音识别技术提取文件中有用的内容进行标记，最终通过检索展现给用户，并实现关键帧定位。

采用内容搜索方法，可通过判别相关度来对数据进行检索和筛选，根据用户输入的词、句子或段落，通过模式识别或概念匹配的方式，找出在内容上最接近的搜索结果提供给用户，用户可以按相关度排序来找到自己满意的结果。这项技术可以避免许多单纯依赖关键字检索出现的错误查询结果，同时又能够查到那些可能不包含具体关键字，但包含相关概念的文档。通过概念来检索的方法可以让用户发现一些事前他们不知道的信息。搜索技术的差异性将直接决定搜索的准确性和人工处理的成本，用户体验也会产生较大差异。

下面以百度为例，对网络视频内容的获取技术、分类机制、检索技术等做简要介绍。

在网络视频内容的获取技术方面，百度视频搜索并不获取真正的"视频内容"，而是获取和保存网络视频的页面链接。相关的技术主要有定向抓取和网页数据挖掘技术。与百度的其他搜索类产品类似，百度视频搜索使用自己的网络爬虫对网络上的视频链接进行抓取，并通过对主要的视频网站进行定向抓取来提高搜索效率。另外，百度旗下的视频搜索，可以共享百度网页搜索的资源，在海量网页中分析和提取视频链接。

在网络视频内容的分类机制方面，百度视频搜索根据用户需求类型建立自己内部的分类机制。首先根据内容的题材、形式，网络视频被分为电影、电视剧、综艺节目、动漫等，然后再由计算机根据视频来源、视频文本描述模式、视频时长等特征，自动进行分类。

在网络视频内容的检索技术方面，目前百度主要采用的是文本检索，但是对 query 做了一定的语义分析处理。为了扩大搜索的查全率和查准率，百度视频搜索的当前索引对象主要包括页面文本信息、扩展信息和视频属性。具体来说，包括：（1）对视频所在网页的结构进行分析，识别并提取网络视频的通用描述字段，如视频标题、视频 Tag 和视频内容描述等文本。对这些描述文本，会进行全文索引。（2）对于影视剧等类型的视频，会根据其内容，索引响应的导演、演员等扩展信息。（3）对视频的清晰度等属性进行提取，并进行索引。

除了上述手段保证视频搜索的效率之外，百度始终秉承"让用户更便捷地获取信息，找到所求"的核心理念，一直对用户满意度做持续的优化。对用户体验的优化，主要基于专家分析、用户行为分析与用户反馈，一方面针对 bad case 不断迭代改进，另一方面积极创造更多提升用户满意度的产品形式和策略。

7.3　视频搜索引擎

最早在 2006 年底的时候就出现了视频搜索引擎，当时比较有名的是 pcpie。紧跟着出来了 pp. tv，这是依托 PPLive 和 PP 视频加速器发展起来的一个视频搜索网站。后来 PPStream 也紧跟着 PPLive 开始做视频搜索，不过在市场上名气不大。2008 年迅雷加入视频搜索行业中，推出了"狗狗"。其实早在 2006 年的时候，百度和谷歌就已加入了视频搜索行业。

国内的视频搜索引擎可以分以下几类：

1. 专业搜索引擎的搜索子频道

谷歌（http：//video. Google. cn）2006 年 9 月 21 日正式对外发布。有热门、幽默、娱乐、体育、音乐和动画六大栏目，并对当天 100 大视频进行排行。

百度（http：//video. baidu. com）汇集了几十个在线视频分享网站的视频索引资源而建立。凭借着在搜索引擎上的市场份额所带来的迁移效应，百度的视频搜索也在国内视频搜索引擎占据头把交椅。

2. 门户网站的视频搜索产品

搜狗（http：//v. sogou. com）是搜狐旗下的视频搜索引擎，支持 Flash 视频搜索和在线观看。

爱问（http：//v. iask. sina. com. cn）是新浪旗下的视频搜索引擎，支持 Flash 视频搜索和在线观看，以站内视频搜索为主。

雅虎（http：//video. cn. yahoo. com）搜索结果均来自于同一个视频网站，所以不计入分析队列。

搜搜（http：//video.soso.com），搜索技术和搜索结果均套用 Openv 的数据，所以不计入分析队列。

3. 专业的视频搜索引擎

Leexoo（http：//www.Leexoo.com）已经推出测试版，是一款基于视觉特征分析技术的视频搜索引擎。该引擎在搜索结果中以多个图片的方式提供视频摘要，使用户可以更加直观地选择要观看的视频。该款视频搜索引擎除了提供文字搜索视频服务外，还率先提供图片搜索视频和视频搜索视频的服务，同时提供在线视频、手机视频、P2P 视频搜索等不同类型视频的搜索服务。

Openv（http：//www.Openv.com），于 2006 年 3 月推出，采用英国 Autonomy 公司的视频搜索技术，目前有包括央视、腾讯搜搜、新华网在内的多家合作搜索站点，号称电视视频搜索全球第一。

Pcpie（http：//www.Pcpie.com）于 2006 年底推出，有国内最大的视频数据量。

三大专业视频搜索引擎专在何处？

（1）Openv 的音频分析技术：视频搜索引擎技术来自国际上领先的非结构化搜索技术提供商 Autonomy，Autonomy 的技术是对音频的分析，它是国内颇有技术特色的公司，但由于核心技术来自国外，Openv 已经更多的转变为一个面向电视台的搜索技术服务提供商及视频分享网站。

（2）Leexoo 的视频分析技术：Leexoo 是按照视频特征进行分类，谷歌和搜狗与此模式类似，而其他视频搜索引擎则是按照视频的文字标签来划分，这是视频搜索所要求的基本技术，也是一种门槛级的技术。

Leexoo 也改变了用户视频搜索的习惯，使用户不再是按自上而下的顺序寻找所关注的内容，而是全面地概览后直接选取所需，节省了大量时间，从而提高了搜索效率。另外，其图片搜索视频和视频搜索视频服务也值得期待。

（3）Pcpie 的分类准确而详细，信息全面，视频数量众多。

视频搜索虽然是搜索引擎的一种细分类型，但与传统的网页搜索存在较多差异（见表 7-1）。

表 7-1　　　　　　　　　　　　　　网页搜索和视频搜索比较分析

类别	网页搜索	视频搜索
搜索内容	网页、新闻、文档	音频、视频文件
内容类型	非结构化信息	复杂的非结构化数据
处理过程	需要聚类处理	需要较多的人工处理
信息量	海量信息	信息量相对较少

7.4　视频搜索产业

≫ 7.4.1　视频搜索现状

中国视频搜索市场起步相对较晚，大部分视频搜索网站借鉴了欧美的成功的运营模式和经验。2005 年中国视频搜索市场进入起步阶段，2005—2006 年多家视频搜索企业采取各种经营方式介入视频搜索领域，互联网用户开始逐步接触视频搜索。

互联网用户日益多样化的需求推动了视频搜索的出现，并且将直接决定视频搜索行业的发展方向，在网络视频资源匮乏的前提下，与内容提供商的合作将是整体视频搜索行业企业的工作重点之一。

虽然目前广告主对于视频搜索的认可程度还较低，但是多家视频搜索服务商还是对视频搜索行业的发展充满信心，搜索引擎行业的巨大发展为视频搜索树立了一个典范。

≫ 7.4.2　视频搜索产业链结构

与搜索引擎产业链结构相似，视频搜索产业链结构如图 7-1 所示。

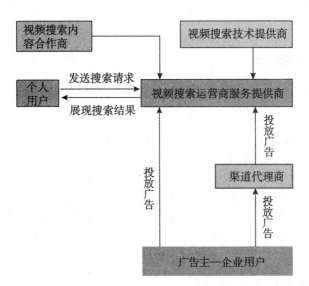

图 7-1　视频搜索市场产业链结构

1. 视频搜索运营商（服务提供商）

视频搜索运营商主要是以视频搜索门户的形式向用户提供视频搜索服务，目前视频搜索服务均对用户免费，但未来将会有付费的视频搜索服务，而付费视频搜索服务更多的将集中于存在版权的内容类型，与搜索引擎行业相似，部分视频搜索技术提供商和搜索服务提供商合二为一。

目前视频搜索运营商主要分为两类，一类是以百度、搜搜、新浪爱问、Google 为代表的视频搜索运营商，其特点是不存放视频资料，只提供地址；第二类是以 CCTV、TVix 为代表的视频搜索运营商，其特点是存放视频资料，但只提供站内视频资料搜索。

2. 渠道代理商

搜索引擎行业内多数搜索引擎运营商通过渠道代理来解决其产品向商品转变的过程，渠道代理商通过自己专业的互联网营销知识来为企业用户服务，从而解决了企业用户与搜索服务提供商之间的收费问题。视频搜索行业广告收入也将是主要收入来源，所以与搜索引擎行业相同，渠道代理商也将占据非常重要的位置。

3. 广告主（企业用户）

视频搜索为广告主提供了一个新的视频广告的发布媒体，对企业用户来讲，视频搜索能够提供更高的用户关注度，而最终为广告投放付费的广告主将是视频搜索产业链中重要的一环。

4. 个人用户

个人用户通过发送搜索请求进行视频搜索，并浏览搜索结果，是广告主广告的最终受众。

5. 视频搜索技术提供商

视频搜索技术提供商为视频搜索服务提供技术支持服务，在以技术为主导的视频搜索市场中，搜索技术提供商占有很重要的位置。

6. 视频搜索内容合作商

视频搜索内容合作商与视频搜索服务提供商进行内容合作，为视频搜索服务提供商提供视频文件，主要为国内电视台、境外媒体、唱片公司、电影公司等。值得注意的是，在版权问题能够确保的前提下，针对用户的收费也会由视频搜索服务提供商与视频内容合作商进行拆分。另外，网民自主提供的视频文件也会是视频搜索重要的内容来源之一。

7.5 视频搜索典型企业

1. 百度视频搜索

百度视频搜索是全球最大的中文视频搜索引擎，在百度视频搜索您可以找到最新、最热、最全的中文视频，获得完美的观看体验。

《互联网视频开放协议》是百度视频搜索制定的搜索引擎视频源收录标准，网站可将发布的视频内容制作成遵循此开放协议的 XML 格式的网页（独立于原有的视频发布形式）供搜索引擎索引，将网站发布的视频主动、及时地告知百度搜索引擎。采用了《互联网视频开放协议》，就相当于网站的视频被搜索引擎订阅，通过百度——全球最大的中文视频搜索引擎这个平台，网民将有可能在更大范围内更高频率地访问到该网站的视频。

2. OpenV

OpenV 于 2006 年开始推出其专业的视频搜索服务，利用 Autonomy 的领先音视频处理索引技术，能够对音视频文件的全内容进行检索，并实现准确定位，通过独特的电视墙形式对视频信息进行直观展示。OpenV 为央视国际网站、搜搜视频搜索、263、上海文广的东方宽频等电视台和网站提供了多种技术服务，其中，为电视台提供视频搜索技术和内容托管服务，为网站提供视频搜索技术服务。

3. 腾讯搜索

作为搜搜品牌的一项细分搜索产品，搜搜视频搜索能够提供包括电视视频和网络视频在内的视频文件搜索。在搜索技术上，搜搜视频搜索技术是由 OpenV 提供技术支持。

4. 新浪爱问搜索

新浪爱问视频搜索是 Iask 品牌的一项细分搜索产品，可以搜索网络上的视频文件，可搜索到 rmvb、rm、asx、wmv、mpg 等各种视频播放格式的文件，以及压缩后的 rar、zip 等文件。

5. CCTV

央视国际（CCTV.com）是中国中央电视台网站，其搜索功能由 OpenV 提供技术支持，提供中央电视台各频道电视节目视频搜索服务。

7.6 视频搜索产业盈利模式

按照支付端差异将视频搜索产业盈利模式分为两类：企业端付费和个人用户端付费。

7.6.1 企业端付费盈利模式

企业端付费在目前看来是一种最容易实现的盈利模式，广告主对流媒体广告形式的认可程度不断加强，可以带动视频搜索运营商为广告主提供流媒体的展现平台。以插片、竞价、匹配等视频广告为主的盈利模式将很快出现。

插片视频广告：视频搜索运营商（服务提供商）可以在播放的内容视频片前、片中、片尾插播时间较短的视频广告。

竞价视频广告：与文字搜索引擎广告类型相似，视频搜索也可以利用竞价排名的形式为广告主提供服务，由关键词竞价结果决定在搜索结果页面中显示的广告内容。

匹配视频广告：视频搜索运营商（服务提供商）可以为广告主提供分类视频广告展示，例如用户需要观看的是一段汽车的视频，就在页面的其他位置展示某一汽车产品的广告。

个性化皮肤等其他形式的广告：除了上述视频搜索的特色广告形式，仍然有很多与传统互联网网站相似的广告形式供视频搜索运营商选择，例如文字链、Banner、漂浮等。利用页面资源可以与广告主进行深度的广告合作，例如在播放器加载电视机类广告主的产品外观广告灯。

部分视频搜索运营商的主页特色使得其能够拥有电视墙广告展示形式。

≫≫ 7.6.2 个人用户端付费盈利模式

由于 MTV、电影、电视剧等视频资料属于有版权视频，视频搜索运营商可以联合内容合作商将此类视频文件推出在线观看或下载的服务，并向用户收取一定费用。这种视频搜索及流量服务可以通过两种形式实现。

1. 站内用户付费模式——运营商主导

内容合作商将视频资料提供给运营商，由运营商直接为用户提供所有服务并收费。收取费用由运营商和内容商分成，或由运营商直接支付版权费用。

2. 站外用户付费模式——内容商主导

运营商根据用户搜索请求提供搜索结果，用户通过搜索结果链接到内容视频资料存放地址，由内容商提供服务并收费。内容商按照次数付给运营商一定费用。

8 / 国家网络视听公共服务平台模式

8.1 概述

≫ 8.1.1 定位

2009 年 12 月 28 日，中国网络电视台（China Network Television，CNTV）正式开播，域名为 www. cctv. com 和 www. cntv. cn，这是我国新兴媒体发展的一个重要里程碑，也是提高我国国际传播能力的关键步骤，目标是通过建设国际领先的音视频门户网站，着力提升我国国际传播的话语权。

中国网络电视台秉持"一云多屏，全球传播"的国际化传播理念，是国家网络广播电视播出机构，是以视听互动为核心、融网络特色与电视特色于一体的全球化、多语种、多终端的网络视频公共服务平台。基于中国网络电视台开展的业务包括通过有线互联网、无线互联网以及其他传输方式，面向多终端进行全球分发的各类视听节目。节目形态主要包括视频直播、视频点播、视频下载、回看时移、自办频道栏目及内容集成服务等。

≫ 8.1.2 发展历程

1. 启动阶段（2009 年）

（1）业务开展。国家网络电视台挂牌上线，网络电视推出主页、客户端以及 5 个专业台。5 个专业台分别为：新闻台、体育台、综艺台、播客台、搜视台。国家网络电视台节目传输管理机制初步建成，包括制作规范、播出要求、审核机制、版权管理等，确保安全播出。

（2）技术平台。完成 5 个海外镜像站点一期工程建设；打造多终端制作与存储平台、多终端内容集成与播控平台、视频分享与互动应用平台。

（3）企业运营。央视国际网络有限公司负责主体运营，并逐步建立和完善新的组织架构。

2. 完善阶段（2010—2011 年）

（1）业务开展。每年开设 10 个专业台。2010 年，开设财经台、探索台、教育台、民族台、电影台、电视剧台、动漫台、游戏台、台海台、亚太台 10 个专业化台。2011 年，开设音乐台、旅游台、健康台、购物台、北美台、欧洲台、俄语台、阿拉伯语台等 10 个专业化台。

（2）技术平台。完成全部 10 个海外镜像站点。

（3）企业运营。在企业运营方面，中国网络电视台有关业务实现部分分拆，由央视国际网络有限公司成立新的股份公司，争取上市，向社会直接融资。

3. 拓展阶段（2012 年至今）

（1）业务开展。多终端业务全面开展，覆盖移动互联网（手机）、互联网电视（电视终端）及各种多媒体终端（汽车、火车、民航、地铁、楼宇、广场大屏幕等公共视听载体以及机场大屏电视等）。到 2014 年，国家网络电视台将形成主页、专业台、客户端以及多终端传播并举的完整业务架构，成为国家综合网络视频平台。

（2）技术平台。扩容已有 10 个镜像站点；建成天津和成都两大数据中心；多终端制作与存储平台达到 60 万小时的制作存储能力；多终端内容集成与播控平台直播并发支持 700 万用户，点播并发支持 70 万用户；视频分享能力 2014 年将达到支持每天 10 万条或 5000 小时的网民上传视频量。

（3）企业运营。在企业经营方面，上规模、有效益的多终端业务都将实现独立公司化运营，拆分成新的股份公司实现上市融资。

≫≫ 8.1.3 发展策略

中国网络电视台充分发挥电视平台和网络平台的双平台的优势，目标是建设成为我国具有公信力和权威性的网络视频互动传播平台，对国际国内重大政治、经济、社会、文化、体育等活动和事件以网络视听的形式进行快速、真实的报道和传播。同时，着力为全球用户提供包括视频直播、点播、上传、搜索、分享等在内的，方便、快捷的"全功能"服务，为各种移动多媒体终端提供节目内容服务，为广大网民提供科技、文化、医疗、娱乐、教育等公共信息服务，成为深受用户喜爱的公共信息娱乐网络视频平台。

中国网络电视台以"参与式电视体验"为产品理念，在对传统电视节目资源进行再生产、再加工以及碎片化处理的同时，着力打造网络原创品牌节目，鼓励网友原创和分享。注重用户体验，不断完善服务体系，让网友在轻松体验高品质视听服务的同时，更多地参与到网络互动中来。

⟫⟫ 8.1.4　传播渠道

随着新媒体、新技术的发展，新的传播渠道也会越来越多。而失去渠道控制力对媒体而言是致命的，因此传统媒体向内容工厂转型意义不大。媒体＝内容＋媒介，媒介＋用户习惯＝渠道。渠道是媒体的生命，没了渠道价值，媒体必然逐步衰亡。

目前，中国网络电视已建成网络电视、IP电视、手机电视、互联网电视、移动电视集成播控平台。以国家网络视频数据库（内容云）为核心，以国家新媒体集成播控平台、全球网络视频分发体系为支撑，初步构建起多语种、多终端、全媒体、全覆盖的"一云多屏、全球传播"的传播体系。中国网络电视台生产的内容同时面向电视终端、电脑终端和移动终端（三屏），并通过综合多媒体门户平台、微博平台、移动互联网客户端平台、IP电视平台、手机电视平台、互联网电视平台，以及车载、户外等公共视听平台（七平台），为用户提供视频直播、点播、回看、时移、上传、搜索、分享等"一站式"视频服务，提供社区、博客、微博、邮箱、论坛等方便、快捷的"全功能"服务。通过这些新的传播平台、新的传输渠道，覆盖被分流的受众，抢占传播的制高点。

1. 网络电视

对外播出名称及呼号为中国网络电视台（英文域名：www.cntv.cn；中文域名：中国网络电视台.cn），开播时间为2009年12月28日。开播后将推出主页、客户端以及五个专业台，即新闻台、体育台、综艺台、播客台、搜视台，初步形成中国网络电视台的基本形态。各个专业台业务包括视频直播、视频点播、自办频道以及视频集成业务。

2. 手机电视

对外播出名称及呼号为中国网络电视台手机台（也可称为中国手机电视台）。通过与中国移动、中国电信、中国联通等电信运营商合作开办手机电视业务，面向手机用户提供直播、轮播、点播和视频下载服务。形成以新闻、财经、体育类节目为重点，以集成的影视、娱乐内容为亮点的内容格局，从动态实时报道到深入性分析，基本满足各年龄层手机观众的需求。

3. IP电视

对外播出名称及呼号为中国网络电视台IP电视，开播时间为2010年1月1日。业务内容主要包括视频直播业务（直播46路，其中包括中央电视台15路，地方卫视31路；轮播8路，其中导视1路）和视频点播业务（回放20路48小时；时移20路30分钟；点播7大分类约5000小时节目）。

4. 移动传媒

对外播出名称及呼号为中国网络电视台移动传媒（公交台、地铁台、民航台、楼宇台、店内台等）。在全国范围内为公共视听载体提供节目集成、播控、传输的服务。节目主要来源于央视以及地方卫视经典品牌栏目的精编制作，同时联合新华社图片资源，针对公交移动、长途快客、机场、肯德基、麦当劳等不同受众需求特点，打造面向不同受众阶层的节目内容。

≫≫ 8.1.5 技术架构

网络电视台是电视和网络媒体的融合。中国网络电视台技术平台及基础设施可以概括为一张网、两个库、三大平台、四项核心技术研发以及多终端覆盖（见图 8-1）。

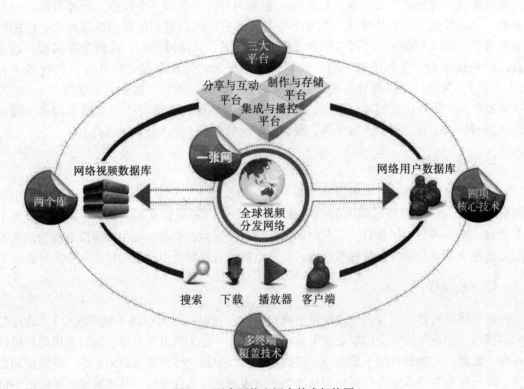

图 8-1 国家网络电视台技术架构图

1. 一张网

一张网是指以国际国内镜像站点为核心的全球网络视频分发网络（GVDN）。目前已经完成 10 个海外镜像站点一期工程建设和 23 个国内镜像站点建设。目前海外镜像站点总体构建起了有效覆盖 210 多个国家和地区的海外网络支撑体系。

2. 两个库

两个库是指网络视频节目数据库和网络用户数据库。网络视频节目数据库和网络用户数据库全面对接，网民既可以通过视频搜索等各种形式浏览网络视频节目数据库中的所有节目，也可以将自己拍摄到的内容上传到网络视频节目数据库中，供他人观看和分享。

3. 三大平台

（1）多终端视频节目制作与存储平台。建设集视频采集、编目、制作、存储等功能的网络视频生产基地，为互联网、手机、移动电视等多终端提供节目制作存储服务。（2）多终端视频节目集成与播控平台。承载各地方台、各机构视频信号的分发、调度和监控，形成国家网络电视台视频节目的安全播出体系。（3）多终端网络视频分享与互动平台。目前已完成视频分享应用系统第一阶段的开发工作。国家网络电视台将具备强大的视频分享及互动业务能力。

4. 四项核心技术研发

（1）视频搜索技术。提供完善的视频搜索服务，打造国内一流视频搜索产品和业务。（2）定制下载技术。推出视频定制下载服务，满足网民更多个性化需求。（3）视频播放器技术。包括网络高清视频技术、画中画播放技术以及动态视频码率技术等，旨在为用户提供全新的收视体验。（4）客户端软件技术。网民通过下载和安装客户端软件，可以在不登录网站的情况下，一键直达地观看视频并参与视频上传、下载、订阅、搜索和分享。

国家网络电视台将不断引进高水平的专业技术人才，大力研发具有自主知识产权的网络视频传播技术，分阶段建设国家网络视频传播技术研发中心。到 2014 年，国家级的网络视频技术研发中心将拥有 1000 名技术研发人员。

5. 多终端覆盖

与传统的广播电视星网覆盖方式不同，网络电视台是基于 IP 协议的互联网技术实现覆盖，通过固定互联网、移动互联网及具有双向交互功能的下一代广播电视网等方式，向电脑用户、手机用户、移动多媒体用户提供全新互动节目的新媒体平台。传统电视覆盖主要是以电视机为终端，在家庭和办公室等场所收看。网络电视台可以把传统电视覆盖延伸至电脑终端、手持终端及公共场所视听载体。二者结合实现全覆盖，随时随地，无处不在。国家网络电视台未来的发展规划，就是要打造以全球覆盖网络为基础，同时支撑网络电视、手机电视、IPTV、移动电视等多终端业务，从而成为国内国际最先进的、融多终端视频分发于一体的统一网络视频技术平台。

≫ 8.1.6 核心竞争力

中国网络电视台将建设我国规模最大的网络视频节目数据库及全球化多语种、多终端的内容分发体系，实现将最好的内容传播给最多用户的平台价值与目标。

1. 建设中国规模最大的以网络视频为核心的多媒体数据库

中国网络电视台将深度挖掘中央电视台 45 万小时优秀历史影像资料，汇集全国电视机构每天播出的 1000 多个小时的视频节目。同时，将我国各个领域优秀的历史文化进行影像化、数字化保存，建立我国规模最大的以网络视频为核心的多媒体数据库，把中国网络电视台建成中国规模最大的网络视频正版传播机构。

2. 建设开放合作的全球化、多语种、多终端的节目分发体系

中国网络电视台通过汇集网络电视、IP 电视、手机电视、移动传媒等各种媒体终端（汽车、火车、民航、地铁、楼宇、广场大屏幕等），打造多语种频道，通过部署全球镜像站点，覆盖北美、欧洲、东南亚、中东、非洲等近百个国家及地区的互联网用户。中国网络电视台秉承"开放、合作、共赢"的理念，通过与全球网络分发机构、移动运营商及互联网电视终端厂商等合作，联合运营，共同推动新媒体产业的发展。

3. 中国网络电视台的产品与服务

目前，已推出首页、客户端和新闻台、体育台、综艺台、爱西柚、电影台、电视剧台、经济台、探索台、纪录片台等九个产品，以及用户中心和客服中心。

（1）新闻台。新闻台即面向全球、多语种、多终端的立体化新闻信息共享平台。以视听与互动为核心，24 小时不间断提供最快捷、最权威、最全面、最丰富的新闻视听与互动服务，传播中国，了解世界。核心栏目有：

①网络新闻联播：网络新闻联播秉承"第一时间、第一现场"的理念，凭借 CNTV 遍布全球的专业新媒体采编团队，将传统新闻报道与微博传播平台有机结合，提供最专业、最权威、最快捷的微新闻报道，还原新闻本原，触碰事实真相。

②我在现场：汇集全球新闻发现力量，动用全部媒体技术手段，全方位还原新闻现场真实面目。

③民声在线：是中国具影响力的视频新闻互动平台。集合意见领袖，提供草根话语空间。

④新闻名栏：中国最大的网络视频新闻数据库。汇聚 100 个 CCTV 新闻名栏，50 个地方卫视新闻名栏。

（2）体育台。发挥电视媒体和网络媒体双平台优势，充分利用体育赛事独家版权和原创资源，全程直播国内、国际重要赛事，为广大网友呈现以 24 小时线性直播为核心，以海量体育视频、赛事图文资讯、赛事数据服务、网络社区互动、移动终端交互等为辅助功能的体育视频互动社区。核心栏目有：

①5plus：在 CCTV5 的基础上打造 24 小时原创的线性播出频道，集合 8 路信号同时直播，充分体现中国网络电视台体育资源的优势，为用户提供了多样性选择。

②体育专项台：按体育大项开设专业频道，呈现足球频道、篮球频道、综合体育频道等空间。

③顶级赛事台：按年度顶级赛事进行分类，开辟顶级赛事台，如冬奥会频道、世界杯频道、亚运会频道等。

（3）综艺台。集纳央视和地方卫视电视台综艺和影视资源，结合传统电视媒体的内容优势和互联网新媒体的传播优势，为用户提供精品综艺视频互动服务。整合形成 10 个专业轮播频道和 1 个 7×24 小时滚动播出频道，打造开放式网络视频互动社区。核心栏目有：

①综艺大联播：集合国内优秀综艺栏目，打造 7×24 小时滚动播出频道。

②高清影视剧：集合海内外最热影视剧及央视 15 档影视栏目，同时推出片花欣赏、幕后探班等热点版块。

③明星频道：汇集音乐、综艺、影视、戏曲等艺术门类知名人士，打造中国最大的明星汇集地。

（4）爱西柚（播客台）。中国网络电视台旗下的视频分享与互动平台，鼓励网友创作、编辑和分享健康、优质的网络视频。"爱西柚"集电视特性与互联网属性于一身，其目标是打造高水平的视频上传、分享、搜索及播放的开放平台，优秀的网络作品还将有机会在中央电视台栏目得以展现，实现网络视频更大的社会价值。"爱西柚"将视频分享与互动社区相结合，不仅让网友轻松获取"互动式网络电视"体验的乐趣，还是网友之间分享、沟通和交流的视频网络家园。核心栏目有"我的电视"、"我拍电视"和"我上电视"等。

（5）电影台。基于海量电影视频信息库，突出影院效果体验、轮播、直播、点播等特点，为用户提供高清正版大片、片花及电影栏目视频等，同时推出原创访谈、大型活动报道、明星动态、首映式活动、观众及专业人士评论等，为用户打造精彩电影生活。

（6）电视剧台。拥有大量电视剧视频库，应用动态码流、互动播放窗等技术手段，打造集高清剧场、7×24 小时线性直播、海量电视剧集分类点播、电视剧大型活动报道、原创访谈于一体的电视剧互动平台。电视剧台第一时间为用户展现上海电视节、金鹰电视节、飞天奖等业界大型活动报道，并作为每年度电视剧群英汇独家官方网站，承接年底电视剧界最华美盛宴。

（7）经济台。为用户提供专业经济视频资讯的互动服务平台，包括最新、最全的经济视频资讯，专业、深入的经济新闻调查与评论，最有价值的投资理财参考等丰富经济视频内容。

（8）探索台。以人文、自然、科学等知识探索类视频为基础与核心，集成中央电视台、地方电视台等相关视频及栏目，形成多个探索专业频道，打造动态网络探索互动视频社区。

（9）纪录片台。在中央电视台大量优秀纪录片资源的基础上，集纳地方电视台及各种媒体机构的纪录片资源，打造中国最大的纪录片网络视频互动平台。用户可以根据纪录片播出年代、播出机构、类别等多种方式搜索自己喜爱的视频内容，同时还为纪录片爱好者提供了交流和展示平台，鼓励更多的用户参与纪录片的创作。

（10）动画台。动画台是中国网络电视台动画片视频网络台，提供海量热播及经典的国产和国外的动画片高清视频在线观看，有最丰富的动漫产业资讯，并为原创动画打造广阔空间。力求通过整合内地、日韩、欧美等地最优质的动漫内容，构建正版高清动漫平台，致力于带给用户最好的体验、最佳的视觉效果、最新最热的动漫视频。

（11）全功能首页。中国网络电视台首页，以视频搜索为核心，为用户提供全方位的网络视听节目检索服务；对中国网络电视台旗下的各个专业台予以聚合、导航和关联；对国内外重大时事政治、经济、文化、社会、体育活动和事件等及网民关注或其制作的热播视频进行重点推荐和推广；引导用户参与注册、登录等个性化服务、参与视频分享等网络互动活动。首页划分为三大区域，即功能服务区、品牌推广区、内容推荐区。

（12）C-BOX（网络电视客户端）。C-BOX 是中国网络电视台的客户端软件。网友安装后，可从桌面轻松点击进入，体验中国网络电视台丰富优质的视频内容和强大的视频功能服务。拥有视频直播、点播、电视台列表、智能节目单、电视预约功能、收藏等功能，实现了个性化电视节目播放与提醒，让网友更加自由、方便地体验中国网络电视台。

（13）用户中心。用户中心是中国网络电视台的用户管理个人信息、好友关系和留言评论的统一平台，也是未来个人门户的管理中心。用户可以了解好友动态，订阅体育赛事，参与娱乐活动，也可以参加投票、竞猜、调查等各项活动，与频道、栏目和其他用户形成互动。同时，用户中心还会提供丰富的应用和游戏，让用户充分享受互动的乐趣。

（14）客服中心。客服中心是中国网络电视台为用户提供及时响应的"一站式"服务窗口，用网络手段服务于用户的咨询、投诉、建议，改善用户体验。客服中心运用在线语音、即时留言、邮箱、帮助手册等多种方式，建立用户与中国网络电视台的互动交流通道，倾听用户需求、答疑解惑、吸纳用户意见、建议并协调处理、反馈结果。

≫ 8.1.7 国际化传播体系

通过部署全球镜像站点，中国网络电视台已覆盖全球 210 多个国家及地区的互联网用户，推出了英、西、法、阿、俄、韩 6 个外语频道以及蒙、藏、维、哈、朝 5 种少数民族语言频道。

8.2 国家网络视听公共服务平台

国家网络视频公共服务平台是国家的公共管理、文化基础设施，所承载的共产党员网、全国网络公益广告制作中心、中国政协网等项目，其传播主体分别是中共中央组织部、中共中央宣传部、中央文明办等六部委、全国政协。

≫ 8.2.1 共产党员网

1. 共产党员网概况

2012 年 6 月 30 日，在中国共产党成立 91 周年之际，由中组部主管，中组部党员教育中心主办，中国网络电视台承办的共产党员网正式上线开通，习近平、刘云山、李源潮等党和国家领导同志视察共产党员网建设情况并出席开通仪式。在开通仪式现场，习近平同志亲自按下按钮，共产党员网正式上线。他明确指出，哪里有共产党员，共产党员网就要努力覆盖到哪里，要突出党员意识教育和宣传，让每个党员都牢记自己的共产党员身份。

作为面向广大党员干部群众的网络学习平台，共产党员网目前开设有党建、学习、交流、服务、表彰 5 个频道，开辟高端访谈、基层故事、党务问答等 30 个栏目，集纳全国党员干部现代远程教育、共产党员手机报、共产党员电视栏目等内容，突出党员教育特色，兼顾新闻宣传。同时组织开展一系列党员干部群众喜闻乐见、广泛参与的互动活动，"寄语十八大"征集留言 50 余万条，全国党员教育培训教材展示交流活动收到投票 582 万张，"学习党的十八大报告和党章有奖知识竞赛"参赛人数突破 600 万人。截至 2013 年 3 月，共产党员网日均访问量和同时在线人数较 2012 年 7 月上线初期，增幅超过 100 倍。

按照总体设计、分步实施的原则，共产党员网二期建设将打造大型在线学习平台和互动交流社区，为各级党组织和党员干部群众开设个人空间、支部空间，提供邮箱、网盘等在线服务。今后还将针对手机、电脑、电视用户，提供"一云多屏"的多终端特色服务，充分满足广大党员随时、随地、随身学习的需求，使共产党员网真正成为"共产党员的家园、服务基层的窗口"。

2. 共产党员网建设历程

（1）一期建设阶段

2012 年 2 月至 6 月，中国共产党党员网络学习平台开始筹备一期建设，努力打造全国共产党员的学习平台、交流平台、服务平台和表彰平台，建设目标是哪里有共产党员，共产党员网就要努力覆盖到哪里，并突出党员意识教育和宣传，让每个党员都牢记自己的共产党员身份。2012 年 6 月 30 日正式开通。

（2）二期建设阶段

2012 年 7 月至 2013 年 2 月，完成了共产党员网二期总体建设，主要包括邮箱网盘、党信通、用户中心和数据分析、搜索和舆情研判系统、学习交流、敏感词过滤和专家资源库、网络安全分析等，其建设目标是把共产党员网办成中国党建第一网站，全面反映党中央和各部门、各地方党建工作。

在此期间，共产党员网承办了多项重要活动，如党的十八大宣传报道工作，"加强和改进新形势下党员教育工作网络征文"活动，被评为 2012 年度中国互联网最给力奖。2013 年 1 月 30 日，全国党员干部现代远程教育频道正式在共产党员网开通，标志着远程教育节目实现了在卫星网与互联网上的"双网并播"，广大党员干部随时随地收看学习远程教育节目又有了新的平台。

≫≫ 8.2.2　中国政协网

中国网络电视台长期支持人民政协工作的开展，充分利用自身优质视频与网络双平台优势，致力于优化全国政协网这一全国政协机关办公信息化和人民政协宣传工作的重要阵地和窗口。

2011 年 10 月，中国网络电视台圆满完成了全国政协内、外网主页 45 个专题及 27 个子站的改版工作；并于 2012 年 9 月完成中国政协文史馆网站上线。改版后的全国政协网不仅梳理了老网站数据资料，完成百万数据挪移，还丰富了频道内容，精心设计的页面集合视频、图文、文字等多种报道形式，全面、实时地展现人民政协工作的最新工作动态。另外，根据政协机关各局室需求，对十余个子站进行特色化建设。

为确保网站内容的时效性和安全性，中国网络电视台派编辑和技术人员对全国政协网进行日常新闻维护、搜索等功能开发及联络局等数据库的建立，保障网站的正常运行。此外，结合社会热点和政协工作重点，每周推出一个专题，有序引导舆论宣传。2012 年中国网络电视台与全国政协网共同策划八期"地方政协主席系列访谈"，反映各地人民政协事业的发展和履职工作的亮点，扩大人民政协在群众中的影响，为党的十八大胜利召开和人民政协事业的永续发展营造良好舆论氛围。

借鉴网络资源优势，应用新媒体的技术，中国网络电视台多次协助全国政协官方网站，2010 年共完成 20 多场重要会议的直播任务和视频资料记录。其中，在两会，首次实现了全国政协官方网站对全体会议政协委员大会发言的网络视频直播。

≫ 8.2.3　国家数字图书馆

CNTV 国家数字图书馆频道由国家图书馆和中国网络电视台共同建设开通，是一个面向全国及海外广大网友的在线学习与阅读平台，该平台充分挖掘、整合、利用国家图书馆与中国网络电视台自有版权数字资源，相互开放数据接口，是一个具有国家品牌效应的新型在线阅读和学习平台。同时，国家图书馆与中国网络电视台进行资源的优势互补，利用双方的网络新媒体业务运营平台和内容分发网络平台、网络阅读终端、系统集成，以三网融合为特征，共同推进数字资源面向全国和海外的服务平台。

CNTV 国家数字图书馆频道内容主要包括：

（1）国图馆藏的古籍、善本、年画等特色资源，每周结合不同的日期主题推出每周一库，根据主题向读者推荐国家数字图书馆自建或已外购的数据资源库。

（2）经过整合加工后的图文信息，有国家数字图书馆举办的在线展览、书刊推荐、文化播报，以及融合历史、文化、艺术、书法等多领域的信息制作的华夏遗珍、名城名镇、文保探幽等中华优秀传统文化的信息类栏目内容。

（3）视频类内容有国家数字图书馆的特色讲座——文津讲坛，请的都是国内外文化领域的知名学者，其他内容还有《馆藏故事》、《馆藏精品》、《书画鉴赏》等画面精致的专题片。

（4）读者可以在线通过电子阅读平台阅读中文、民国、古代典籍和小人书等多种类型的图书内容，以及国家图书馆举办的文津图书奖获奖图书。

CNTV 国家数字图书馆频道自 2010 年年底上线，在中国网络电视台首页首屏最佳推荐位置设立频道入口，频道内容每日更新，设立的一系列专栏节目受到了广大网友的喜爱和关注。自 2012 年 7 月以来，该频道日均 UV（独立访问人数）为 1.5 万人，总累计 UV 60 万人，总访问页次约为 3000 万人。

同时，国家图书馆与中国网络电视台合作，率先推出了基于 IPTV 的电视节目，内容涵盖文津讲坛、馆藏故事、馆藏精品、少儿读物等精品自建资源，为电视观众提供了内容丰富的知识讲座，为少儿用户学习传统文化提供了新的平台，成为电视观众走进图书馆、欣赏珍贵馆藏的一个重要窗口。为用户更加便捷地访问图书馆资源、获得图书馆服务提供了保障，建立了满足读者"个性化"与"随时随地"获取文化资源要求的新渠道。

≫≫ 8.2.4　国家大剧院古典音乐频道

"国家大剧院古典音乐频道"（以下简称"古典音乐频道"）上线两年以来，在中国网络电视台和国家大剧院的精心呵护下，业务内涵不断丰富，合作优势逐步凸显，已成为全国独一无二的新媒体高雅艺术视听平台。频道的品牌影响力与传播力也在双方稳定、务实的合作中稳步提升。一年来，双方都本着"精心、精致、精品"的工作理念，不断优化频道结构，反复推敲传播细节，在业界赢得了良好口碑。古典音乐频道传播力和影响力的提升不仅增强了公众欣赏高雅艺术的素养和能力，还为提升公众文化素质、净化互联网生态环境起到了积极的推动作用。

一是创新运营模式，发挥组合效应。古典音乐频道依托中国网络电视台强劲的新媒体传播力，盘活国家大剧院丰富的高雅艺术资源，让国家级表演艺术中心的院藏财富通过新媒体惠及更多公众。双方资源互动、优势互补、合作双赢，在进一步扩展中国网络电视台和国家大剧院品牌影响力的同时，让更多的人了解高雅艺术、享受高雅艺术。据了解，中央音乐学院、兰州大学等高等院校，都在频繁使用"古典音乐频道"的内容作为教学课件对学生进行专业音乐教育和高雅艺术普及。

二是传播精品文化，凸显频道品质。自频道上线以来，为凸显新媒体精品文化的产品定位，双方综合多方种意见，反复论证、仔细推敲，从技术到内容，对频道的各个方面进行调整与优化。在技术上，中国网络电视台针对频道整合的精品艺术资源，持续优化技术配置，对频道搜索、播放器等应用能用不断升级，以确保高音质、高画质、高品质的新媒体精品文化传播效果。在内容上，分别通过"自制视频"和"外购视频"两个种手段丰富和积累频道内涵。截至 2012 年 11 月，古典音乐频道已经积累音频集 1718 个、视频集 236 个；音频 26756 条、视频 2533 条。这些内容，既有在国家大剧院上演的经典剧目，还有国家大剧院购买的正版、高清视频节目，节目内容都是国际一流演出团队打造的经典演出，极具视听效果。古典音乐频道内容的规模、质量以及音视频视听效果，都已达到国内顶尖水平，已成为国内唯一的新媒体精品艺术传播平台。

三是推出移动客户端，发力移动互联网。移动互联网已开启新媒体时代的第二次高潮。2013 年古典音乐频道推出 iPhone、iPad 和安卓移动客户端——"大剧院·古典"。客户端界面风格古典华贵、优雅大气，各项功能一目了然；客户端的四档栏目内容与频道网站一脉相承，移动视听的便捷性进一步降低了古典音乐爱好者、年轻人密集接触古典音乐的门槛。"大剧院·古典"客户端自试运营以来，受到了广大用户的一致好评。

≫≫ 8.2.5　全国网络公益广告制作中心

为更好地推动"讲文明树新风"公益广告宣传，中国网络电视台遵照中宣部、中央文明办、中央外宣办、工信部、国家工商总局、国家新闻出版广电总局六部委的统一部署，迅速成立"讲文明树新风"全国网络公益广告制作中心。依托中国网络电视台视听、互动、"一云多屏、全球传播"的新媒体优势，整合优质资源，传播先进文化、引领社会风尚。

"讲文明树新风"全国网络公益广告制作中心将牵头策划、制作网络公益广告，同时集纳其他媒体的优秀作品，搭建优秀公益广告作品的展示平台，形成公益广告作品通稿库，供全国各媒体无偿选用。中心发动社会力量，联合全国的网络媒体同行、国内一流的制作团队、广告业界精英、全国高校、有社会责任感和爱心的企业和机构，共同制作和推出有社会影响力的网络公益广告精品，推动网络公益广告宣传常态化。

为提高网络公益广告的公众参与程度，中心广泛征集网络公益广告作品，策划和推出丰富多彩的公益广告主题活动，形成网上和网下的传播热潮，树立知荣辱、讲正气、作奉献、促和谐的良好社会风尚。

"讲文明树新风"全国网络公益广告制作中心还与中央电视台公益广告部门形成深度合作，打通电视与新媒体两大平台的公益广告制作及刊播，放大公益广告的传播价值和社会影响力。

≫≫ 8.2.6 中国文艺网

中国网络电视台联合中国文学艺术界，于 2010 年建设了中国文艺网，以"传承和发展中华文化，打造网络文化的交流圣地，搭建起中国与国际文化沟通的桥梁"为宗旨。2011 年 11 月至 2012 年 10 月，逐步完成了中国文艺网视频频道和书法频道的建设，搭建起国际性、权威性、开放性的全媒体艺术传播平台。

≫≫ 8.2.7 乡村教师网

乡村教师网是"寻找最美乡村教师"大型公益活动的持续性、规模化、常态化的网络平台，是为乡村教师搭建的一个与外界交流的平台。乡村教师网的定位是充分发挥互联网技术的力量，利用中国网络电视台"一云多屏"互动传播的优势，开拓教师视野，提高教学质量；关注教师生活，关心教师身心健康；建设"高品质"、"高品位"、"高品格"的乡村教师互动交流家园。乡村教师网以服务为重点，以垂直满足乡村教师需求为目标，以"三用"（好用、实用、易用）、"三帮"（帮老师、帮学生、帮未来）、"三多"（多平台、多终端、多语种）为特征，力争成为广大乡村教师沟通、交流、互动的网上精神家园。乡村教师网的特色是为乡村教师提供最新最快的资讯、最全面最直接的帮助、最实用最快捷的培训，使之成为一个全方位的服务平台。从乡村教师的实际需求出发，满足乡村教师的个性化需求，搭建起社会和乡村教师的沟通桥梁，全面提升乡村教师的生活、工作、心理、职业水平。

乡村教师网的功能主要有三个：一是资讯平台，发布权威部门公开的重要决策、会议、部署，与乡村教师切身利益相关的全国或当地资讯消息，报道各地媒体关注的乡村教师典型人物事迹。二是公益平台，建设在线微公益捐助平台，通过了解乡村教师需求，采用点对点的个性化帮助和支持，实现"教师所求、捐赠可选，直达手中，持续展现"的创新公益模式。汇聚海量网民微公益的正能量，采用"全程透明"的公开捐助方式，让每一个帮助者都能看到乡村教师的改变、收到乡村老师的反馈，真正实现物尽其用。三是培训平台，利用《中国公开课》的大量教学及课外辅导视频资源，整合全国优秀教师资源，对优秀课程组织专门录制，形成相互学习、共同学习的机制，使乡村教师不断提升教学水平和整体素质。

⋙ 8.2.8　中国纪录片网

2013 年 1 月 22 日，由国家广电总局指导、中国网络电视台（CNTV）建设的国家级纪录片新媒体综合性产业运营平台"中国纪录片网"正式开播上线。中国纪录片网将面向纪录片制播机构、学术机构、纪录片人，提供产业政策权威发布、题材集纳、创作生产、推介展示、传播推广、融资交易、人才培养、学术研究等服务。同时，充分发挥CNTV 网络电视、手机电视、IP 电视、互联网电视、移动传媒"一云多屏"优势，向亚洲、北美、欧洲、非洲等 200 多个国家及地区的用户传播中国纪录片文化。

中国纪录片网的建设目标是：（1）面向世界、面向市场、面向产业，及时发布总局相关产业政策措施，展示优秀作品，激活各种资源，集纳各类人才，促进交流提高；（2）加强推广，通过多种途径、活动宣传推介，扩大在受众和海内外的影响；（3）不断加强自身建设，丰富内容，增强交互性，增加信任度，努力建成政府放心、业界认可、社会关注、群众喜爱的中国纪录片产业权威平台。

目前，中国纪录片网努力打造"两推广、两推出"的模式，即推广中国纪录片网、推广优秀国产纪录片；推出优秀原创纪录片作品、推出国产纪录片。中国纪录片网、中视协纪录片学术委员会主办了《首届发现美丽中国微纪录作品及提案征集展播活动》，双方联合向全国各电视台、制作机构发出邀请，参与本次活动。同时，中国纪录片网也在积极探索，在原创纪录片拍摄方面寻求多方合作。

8.3　国家网络视听展览平台

国家网络视频展览平台展现的是政府公共服务的形式创新，以网络视听技术、影像艺术，通过虚拟形态呈现实体的、物理的展览，永不落幕的展览。

⋙ 8.3.1　打击侵犯知识产权和制售假冒商品专项行动成果展

2011 年 7 月 11 日至 10 月 11 日，中国打击侵犯知识产权和制售假冒伪劣商品专项行动成果展正式展出三个月，推出了一系列富有网络特色的互动服务、宣传报道和推广活动，使成果展广受海内外网民关注，海内外来访者达 4314.7 万人次，页面总访问量为2.1595 亿页次。实践证明，将成果展由实体展转为网络展，是中国政府部门办展方式的首次重大创新和突破，网络展与实体展相比，信息量更多、互动性更强、传播面更广、影响力更大、投入产出比更高。

1. 容纳海量信息，实现永不落幕

网络平台为成果展提供了超大信息容量的展览空间，汇集了 7 万多文字、1100 多张图片、3500 分钟视频，全面展现专项行动的工作成果，运用图片、文字、视频、动画特效等立体表现手段，使观众能够获得生动有趣的观展体验。在成果展正式展出结束后，中国网络电视台仍将在显著位置保留成果展入口，网民依然可以随时观展，使成果展成为永不落幕的网上展馆。

2. 发挥网络特色，突出服务功能

充分运用在线访谈、实时留言、网上答题等网络传播服务功能吸引网民。成果展期间，总共举办了 84 场在线访谈，与广大网民进行交流；推出"部委活动日"和"地方活动日"栏目，宣传 39 个部门和地方在专项行动中的重点工作和成果；开办"识假辨假"栏目，提供 9 大类 1300 余条识假辨假知识，并为消费者开展专家在线咨询服务；举办有奖"知识问答"活动，将观展与答题融为一体，寓教于乐；提供了五千多条专项行动相关信息，内容包括各部门的职责分工，各地专项行动实施方案，典型案例，相关媒体报道，相关法律法规等；设立"投诉指南"栏目，详细列举各执法部门在打击侵权假冒工作中的职能分工、受理公众举报投诉的渠道和方法，引导网民通过合法、合理、有序、准确的途径开展投诉举报。

3. 中英双语传播，扩大海外影响

成果展推出中文、英文两个版本。中国网络电视台将展览内容分发至各大海外镜像站点，覆盖北美、欧洲、东南亚、中东、非洲等 190 个国家和地区。为期三个月的成果展期间，海外来访者达 65 万人次。

4. 展览获得成功，受到观众好评

作为中央政府部门首次网上办展，成果展通过互联网平台和数字技术手段，成功打造了一个集权威性、知识性、趣味性、参与性为一体，具有丰富内容信息和生动表现形式的网上虚拟展馆。广大参访者纷纷通过"观众留言"栏目发表观展感言，赞赏这种网上成果展的形式。

▶▶▶ 8.3.2 中国红色旅游展

红色旅游是指以 1921 年中国共产党成立以后的革命纪念地、纪念物及其所承载的革命精神为吸引物，组织接待旅游者参观游览、学习革命精神、接受革命传统教育、振奋精神、放松身心、增加阅历的旅游活动。近些年，全国红色旅游蓬勃发展，成为名副其实的政治工程、文化工程、富民工程、民心工程，不仅是红色文化传播和爱国主义教育的有力

载体，也成为革命老区百姓脱贫致富的助推器。它有利于加强革命传统教育，巩固党的执政地位，有利于增强青少年特别是大学生的爱国情感，弘扬和培育民族精神，有利于保护和利用革命历史文化遗产，带动革命老区经济社会协调发展，对构建和谐社会具有重要的现实意义和深远的历史意义。

为切实推进《2004—2010 年全国红色旅游发展规划纲要》和《2011—2015 年全国红色旅游发展规划纲要》的贯彻落实，进一步加强对发展红色旅游工作的领导和组织协调，2011 年，全国红色旅游工作协调小组与中国网络电视台签署战略合作协议，共建中国红色旅游网络传播平台，包括红色旅游政务平台、红色旅游景区景点数字展馆台、红色旅游专家库、红色旅游行业培训、红色文化等版块，并逐步增建红色旅游电子商务版块，最终打造国家级红色旅游事业新媒体宣传平台。

作为全国红办与中国网络电视台战略合作的重点项目，中国红色旅游网络传播平台成立的两年来，每天以最快的速度发布红色旅游业界的资讯，二十多个不断更新的内容版块每天都在向全球传播着中国红色旅游历史文化。面向政府，它是全国红办下发重要文件的首要平台，也是各地政府发布红色旅游要闻的重要阵地。面向行业，它是全国各红色旅游景区景点进行网络宣传的首选，也是红色旅游业界进行学习交流的园地。面向受众，它提供内容全面、形式生动的红色旅游资讯、红色文化知识、红色视频以及相关互动活动。除此之外，中国红色旅游网络平台还成功地承办了多项重要活动，如中国红色旅游网上博览会、全国红色旅游导游员电视网络大赛等。通过举办大型的主题活动，大大丰富了红色旅游景点库、红色旅游专家库，提升了中国红色旅游网络传播平台的品牌知名度，逐步成为"宣传+服务+培训+研讨"为一体的综合性平台。

≫ 8.3.3 信用企业展

为贯彻落实国家大力推进社会信用体系和企业信用制度建设的要求，配合中央和各省市政府部门、社会团体等开展行业性和区域性的社会信用体系建设工作，在商务部信用工作办公室、国务院国有资产监督管理委员会行业协会联系办公室的指导督以及大力支持下，中国网络电视台从 2011 年开始筹办中国信用企业网络展，借助高效的传播方案和展览服务，运用新媒体、新技术、新手段、新方式，倾力打造权威公信、内容丰富、好看、实用的网络宣传展示平台，旨在加大企业信用评价结果的推广和应用，弘扬中国传统商业文化，推动"诚信兴商"理念的传播，促进行业信用建设，以强大的信用企业阵容向世界发出诚信中国、信用中国的最强音。基于这个平台，中国网络电视台分别针对 2011 年度、2012 年度的"诚信兴商宣传月"活动定制活动网络专题，进行了全程现场直播报道。

相比传统的实体展馆而言，中国信用企业网络展馆拥有更多的受众和更多的内容展示，能更直接、精准、方便地传递信息。具体来说，中国信用企业网络展馆具备以下优势和特色：

（1）自主漫游功能。网友进入网络展览馆后，可以按照自己的兴趣随意浏览。通过用户所关注、喜欢的展示内容，软渗透该主题的品牌宣传目的。

（2）信息查询功能。网友可以根据网络展览馆的搜索引擎及"展馆向导"，更方便、直接地找到自己喜欢的内容。

（3）网络互动功能。网友可以通过浏览网络展览馆，第一时间自发分享自己感兴趣的内容，具有更高的可传播性。

（4）商务展示功能。网络展览馆可以让所有能登录互联网的人浏览、欣赏、体验。网络展览馆不是消耗品，可以永久使用，可以无数次复制。可以把展馆网址转发互联网上，让更多网友了解展示内容。

目前，中国信用企业网络展设置了十一大展区，分别为粮油、食品类展区；医药保健类展区；轻工类展区；服装服饰类展区；工艺品类展区；电子信息、电子消费品类展区；建筑、装饰类展区；能源、化工类展区；对外贸易与经济合作展区；综合服务类展区。中国信用企业网络展共吸引了全国一百三十五家行业协会积极参与其中；收录了已获信用评级 A 级以上企业的基本信息，并提供强大实用的信用企业检索与查询功能，为企业合作、交易、招商提供一键式查询确认服务；覆盖了机械、电子、石化、电力、农业、水利、建筑、医药、食品、内外贸流通等经济贸易行业的 5556 余家信用企业。

❯❯❯ 8.3.4 网上世博会

2010 年，在上海世博会这一历史性机遇面前，中国网络电视台专门成立了上海世博会项目特别小组，推出"网上世博会"，主要工作包括三个阶段。

（1）《世界欢迎你》高调亮相

在 2010 年 1 月 21 日上海世博会倒计时 100 天之际推出的《世界欢迎你》，是上海世博会项目特别小组第一阶段工作的最大亮点。在该栏目中，包括英国、澳大利亚、日本等 25 个国家、国际组织的元首和政要，以视频的方式，通过中国网络电视台向上海世博会表达了祝福，并诚邀全球观众前往参观。其中，时任澳大利亚总理的陆克文还用流利的中文生动地表达了对中国主办本届世博会的祝愿。《世界欢迎你》节目播出后，引起了社会各界的广泛关注，专题上线仅 4 小时，就吸引了近 20 万人次访问观看。

（2）《筑梦上海滩》等深度节目

2010 年 4 月，上海世博会项目特别小组驻扎上海，与上海世博会长达 7 个月的亲密接触，打造了《筑梦上海滩》系列高端访谈节目，共计播出访谈节目 100 场，直播新闻发布会及展馆活动 25 场，制作专题 5 个，协助市场部各项活动 8 次，制作重大活动资料 9 份，并对上海世博会的开幕式、闭幕式、高峰论坛及中国馆日等重要时间点，均进行了深入的报道。

其中《筑梦上海滩》访谈节目有力地持续了《世界欢迎你》栏目的高端形象，成功地对塞尔维亚总理米尔科、卢旺达总理马库扎、英国前首相布莱尔、法国前总理拉法兰、日本参议院前议长江天五月、法国前总理朱佩、世界水理事会主席福雄、国际展览局秘书长洛塞泰斯等重量级嘉宾进行了专访，扩大了中国网络电视台的国际影响力。除了通过高端访谈树立中国网络电视台的高端形象，上海世博会项目特别小组还通过一些明星和网络红人聚集人气，先后播出了世界小姐张梓琳、著名导演高希希、香港著名导演刘镇伟、NBA 球星鲍文、著名节目主持人袁岳、法国歌手戴亮等演艺明星作为嘉宾的访谈节目，此外，网络中热炒的最牛世博攻略、世博奶奶等因世博会而崛起的网络红人也受邀深度解读网络和世博会给他们带来的影响。

（3）协办上海世博会网络传播评选表彰活动

上海世博会结束前后，上海世博会项目特别小组还专门为国务院新闻办公室和上海网宣办设计并承建了"上海世博会网络传播评选表彰"活动。

▶▶▶ 8.3.5　中华人民共和国成立 60 年成就展

作为中华人民共和国成立 60 周年系列庆祝活动的重要组成部分，"辉煌六十年——中华人民共和国成立 60 周年成就展"于 2009 年 9 月 19 日在北京展览馆实地开展，中华人民共和国成立 60 周年成就展网上数字展馆（http://60nian.cctv.com）同步开馆，极大地丰富了展出途径，扩大了展览的社会效果。

中华人民共和国成立 60 年成就展的指导思想是：以毛泽东思想、邓小平理论和"三个代表"重要思想为指导，深入贯彻落实科学发展观，按照中央确定的庆祝活动基本原则，综合运用多种新媒体网上数字展览方式，依托中华人民共和国成立 60 周年成就展筹委会提供的大量珍贵、权威的独家图片及文献，以央视新媒体为承载平台，独立开篇成展，进行全球化传播，直观、形象、生动地展示 60 年来，以毛泽东同志为核心的党的第一代中央领导集体率领全国人民创立的丰功伟绩，以邓小平、江泽民同志为核心的党的第二代、第三代中央领导集体和以胡锦涛同志为总书记的党中央领导下，开创中国特色社会主义道路，实现国家强盛、人民富裕、民族振兴所取得的辉煌成就。网上数字展馆上线发布后，将长期在央视网进行展示，让更多的网民、包括海外华人都能通过央视网看到中华人民共和国成立 60 周年来的伟大成就，办成一个参观便利、永不落幕的新媒体数字展馆。

中华人民共和国成立 60 周年成就网上数字展馆依托央视网的新媒体传播技术平台，采用音视频、FLASH 场景动画、数字高清相册、网络互动等表现手段，全景再现中华人民共和国成立 60 年以来在政治、经济、文化、社会、党建等领域取得的建设和发展成就，充分表现实体展览的全部内容，以方便没有条件到实地展参观的广大人民群众通过互联网了解这一大型展览的内容。根据互联网及时互动的特点，成就展网上数字展馆还设计了网民观展寄语留言的互动环节，放大网上数字展馆浏览的有效传播，让通过该网络观展的网民能及时发表自己的感想，写下自己对国庆 60 周年的祝福。为做好网上数字展馆访问的安全保障工作，央视网"辉煌 60 年——中华人民共和国成立 60 周年成就展"网上数字展馆的上线发布，也拉开了央视网国庆 60 周年报道的序幕。自网上数字展馆上线以来，各主流媒体也对网上数字展馆进行了及时、有效、全方位的宣传报道，使网上数字展馆在全社会与实体展览一样形成持续性热点话题。网上数字展馆，充分展示了中华人民共和国成立 60 年来翻天覆地的变化，党领导人民在社会主义革命、建设和改革开放中取得的伟大成就，全国人民为实现中华民族伟大复兴而奋斗的豪迈气概，以及当代中国的崭新风貌和巨人形象，已真正成为全民体验中华人民共和国成立 60 周年成就展的鲜活教材和生动课堂，也正在成为爱国主义、集体主义、社会主义思想教育的重要阵地。

8.4 国家新媒体集成播控平台

中国网络电视台全面部署了多终端业务架构，已建设网络电视、IP电视、手机电视、移动电视、互联网电视五大集成播控平台，建立了全媒体、全覆盖传播体系。

▶▶▶ 8.4.1 网络电视

视频门户（tv.cntv.cn）定位于国家网络视听公共服务平台，服务全球用户，集成24套中央电视台开路频道、36套卫视频道、84套城市频道以及708个网络视听联盟成员的视频节目，拥有直播点播索引平台、用户上传播客平台、多终端客户端平台等横向平台及各垂直分类平台，并形成横纵交替的矩阵式信息架构，为全球网民提供包括视频直播、点播、回看、时移、上传、搜索、分享等"一站式"视频服务，实现对传统电视内容的延伸、拓展和提高。

中国网络电视台CBox客户端秉承"一云多屏　全球传播"的理念，为广大网民提供电视直点播内容观赏及节目分类检索服务，集成的互动、分享、社交、电商等功能，打造CNTV的"特色内容平台+功能平台"，实现客户端产品开放式、集成式、商业化运营，现已建成覆盖PC端、移动智能终端的产品格局。2012年，在春晚、伦敦奥运会、党的十八大等重要活动报道期间，CBox全程跟踪报道，最高单日独立访问用户近700万人。截至2012年底，CBox客户端独立访问用户近11亿人次，累计安装量1.2亿，传播效果显著。

▶▶▶ 8.4.2 IP电视

我国现阶段所指的IPTV是指通过基于固定通信网的IPTV专用网络针对电视机终端开展，具有质量服务保证的信息网络视听节目服务。与国际上广义的IPTV相比，区别主要体现在传输网络和终端类型的不同。

1. IP电视的业务特性

作为数字新媒体，IP电视的新型业务特性，必将影响人们生活方式的改变。与传统电视相比，IP电视具有下述特性：

（1）保留传统业务：向用户提供多路电视直播、轮播等电视传统基本业务。

（2）颠覆收看方式：互联网与电视技术相结合，实现点播、时移、回看等多种灵活的收看方式，打破了空间和时间界限（见图8-2）。

（3）大屏幕展现力：互联网的双向互动与电视的大屏幕展现力，带来新生活娱乐方式。

（4）升级至"用电视"：实现了用户从"看电视"到"用电视"的使用升级（见图8-3）。

（5）交互电视节目：本质上是一个多媒体、多应用的综合服务平台。

图 8-2 灵活的收看方式

图 8-3 电视功能从看到用的升级

2. 中国广电 IPTV 运营模式及发展趋势

目前，IPTV 采取"两级广电合作主导、与电信分工合作"的运营模式，即由广电机构和电信运营商共同合作开展，广电机构负责内容集成和发布，电信企业负责网络传输。

（1）由中央电视台负责建设全国唯一的 IPTV 集成播控总平台；中央电视台与地方电视台根据实际，组成联合体，形成合力，联合建立试点地区 IPTV 集成播控分平台。

（2）联合体按照统一品牌、统一呼号、统一规划、统一洽谈、分级运营的原则，与负责传输业务的电信企业统一洽谈签约，对外采用统一的播出呼号"中国广电 IPTV"，分级运营管理集成播控总分平台。

随着技术的不断更新和业务需求的持续加大，中国广电 IPTV 未来的建设将重点集中于扩大规模、拓宽业务形态、强化优势和整合资源。具体来说，重点工作包括以下几个方面：

在规模方面，明确重要政策依据，完善两级播控平台架构，充分发挥中央及地方优势，推进分平台建设工作，包括一批12个和二批52个试点城市。

在内容方面，提升对质量、数量、整合能力及版权的管理，聚合应用信息业务，满足娱乐、学习等多种需求，丰富业务形态。

在定位方面，中国网络电视台运营全国IPTV中央集成播控总平台，其战略发展的总体目标是打造全球最大的IPTV平台。具体措施包括丰富我国IPTV平台的内容；实现全国IPTV用户的统一管理；实现用户规模迅速扩大，服务提升；加强各方合作，加快推进三网融合业务开展。随着技术的发展，IPTV业务产业环境越发成熟，家庭用户对于电视互动化、个性化的需求更加明显。

在资源整合方面，IPTV进一步高度融合互联网、广播电视、通信网的服务特性，产业结构的完善和盈利模式的确立，更加有利于满足不同用户的需求。

3. IPTV系统架构和功能

中国广电IPTV定位于中央集成播控总平台，中国广电IPTV由中国网络电视台牵头，联合各省、市电视台共同建设和管理，依据统一规划、统一标准、统一建设、统一运营、统一管理、分级部署的建设原则，充分发挥中央和地方各级广电机构的能动性，促进资源共享、密切合作。

中国广电IPTV由内容服务平台、集成播控平台、传输网络、用户终端四个部分组成（见图8-4）。其中，IPTV集成播控平台是核心，实行两级架构，即中央设立一个集成播控总平台、每个试点地区设立一个集成播控分平台。总平台与分平台采用统一设计开发的系统软件、统一的BOSS系统管理和统一的EPG管理。中央平台采取开放的系统平台架构，方便地接入全国性的内容或增值业务应用。省级平台直接管理用户，实现本地化运营。方便不同地域内容的引入，增加了IP电视的产品特色，满足用户的多样化需求，体现中国地域文化特色。

IPTV集成播控平台是指对IPTV节目从播出端到用户端采用管理播控系统，包括节目内容统一集成和播出控制、电子节目指南（EPG）、用户端、计费、版权管理五个主要管理子系统。

如图8-4所示，中央集成播控总平台负责全国性的内容管理、产品管理、EPG管理、数字版权保护、增值业务管理系统以及运营数据统计。总平台向上对接全国内容平台，接收内容平台提供的内容，向下对接多个试点地区集成播控分平台，分发内容及元数据、产品、增值业务、EPG模板等，并收集试点地区集成播控分平台的运营数据。试点地区集成播控分平台负责向上对接播控总平台，接收中央集成播控总平台下发的全国性内容及元数据、产品、增值业务、EPG模板等，并向中央集成播控总平台同步运营数据。试点地区集成播控分平台直接为终端用户提供EPG浏览服务和用户的开通、认证、鉴权、计费服务。

如图8-5所示，IPTV集成播控平台的子系统工作模式可以概括为：

（1）内容管理。总平台内容及本地内容通过部署在分平台的内容集成模块注入电信运营商CDN，包括内容分发、编排、打包、产品定价等功能。

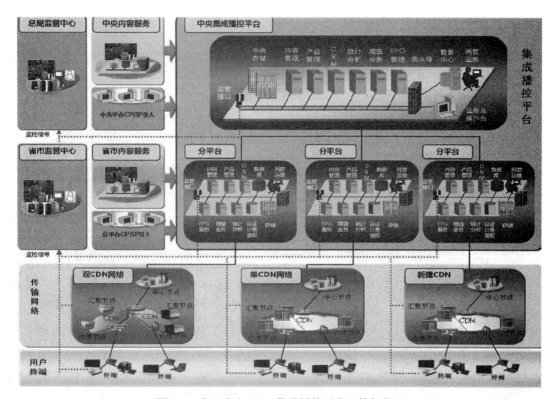

图 8-4　中国广电 IPTV 集成播控平台整体架构图

（2）EPG 管理。分布式部署，总平台系统管理全国性 EPG 模板，分平台系统管理本地 EPG 模板，包括分组、审核、发布等功能；边缘服务器直接面向用户，提供 IPTV 业务入口访问。

（3）双认证、双计费。部署在分平台的播控 AAA 与电信运营商 AAA 系统通过"双认证、双计费"的方式实现用户认证、业务鉴权及计费功能；部署有串行、并行两种模式。

4. IPTV 内容形态与策划

在内容形态方面，中国广电 IPTV 主要包括以下五种方式。

（1）直播频道即常规的电视频道，但与传统电视不同的是，IPTV 的直播可以实现暂停、后退、快进、回放的功能，改变了传统电视直播的不可逆性。

（2）点播频道是 IPTV 作为新媒体的重要支柱。点播频道的设置要以受众的需求为出发点，既要有常规分类的点播频道，也要有热点专题类点播内容。

（3）轮播频道为自办频道，将优质节目进行组合并进行播放，目前中国网络电视台提供的轮播频道有九个：收视指南、热播剧场、经典电影、魅力时尚、演唱会、健康生活、少儿动画、百家讲坛、顶级赛场。轮播频道可以根据策划方案进行更改，内容选择更具多样化，从而将高质量的节目内容推送给用户。

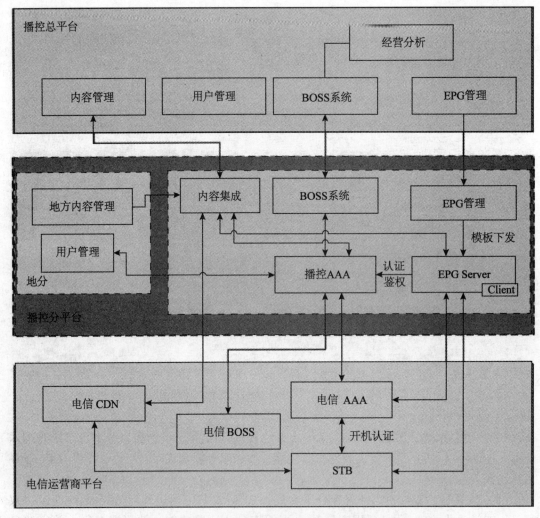

图 8-5　总分平台及传输网络对接方案

（4）直播回看是 IPTV 直播的一个特殊功能之一，用户可以根据节目单选择已经播放过的电视节目，随时观看。

（5）直播时移是指可以回放过去任意时间的直播内容。不同于传统电视，IPTV 直播可以随时暂停，并可后退观看已经播放过的节目。

在内容策划方面，中国广电 IPTV 主要采取以下三种模式。

（1）常规策划，指由固定的日常栏目和节目素材所整合成的频道策划，如新闻、电视剧场、电影天地等。

"影视周末"日常栏目如图 8-6 所示。

（2）专题策划，指针对热点事件及大型活动进行独立策划，按照用户收视需求量身定做，设计、制作相应专题，如"第 31 届香港电影金像奖颁奖典礼"、"台味儿装箱上

图 8-6　"影视周末"日常栏目

岸"等专题（见图 8-7、图 8-8）。

图 8-7　"第 31 届香港电影金像奖颁奖典礼"专题栏目

（3）内容产品，指根据不同频道设定常态化期刊式专题类型，培养黏性，打造优质体验，如《新闻周刊》（见图 8-9）。

内容生产是 IPTV 业务正常进行的首要条件，视频质量是质量核心。CNTV 拥有几十万小时内容资源，内容的制作均由 CNTV 视频生产中心统一完成，而且 CNTV 在视频制作上有严格的规范及流程，这些为中国广电 IPTV 的内容基础提供了有力的保障。除此之

图 8-8 "台味儿装箱上岸"专题

图 8-9 常态化期刊式专题栏目

外,中国网络电视台 IPTV 版权库还拥有近万部内容版权,包含电影、电视剧、动漫、综艺、生活等多个主题,并享有中央电视台独家资源的播映权,以及有数十家内容提供商作为合作伙伴,如优朋影视、中录国际、华数 TV、激动、优酷、乐视、搜狐视频、PPTV、网尚文化、优看影视等。

5. IPTV 产品、应用、EPG

中国广电 IPTV 产品类型主要分为基础产品和增值产品。

基础产品主要满足全国性大众用户对视听节目的基本需求,包括 IPTV 各项基本功能,产品名称为大众包或基本包(见表 8-1),产品内容包含直播、点播、轮播、时移、回看、专题等基本视听内容。

表 8-1　　　　　　　　　　　　　"大众包"套餐产品明细

套餐	大众包
功能	视听内容
直播	央视（16 路）、省级卫视（34 路）、本地频道 10 路左右（具体频道依情况而定）及高清频道 7 路等
轮播	9 个精选轮播（收视指南、热播剧场、经典电影、魅力时尚、演唱会、健康生活、少儿动画、百家讲坛、顶级赛场）
回看、时移	7 天回看和 6 小时时移（具体回看、时移时限视系统容量而定）
点播	节目量：30000 小时，包含各类型优秀节目：新闻、电影天地、电视剧场、金色童年、娱乐时尚、法治空间、科教纪录、第一体育、财经视界、健康生活、专题等
增值服务（便民类）	包含便民类增值服务，如生活信息、天气预报等，主要由分平台提供

增值产品主要为用户提供优秀院线电影、首播电视剧以及各类优秀引入节目，满足用户对 IPTV 节目更高层次的需求，主要包括以下四种类型。

（1）单片付费点播。对院线最新下线电影、最新引进欧美大片及热播电视剧等节目进行的单独计费点播。

（2）付费频道。需单独付费才能收看的频道类节目，分为两种类型：一是只能单选；二是既能单选，又支持放入产品包或与其他频道一起打包订购。

（3）付费点播包。对精选最新优秀影视剧、欧美大片、最新热播剧、最新精品纪录片等多种类型优质片源，提供按月计费的节目包。其中电影、电视剧类节目支持单片付费点播。

（4）付费专区。付费专区指在 EPG 菜单中以专区形式展现，内容为 CP 提供，专区整体按一定价格订购计费产品形式。

为了提供更好的服务，中国广电 IPTV 建设了应用信息服务综合业务平台，真正实现三网融合、三屏合一概念，吸引用户使用传统媒体上的应用信息类业务。应用信息服务业务是一种由中国广电 IPTV 提供的，供用户在 IPTV 客户端使用的增值业务，目前已在云南成功上线空中商城。此外，IPTV 应用信息服务业务已储备了十几种业务及内容源，包含气象、游戏、阅读、音乐、教育、财经、话剧、彩票、旅游、股票等，正在逐步上线（见图 8-10 至图 8-12）。

EPG（Electronic Program Guide）即电子节目菜单。IPTV 所提供的各种业务的索引及导航都是通过 EPG 系统来完成的。IPTV EPG 实际上就是 IPTV 的一个门户。目前，已上线的 EPG 有云南、四川等地方台。

IPTV EPG 标准首页与悬浮效果如图 8-13、图 8-14 所示。

图 8-10　"空中商城"应用服务

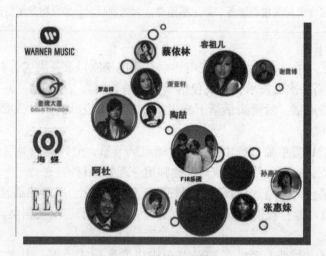

图 8-11　"音乐"应用服务

图 8-12　"游戏"应用服务

图 8-13　IPTV EPG 标准首页（高清）

图 8-14　IPTV EGP 悬浮效果

⋙ 8.4.3　手机电视

中国网络电视台手机台积极拓展 3G 时代媒体新应用，致力于以移动终端为载体的各类形态的手机媒体类业务，建立规模最大的手机内容集成整合、分发交易平台，打造国内第一家跨媒体互动的手机电视台。现已建成了国内最先进的集内容制作播出、信源切换控制、终端适配播出及运营安全保证功能一体化的 3G 手机电视集成播控平台。CNTV 手机台开展移动互联网创新模式探索，通过手机、无线互联网、平板电脑等终端，对中央电视台的节目进行广泛、全面的传播。CNTV 手机台同时以 WAP 与客户端两种形式提供收视服务，24 小时直播精彩不停，轮播精华节目热点不断，互动点播任意选择，为中国手机用户提供最权威、最精美、最便捷、最好看的手机视频收视。

CNTV 移动多媒体搭建了历史上规模最大的手机直播电视播出平台，全面覆盖中移动 3G（TD）、2.75G（EDGE）、2.5G（CPRS）各网络。同时律成集节目采集、制作、发布及播控为一体的国内最完善、最强大的技术播控平台（见图8-15），在奥运期间经受住了超高峰值 PV 的考验，其稳定的运行是 CNTV 手机媒体各项业务的强大支撑和重要保证。

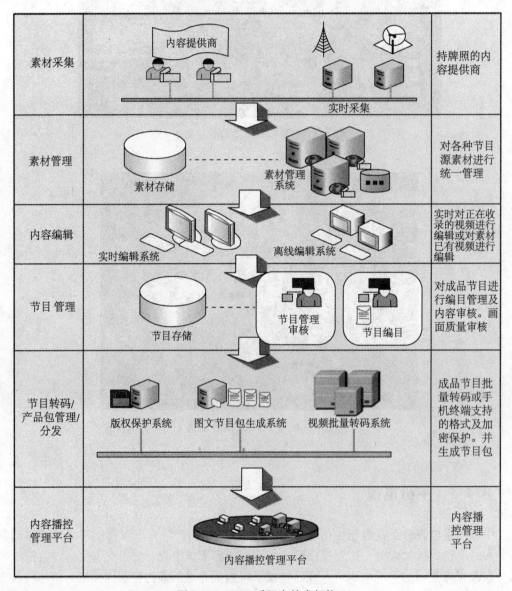

图 8-15　CNTV 手机台技术架构

作为中国网络电视台的多终端核心战略，CNTV 手机台以"CCTV 手机电视"为主体，开展了手机电视业务、手机央视网、手机报、手机互联网应用等多项手机媒体业务。CNTV 手机台作为国内唯一的手机电视台，在中国手机电视市场上处于绝对领先地位。

CNTV 手机台还大力拓展海外传播。现在 iPhone 和 iPad 平台累计用户已突破 800 万人。自开播之日起，总体访问量已达到数十亿次。

CNTV 手机电视提供基于移动通信网络的直播、轮播、点播、下载各类视频服务。直播服务包括 CCTV-1、2、3、4、5、6、7、8、9、10、12 以及新闻频道共计 12 路直播。轮播服务包括"第十放映室"、"约会新七天"、"热播电视剧"、"娱乐综艺"四路。点播内容包括新闻、社会、法治、科教、体育、电影、电视剧、娱乐、时尚、原创、音乐、动漫等各类内容。CNTV 手机电视还提供适合手机用户收看的短视频服务、长视频服务、推送服务、关键字搜索等各种功能性服务。

目前在国内三大运营商平台全部开播。CNTV 手机电视主要收入来源是与中国移动、中国电信、中国联通合作经营的手机视频服务，经营模式为双方就用户收看的信息费用进行分成。

1. CNTV 手机电视中国移动平台

CNTV 手机电视中国移动平台包括直播、热映、快播、声色、揭秘等多种节目形式。

直播，定位于最丰富的直播频道，内容多达 10 路 CCTV 直播频道，包括 CCTV-1、2、3、5、8、10、12、新闻、中国网络电视台访谈直播等。

热映，定位于热播电视剧/热映电影集合类产品，内容包括每月 1~2 部热映电视剧、电影无线首发；每月一个影视主题策划，如《一不小心爱上你》、《追捕》等。

快播，定位于新闻资讯快播产品，内容覆盖全国的新闻网络，用最快的速度实现社会焦点、热点等资讯内容的手机上线。

声色，定位于以明星为看点的娱乐综艺类产品，内容包括娱乐八卦、明星写真、大型晚会独家现场放送、央视综艺名栏的百姓秀场、草根明星等。

揭秘，定位于打造精品、趣味纪录片品牌栏目，内容包括央视丰富纪录片资源，讲述传奇人文、历史、自然的故事，挖掘历史事件背后鲜为人知的细节和人物命运，探寻自然界的神奇奥秘等。

2. CNTV 手机电视中国联通平台

CNTV 手机电视中国联通平台包括直播、轮播、点播、下载四种节目收看方式。联通平台采用 WCDMA 3G 网络，收视效果流畅清晰，用户体验良好。

自业务正式上线以来，内容丰富，热点缤纷。CNTV 手机电视累计推出直播频道 10 余个；点播产品 50 余个。成功报道了包括 2010 南非世界杯、广州亚运会、国庆、两会、春晚在内的众多重大事件，成功树立 CNTV 手机电视的品牌形象，奠定了 CNTV 手机电视领头羊的地位。

截至目前，CNTV 手机电视在中国联通平台始终保持信息费收入最高、内容点击量最高、用户活跃度最高的领先优势，各项指标均占到联通手机电视总体份额的 50% 以上。

3. CNTV 手机电视中国电信平台

CNTV 手机电视中国电信平台（C 网手机电视）已经成功报道了世界杯、亚运会、世博会等重大事件。

CNTV 手机电视平台如图 8-16 所示。

图 8-16　CNTV 手机电视中国移动、中国联通、中国电信平台

4. 手机央视网

手机央视网，域名 wap.cctv.com，是中央电视台官方无线互联网门户网站（见图 8-17）。在内容上，手机央视网以图文报道为基础，以视频为特色，以台网联动为模式，为广大手机用户提供一个全新的集新闻报道和电视互动为一体的手机媒体平台。其用户群主要为 18～24 岁的青年学生和固定职业者，男性居多；对"活动"、"参加节目"和"手机看电视"的兴趣比较高；喜欢看新闻和娱乐节目。

手机央视网无需付费，方便访问，手机用户可浏览、收看丰富的新闻信息、节目资讯、体育、娱乐等图文、视频内容。目前，已成为覆盖 1 亿手机上网用户的无线互联网媒体平台，日均访问量达 1000 万次以上。

手机央视网采取与 CCTV 开路电视、央视网捆绑联动的方式进行广告营销，广告主可享受到无缝覆盖、立体传播的营销推广模式。

5. 视频手机报

视频手机报是中央电视台与中国移动战略合作的重要产品，相比传统的图文彩信手机报，视频手机报的全视频化新闻播报加更生动、直观、完整，感官冲击力强，为移动终端用户提供更专业、权威的新闻服务，扩大 CCTV 新闻内容在移动互联网的传播范围。产品分为客户端版和彩信版。

图 8-17　手机中国网络电视台

内容涵盖了时政、社会、经济、军事、体育、娱乐等多个分类，整合 CCTV 和 CNTV 遍布全球的记者通过手机和微博发回的现场第一手资讯，同时依托《新闻联播》、《新闻 30 分》、《焦点访谈》等知名新闻栏目，实现全天 24 小时不间断更新，为手机用户提供最新、最热、最全的视频新闻快报（见图 8-18）。

图 8-18　视频手机报

视频手机报编解码技术先进，通过 GPRS 手机上网也能快速、清晰、流畅地观看视频；分享功能可将兴趣内容一键转发至微博。

≫ 8.4.4 互联网电视

2012 年，互联网电视在全球呈现生机勃勃的发展局面，丰富的服务正源源不断地走入千家万户，为观众带来全新的电视体验。中国互联网电视业在政策、技术、市场等多方因素的合力推动下，逐步形成了以集成播控平台为核心的产业链，取得了较快发展。截至2012 年底，国家广电总局已经批准了包括中央电视台等 7 家广电播出机构负责建设、管理和运营互联网电视集成播控平台。截至 2012 年底，累计接入中央电视台旗下中国网络电视台集成播控平台的一体机数量已达到 800 万台。

1. 技术建设

中国网络电视台互联网集成播控平台是端到端的互联网运营平台，由内容服务平台、内容集成系统、内容管理系统、运营支撑系统、核心播控系统、CDN 分发系统、终端控制系统等部分组成，如图 8-19 所示。通过对上述系统的优化和完善，能够全面支持各种芯片各种类型的终端，具备了为全国用户提供互联网电视服务的能力。在此基础上，开发了业界首创的六屏联动、多框体自由组合的 EPG，能够轻松满足不同终端的界面定制化需求，为用户提供独具特色的互联网电视人机交互界面。

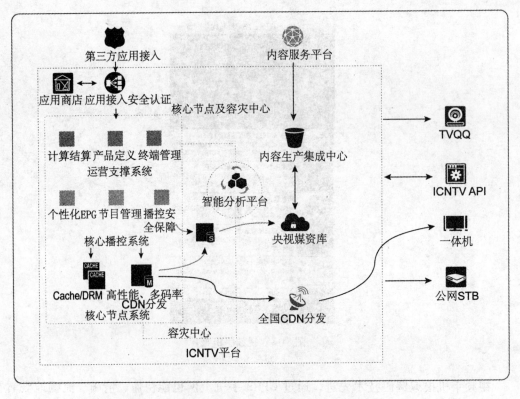

图 8-19　中国网络电视台互联网电视整体系统架构图

面对全球互联网电视飞速发展的趋势，CNTV 互联网电视在技术建设方面也加大投入，以满足日益增长的互联网电视用户规模，为用户提供流畅的互联网电视体验。在 2012 年采取的具体措施主要包括以下几个方面。（1）强化内容服务能力，针对互联网电视海量和互动的特点，全面扩容内容资源库，已经为用户提供了在线时长 4 万个小时，高清 1 万小时的海量节目点播，同时优化完善搜索、检索、相关推荐等各项互联网电视的独有功能，使用户能够在海量内容中快捷地找到喜欢的内容。（2）加大了 CDN 节点建设的投入，全面与中国网络电视台的全国 34 个及海外 10 个 CDN 节点对接，实现了对国内乃至国外用户的全面覆盖，已经具备了全国用户提供流畅高清互联网电视视听服务的能力。（3）全面支持各类主流芯片及各种类型的终端，提供平台化的 API 支持，让各类终端无缝接入互联网电视集成播控平台的核心系统，实现用户的高品质体验。

2. 内容建设

用户的长期活跃与忠诚离不开优质的内容资源。内容既是互联网电视集成播控平台赖以依托的核心资源，也是其核心竞争力所在。中国网络电视台在充分利用央视 50 万小时的精品节目资源储备的基础上，创造性地采取了与内容提供商分成的模式，不设保底，避免了视频网站高企的采购支出，拓展了 30 多家合作伙伴，包括光线传媒、盛世骄阳、华谊兄弟和卡酷动漫等，免费拥有了 73 000 小时的影视剧、综艺节目和纪录片等资源，完成了近 10 万小时的媒资储备，更进一步引进了近 1 万小时的高清内容资源和 2000 小时的 3D 节目资源储备。

这些海量影视节目资源、喜闻乐见的娱乐生活类节目内容以及来自国内外著名电影制片商的经典热门影视，已形成了百花齐放的多元化版权来源，丰富了互联网电视的荧屏。在此基础上，一方面挖掘互联网电视用户观看的长尾效应，通过策划、专题制作、包装导视能媒体运营充分引导用户观看需求。另一方面充分发挥互联网电视的互动功能，例如在伦敦奥运会、欧洲杯期间，推出了多视角、实时数据查看、评论互动、分享自定义精彩时刻等其他观看渠道不具备的各类功能。另外，针对不同细分市场，2012 年中国网络电视台重点建设了汇集从幼儿至大学、职业教育等各阶段优质教育资源的"未来教育"产品，充分考虑不同年龄段教育特点和需求，设计专有 EPG 界面，提供符合其特点的交互设计方式。

3. 运营模式

互联网电视业务发展刚刚起步，无论是在国内还是在国外，均无成熟有效的发展模式，各方参与者都在利用各自优势资源的基础上，积极与产业链其他参与者全面合作，不断探索互联网电视业务发展的有效途径。目前国内集成播控平台形成了合资、联合运营和独立运营等模式。

互联网电视的发展需要巨大的资金投入来满足带宽需求和全国 CDN 服务节点的建设，以及不断高涨的影视节目版权费用。同时，互联网电视产业链较长，涉及环节复杂，目前尚缺乏处于主导地位的参与方。为了形成更有效的运营机制，中国网络电视台于 2011 年 12 月成立了负责互联网电视可经营性业务运营的合资公司——未来电视有限公司，由集成播控平台牌照方控股并开展经营性业务的独立运营，整合多方优势资源，与多方合作推动的互联网电视业务发展迅速。

4. 各方合作

终端合作的拓展情况直接关系到互联网电视业的竞争格局。用户规模的高速增长离不开对各地市场的创新性的开拓和运营，中国网络电视互联网电视业务创造性地开创了"驻地网"互联网电视运营模式，并将这一模式从济南拓展至山东全省，进一步拓展到河南、河北、陕西等地。在公网市场领域，中国网络电视台整合多方优势资源，积极推动中国互联网电视在终端一体机领域的发展。互联网电视业务已经与国内外所有的主流电视厂商达成合作，包括 TCL、创维、海信、康佳、长虹、LG 等，并进一步向国外著名电视厂商拓展，与 LG 达成了全显示设备的战略性合作，全面覆盖面向中高端用户的近百款机型，以业界首创的六屏联动界面、多框体自由组合等革新互联网电视的产品特性。在机顶盒领域，则与易视腾、华录、乐视、小米等合作，推出了一系列独具特色的创新终端产品。中国网络电视台互联网电视业务与腾讯合作的电视 QQ，是三网融合最具创新性的产品，将互联网用户无缝连接电视用户，特别是将很多中老年用户带入了信息通信的新时代，实现了多个平台多个终端的用户之间的链接。

未来中国网络电视台互联网电视业务将抓住行业发展的重大机遇时期，在产业链的多个领域进行整合运营。在内容领域，继续扩大内容来源，不断引进国内国外优质内容资源，并不断进行内容运营模式的创造性探索。在市场拓展上，将不断扩大公网一体机的市场份额占有率，提升用户激活率和活跃度，深入驻地网市场一线，进行精细化运营，扩大订购用户数量。在技术平台上，进行前瞻性战略布局，提升中国互联网电视集成播控平台的技术水平，为用户提供完美的视听体验。

8.4.5 移动电视

CNTV 移动电视充分利用移动传媒各种渠道、巨大的人群覆盖范围，积极宣传和推广 CNTV 品牌和公司的原创内容产品，以吸引更多的站外用户。目前，CNTV 移动电视提供了以下多种核心应用。

（1）公交频道，已覆盖全国 30 个城市、1200 余条公交线路近 47000 辆公交车。

（2）广场测试频道，现占据 13 块广场大屏，日覆盖超过 160 万流动人群，40 万车流。

（3）民航频道，已覆盖 37 家机场，9 家航空公司，2100 多条航线，年受众 4 亿人次。

（4）列车测试频道，现占据 7 块车站屏幕，日覆盖流动人群 60 万人次。

（5）快客频道，目前已覆盖江、浙、沪等区域 10000 余辆城际巴士，日覆盖超过 150 万主流消费人群。

（6）国航机舱电视测试频道，覆盖国航国内外近 300 条航线、每周 7414 班次，每周影响达 200 万国内外高端人群。

（7）香港地区港中旅办证大厅电视，覆盖港中旅位于香港的荃湾、屯门、沙田、旺角、牛头角、筲箕湾、中坏七个办证大厅。年覆盖往来内地投资、探亲的香港居民及在港的外籍人士近 1400 万人次。

（8）澳航机舱电视，目前覆盖飞抵北京、上海、重庆、台北、首尔、曼谷、东京、新加坡等的十九条线路，每年服务人群 140 万人次。

8.5 网络文化特色产品

8.5.1 CCTV 网络春晚

网络文化，可以说是一种混搭文化，网络是精英与草根共存的，网络春晚作为网络文化的载体，应该是明星与草根们同台聚会。网络春晚是网络上的春节联欢晚会，它是借助网络技术手段，展现网络文化、体现网络精神，让不同时间、不同地域的网友充分参与进来的喜庆、健康、快乐、温暖的大联欢、大聚会，具有绝对的娱乐性。这种娱乐性，是由明星和草根共同缔造的。只有明星上台的晚会是文艺演出，只有草根表演的晚会是选秀节目，明星和草根共存，并且明星草根化、草根明星化，这样的网络联欢晚会才能被称做网络春晚。中国网络电视台于 2011 年新春首次推出网络春晚。至今已连续开办了 3 届网络春晚，各具特色。

1. 2011 年 CCTV 网络春晚

2011 年央视网络春晚是由中央电视台主办、中国网络电视台承办的第一届网络春节联欢晚会。晚会于国家游泳中心（水立方）录制（见图 8-20），共制作播出 6 场，其中首场"亿万网民大联欢 全球华人大拜年"于兔年大年初一晚 19：30，在央视综艺频道和中国网络电视台同步播出，其他 5 场"点击幸福"、"下载快乐"、"上传创意"、"共享奋斗"、"登录未来"于兔年大年初二至初六，在中国网络电视台、手机电视、公交移动电视和 IP 电视播出。

图 8-20　2011 年首届央视网络春晚舞台现场

　　首届央视网络春晚采取"台网捆绑"方式举办，由中央电视台大型节目制作中心专业电视队伍与中国网络电视台新媒体队伍联合制作，定位为央视除夕春晚品牌的延续和拓展，旨在打造体现传统媒体与新媒体融合优势，不受传播时间、地域限制的全球网友大联欢、大聚会，以满足广大网友不同层次的文化需求。

　　草根性是首届央视网络春晚的基本特征，由草根表演的节目占了全部 6 场晚会节目的一半以上，普通群众和网友成为晚会真正的主角，许多由草根创作的反映百姓心声的原创节目，被原汁原味地搬上了舞台（见图 8-21）。互动性是首届央视网络春晚的最大特色，现场观众和全球华人网友通过网络视频连线、微博墙、九宫格日记和愿望拼图等时尚、新颖的晚会互动方式，加入到网络春晚的大聚会中来（见图 8-22）。

图 8-21　旭日阳刚、筷子兄弟等草根登上央视网络春晚舞台

图 8-22　视频连线、九宫格日记、微博墙打造全球华人大联欢

　　央视网络春晚充分发挥互联网不受地域限制的传播优势，把 6 场既体现传统文化又富有网络特色的网络春晚传递给港澳台同胞，以及海外华侨、华人，为全球网友增添了前所未有的惊喜和乐趣，引来网友的关注和热捧。观众和网友给予央视网络春晚一致好评，认为央视网络春晚为成为百姓的真正舞台，"让草根上了镜，让网民过了瘾，让观众忘了情"。网民表示，央视网络春晚，拓宽了春晚的表现形式，丰富了春晚的内涵，为观众提供了多元化和精准分类的春晚形式。网民认为，央视网络春晚节目给力，内容亲切，很平民化，打动人心，许多节目让人热泪盈眶。回归了娱乐大众和大联欢的本质，成为百姓的真正舞台。

2. 2012 年 CCTV 网络春晚

2012 年 1 月 22 日至 30 日，以"微生活 云幸福"为口号，以"亿万网民秀幸福 全球华人享团圆"为主题的 2012 年第二届中央电视台网络春晚顺利完成电视、网络播出，得到观众、网友和媒体的高度关注，获得了广泛的好评。

（1）开门办网络春晚，突出全球化互动特色

按照刘云山同志"开门办春晚"的指示精神，中央电视台网络春晚一直坚持为全球网友提供展示才艺的平台，为普通群众送去新春的祝福和快乐。第二届网络春晚延续了首届的"全球化"、"零距离"、"零门槛"的特点，从 2011 年 10 月起，面向高校学生发起"进高校 选达人"落地选拔，进入北京地区 30 所高校，征集节目超过 500 个；面向全国城市市民发起"秀城市 寻明星"落地选拔，进入河北石家庄、福建厦门、四川成都等 10 座城市，征集节目 350 个；面向海外华人和友人发起"中国心 游子吟"落地选拔，进入北美洛杉矶、旧金山、纽约等城市，并在洛杉矶好莱坞举办决赛，征集节目超过 500 个。经过网友投票，从三大落地活动中筛选出的高校达人张甲子、城市达人杨纪行和美国二胡女孩 Allison Hernandez 都登上了网络春晚舞台。

除普通草根外，"股神"巴菲特、著名导演詹姆斯·卡梅隆、著名球星梅西以及著名影星成龙等国内外名人、明星也以各种形式登上了网络春晚，给中国人民送上祝福，充分体现了网络春晚的"国际化"路线。

（2）注重节目质量，展现网络文化艺术水准

加强网络文化建设，推动网络文艺繁荣发展，是党的十七届六中全会提出的明确要求。中央电视台网络春晚肩负弘扬先进文化、体现主流网络文化价值观的使命，节目既接地气，又展现出网络文化的艺术水准。

在本届网络春晚上，名人跨界成为特色。中国三大男高音戴玉强、魏松、莫华伦以美声来演绎流行歌曲《我愿意》；瑞典音乐家罗伯特·威尔斯和中国二胡演奏家陈军、"琵琶天使"刘珂一起，用钢琴、二胡、琵琶合奏了一曲《中国月亮》，呈现出精彩绝伦的视听感觉。草根明星混搭也是网络春晚的特色之一。从选拔活动中脱颖而出的"会计哥"杨纪行与著名歌手费玉清同台献艺，将费玉清模仿得惟妙惟肖，展示了草根的艺术水平。此外，61 位各行各业的草根朋友演绎的《北京兄弟》、关注民生的网络故事《怒江连心桥》以及"走转改"故事《天籁之爱》等，贴近生活，引发观众和网友深深的共鸣。

晚会的最大亮点还体现在晚会体裁的创新。本届网络春晚首次引入"贺岁微电影"概念，在文艺晚会中播出以大爱和公益为内容的"微电影"，充分体现了新媒体的特色，展现了新媒体的健康文化。

（3）创新播出模式、台网捆绑优势凸显

网络春晚是传统电视媒体与新媒体融合的重要实践，是传统春晚必要的延续和补充。2012 年，网络春晚坚持台网捆绑，创新播出模式，充分体现了媒体融合的传播优势。对比 2011 年首届网络春晚"6+1"的播出模式——电视播出 1 场（3 套综艺频道兔年大年初一 19:30），网络播出 6 场（兔初一至初六 19:30），2012 年网络春晚采取了"3+X"的播出模式，即网络播出 3 场晚会（龙年初一至初三 15:00），电视播出"X"（晚会精彩集

锦）。龙年初一至初七，2012年网络春晚精彩集锦在中央电视台综合频道、财经频道、综艺频道、中文国际频道和中国3D电视实验频道共播出11次，共计1350分钟。此外，2012年网络春晚还通过中国网络电视台网络电视、手机电视、互联网电视、IP电视、公交移动电视等多终端、多平台进行多语种传播，新媒体与电视传播形成合力。

据统计，1月22日至29日直播期间，网络春晚官网页面独立用户数达到724万人，是2011年网络春晚的6.5倍。视频直播累计观看达到730万人次，是2011年的5.4倍，最高同时在线人数为32万人，比2011年高出14万人。CCTV手机电视用户数167万人，视频访问量801万次。iPhone、iPad海内外总用户数455万人，视频访问量达到2145万次。

（4）首次进行3D拍摄和播出，取得圆满成功

2012年中央电视台网络春晚首次采取3D技术拍摄，并于2012年1月25日20：00至21：30，在中国网络电视台成功进行了互联网3D视频播出。网友们通过红蓝、偏振、快门三种模式，在网络上收看3D版网络春晚。据统计，在3D晚会直播期间，视频直播累计登录39万人次，最高同时在线11万人。

此次3D视频播出技术成熟，形式多样化，画面质量高，3D效果好。中国网络电视台3D视频播出形态在原有的点播形态基础上，正式推出了直播形态，成为亚洲首家推出同时支持红蓝、偏振、快门三种主流3D模式的互联网站。

（5）媒体高度关注、网友予以好评

从筹备、录制到播出，2012年中央电视台网络春晚始终是媒体关注的焦点。人民日报、新华社、光明日报、中央电视台、中新社等40多家媒体，人民网、新华网等全国近百家网站报道网络春晚相关消息200多条，网上转发2000多次。新华社首发股神巴菲特登上网络春晚拜年的消息。

2012年中央电视台网络春晚的微博粉丝超过100万人，关于网络春晚的话题数超过500万个。网民普遍认为，本届网络春晚贴民心、接地气，具有艺术内涵。除了明星阵容强大、网络"红人"集结、节目编排独出心裁之外，鲜明而亲切的网络时代特色、真实而温暖的网络文化力量，堪称央视网络春晚最吸引眼球之处。网络春晚的逐渐兴起，形成了央视春晚的新局面。

3. 2013年CCTV网络春晚

2013年2月8日至14日，CNTV坚持"开门办春晚、创新办春晚、节俭办春晚"，精心推出"中国梦"2013年CCTV网络春晚主题晚会，并在中央电视台综合频道、财经频道、综艺频道、中文国际频道、高清频道，以及中国网络电视台网络电视、手机电视、IP电视、公交电视等终端顺利播出。电视受众用户超过3亿，网络春晚官方网站多终端累计独立用户1458万人，是2012年的2倍；官网多终端视频直点播累计播放次数2896万次，是2012年的3.9倍。截至2月16日，网络春晚官方微博粉丝数235万。节目播出后在海内外反响强烈，相关新闻转载量达125万篇次，是2012年13.3万篇次的9倍。本届网络春晚主要体现以下特色：

（1）主题紧扣时代脉搏，彰显深刻内涵

2013 年 CCTV 网络春晚进行了大胆创新，以弘扬"中国梦"为宗旨，以紧扣时代脉搏、与当前爱国主义思潮高度吻合的"我爱中国的 N 个理由"为主题。网络春晚由线上征集、线下活动和主题晚会组成，三者环环相扣，线上征集和线下活动为主题晚会遴选"热爱中国的理由"、"百个华人家庭"以及节目，主题晚会则对线上征集和线下活动进行盘点、总结和发布，三者相辅相成、互为依衬，进而使"中国梦"2013 年 CCTV 网络春晚摒弃了传统综艺晚会的概念，转变为有影响、有品牌、延续性强的大型活动。

线上面向全球网友发起以"我爱中国的 N 个理由"为总主题，以"我爱家乡的 N 个理由"为分主题的大型征集活动，以家庭为参与对象，以家乡为切入点，邀请网友通过视频、图片、文字阐述热爱中国的理由。征集结束后，通过网友投票、专家评审等选出"热爱中国的理由"，并在主题晚会发布。征集活动得到海内外网友的广泛响应，共征集热爱中国的理由近 7 万条，转发及跟帖总数 28 万多条。

线下活动邀请吕思清、陈一冰、刘诗诗、刘大成等人拍摄微电影，通过他们的视角，讲述、记录动己、动人的故事，表达真情实感，展现家乡的美好以及对国家的热爱与祝福。同时走进非洲等海外主要地区和国家，遴选华人华侨家庭和国际友好人士家庭，邀请他们出席主题晚会，讲述热爱中国的理由，感受 2013 年 CCTV 网络春晚所要诠释的主题、彰显的内涵。

主题晚会由"中国美丽"、"中国力量"、"中国梦想"三个篇章组成，通过富有创意的节目，丰富多彩的表现形式，对网络春晚主题予以阐释。为充分阐释主题，并彰显其深刻内涵，网络春晚引入大量平面媒体所独具的属性：轻灵明快的"卷首语"与气势磅礴的"卷尾语"相得益彰，突出、强化了主题的厚重感；"中国美丽"、"中国力量"、"中国梦想"三个篇章所要表达意境的逐渐递进，使主题所要表达的内涵得以完美诠释；发布"我爱中国的 N 个理由"的嘉宾由德高望重的老者与卓有成就的年轻人搭配，增强了主题的仪式感，充分展现出中华民族复兴、崛起和梦想实现的传承之意。

（2）唱响"凡人歌"，传递中国正能量

"中国梦"2013 年 CCTV 网络春晚充分秉承"开门办春晚"的理念，坚持"三贴近"原则，以群众为参与对象，以普通人的生活为内容创作蓝本，将普通人的生活原汁原味地搬上舞台，唱响荡气回肠的"凡人歌"，弘扬社会主义主流价值观。导演组贴近百姓选节目，倾听普通网友的声音、普通人的不平凡故事，将这些真实而又平凡的人生，汇聚成动人的交响乐和感动人心的正能量。

本届网络春晚的目的就是要通过展示平凡人身上的强大正能量，向世界人民彰显中华民族伟大复兴的必然性。为实现这一强大正能量的"走出去"，网络春晚坚持"请进来"，从全球遴选了来自美国、俄罗斯、克罗地亚、肯尼亚、马来西亚、中国台湾等国家和地区的百个华人家庭和国际友好人士家庭参与主题晚会，共同感受这些荡气回肠的"凡人歌"所展示的力量，进而让世界各国人民了解到一个丰富、真实和发展中的中国。

（3）节俭办春晚，突出思想性、艺术性、观赏性

2013 年 CCTV 网络春晚从筹备之初就坚持节俭办春晚的原则，"不比明星，讲内涵；不比舞美，重实用"，将普通人的生活原汁原味地搬上舞台，配以简约、朴素、大方的艺术风格和舞台效果，追求思想性、艺术性、观赏性的统一。

"不比明星，比内涵"。面向广大网友，线上征集"我爱中国的 N 个理由"，就是要使网络春晚脱离明星的束缚，倾听百姓心声，线下活动拍摄的微电影既节省了投拍经费，又提升了影片的纪实性、亲和力；主题晚会在嘉宾、演艺人员的邀请和内容设计上更是突出了本届网络春晚的思想性、艺术性和观赏性，使社会主义价值观在传播效果上实现"润物无声"，在传播方式上实现突破。

"不比舞美，重实用"。舞美设计制作科学化、节俭化，根据晚会主题、内容展现的实际需求，现场由"2013"字样构成的表演区与观赏区交错排列组成，二者融为一体，观众与嘉宾、演员同桌而坐，零距离的接触既有效利用了场地空间，节省了搭建支出，又增强了晚会互动感，蕴涵了团圆之意。没有升降舞台，没有梦幻灯光，让嘉宾和演艺人员在"真实"的空间，进行"本色"讲述和表演，给观众以亲切感。同时，将晚会常用的LED 进行巧妙搭建，以环绕现场的方式增强视觉感官效果。朴素、实用的舞美，给了观众"家"和"聚会"的感觉。

≫≫≫ 8.5.2 中国公开课

2011 年 10 月 20 日，中国网络电视台中国公开课正式发布。中国网络电视台（CNTV）中国公开课是中央电视台着力打造的文化栏目，是 CNTV 推动文化生产与传播形态创新的有力举措，是中国网络第一教育品牌。

1. 产品定位

中国公开课传播对象以广大青少年为主体，覆盖全民学习。在内容选择上，海外特色课程、社会学习课程、大中小学素质学习及辅导学习课程平衡发展，并以思想政治理论课程为特色，以实现传承历史文化、传播科学技术、培养文化素养、锻造优质人格的目标。

2. 品牌规划

2013 年中国公开课将逐步进行平台化升级，旨在打造全球知名的全方位在线学习平台。通过与国家部委和海内外社会组织、公共团体等机构开展广泛、深入的合作，积极引进、吸纳最丰富、最优质的学习资源，进行数字化、视频化、社区化的矩阵式产品平台的打造，充分发挥中国网络电视台作为国家主流媒体的公信力、权威性、影响力及国际美誉度，使之成为海内外广大网民在线学习的首选平台。

3. 平台建设

借鉴先进的学习平台理念，同时结合过去一年积极建设与运营的经验，推动全球精品课程中国化、世界先进知识普及化、传统文化国际化的建设，为广大网民开阔视野、陶冶情操、提高修养，创造健康向上、寓教于乐的网络学习互动平台。计划推出四大平台：

（1）精英教育普及化，建设中国第一授课平台

以名校名师为授课老师主体，充分发掘国内外专家、学者、企业家及社会名流等精英人才资源，覆盖基础教学类、职业教学类、兴趣教学类、励志感悟思想类等行业类别，授

课方式追求深入浅出、雅俗共赏、不拘一格。重点研发名师堂、课程库、授课与答疑系统，鼓励机构、组织或个人通过平台上传教学视频、分享作业、分享课堂资源等，同时建立有效的线上反馈机制，客观地评判授课者所提供课程的质量，将平台开放化，从而吸引更多的个人、机构等培训方加入中国公开课这个平台，彻底实现精英教育普及化的终极目标，弥补中国教育资源不均衡导致的资源分享不畅和地区失衡等问题。同时，通过与部委、学校、企业等组织合作，将名师名家请进校园、厂矿，实现线上与线下联动授课平台。

（2）全内容集成化，建设中国第一学习平台

以名校名师精品课程与广泛的社会学习资源共同组成课程主体，充分发掘国内外优质学习资源，发挥中国公开课开放平台的规模型聚集效应，推动课程承载量进入批量扩容发展期。中国公开课已推出包括大学主题公开课、初高中主题公开课、小学主题公开课、大众主题公开课在内的全内容体系，并将增建以海外课程和时政类课程为优势课程的"两优"全内容课程集成体系。

（3）新媒体互动分享化，建设中国第一学习交流平台

通过"老师+学生+课程"模式，打造产品群组矩阵，在已经实现的"学习轨迹"功能的基础上，建立"爱好引导"，深入分析用户行为，建立起老师和老师、老师与同学、同学与同学之间互帮互助的互动化、开放式学习交流平台。充分发挥新媒体技术优势，通过 UGC 用户分享技术和 wiki 技术的使用，并通过健全完善网友上传原创课程的"分享"机制和拉动用户交流个人学习经验及学习问题的"沟通"激励机制，完善师生、同学、虚拟课堂、兴趣小组等的关系，辅以积分系统监控答疑效果来保证平台的良性发展。平台还将针对典型问题建立中国公开课学习知识系统，并通过逐步完善知识系统，充分发挥新媒体技术平台的互动、分享、海量存储等优势。

（4）普惠全民公益化，建设中国第一学习活动平台

以普惠于民为目的，融合线上、线下课程模式，汇聚各方精英智慧，打造国际化、公益化、开放化活动平台，逐步推出中国公开课海外站点和中国公开课走基层、进校园、进厂矿的特色服务。

4. 运营模式

（1）加大海外精品课程的遴选与翻译力度。为确保实时吸纳海外最新科学技术、知识和理念，以全球 iTunes 公开课排名为主要依据，及时跟进海外热门精品课，紧密结合中国公开课内容体系建设，确立引进计划，同时引入权威翻译机构，有序、有效地组织课程的批量翻译制作，保证课程翻译的科学性、准确性、易学性，同时缩短翻译周期，形成中国公开课核心竞争优势。

（2）联合权威机构，规划定制时政类课程。提前选题、精心规划、开发和利用权威机构资源，开展专业化合作，将时政热点与传统政治思想理论课程体系相结合，批量定制时政类课程，并引入中国公开课课程审核机制，推动集权威性、系统性与易用性为一体的精品课程体系建设。

（3）深度挖掘、开发、利用中央电视台自有节目资源。继续开发利用中央电视台已

储备的大量优秀节目资源，如科教频道的《百家讲坛》、中文国际频道的《中华医药》等栏目、各节目中蕴藏的各类学习教学类资源，按照公开课的形式进行深度挖掘和统一包装，批量纳入中国公开课的课程库。

（4）与教育部等相关部委、科研机构合作，充分调动公共资源。通过与国家相关部委、国家教育部门和科研机构、各地高校、各地中小学等深入合作，建立各种形式的公共合作模式，形成覆盖面广泛的教学资源网络联盟，丰富中国公开课在线学习网络平台的资源和内容。如与教育部合作完成"十二五"规划当中的"中国大学视频公开课"课程的开发，与黄冈中学合作的重点中学教学辅导课程等资源。

（5）积极开发社会资源，实现社会效益最大化。科学分析社会学习、培训行业市场的资源特点，引入合作机制，形成共赢效应，充分利用市场的技术、人力、资金和渠道资源，如与新东方、学而思等这类广受认可且效果明显的培训机构的优质课程内容的批量合作，实现双方的共赢。

（6）组建专属团队，自主策划原创课程。中国网络电视台将对重点和热点门类的课程实施品牌化策划和包装，通过联合拍摄的方式，批量生产节目内容，如时尚化妆、美食烹饪、茶艺插花、技工培训等各类教学内容，形成系列课程。

5. 建设步骤

截至目前，中国网络电视台已上线大学、高中、初中等各门类的 1150 门公开课 6860 集 235075 分钟（3918 小时）课程，课程量居业内首位，累计访问量逾 2 亿人次，行业内领先。2013 年实现课程总量翻番，并力争达到 2000 门。至"十二五"结束，计划完成 5000 门课程，同时还将继续拓展播放平台的跨终端传播能力建设，继续研发在 iPhone、Android 系统、移动传媒和户外传媒等多终端的展现，并积极促进优秀课程内容的外文翻译与海外传播，从而将中国公开课建成中国内容最丰富、受众面最广、产品功能多样化国际知名的学习交流分享平台。中国公开课将继续依托 CNTV"一云多屏、全球传播"平台优势，积极引导网络舆论、广泛开展道德教育和实践活动，为传递社会主义核心价值观营造良好的社会文化环境。

≫ 8.5.3 CNTV5+体育

CNTV5+体育台是一个集合电视新媒体资源，立足 WEB、多终端发展的，满足用户观赛、资讯、互动、分享、交友、娱乐、消费的互联网开放平台。CNTV5+体育台的发展目标是充分依托中国体育电视第一平台——央视体育频道、中国体育第一网络视频直播平台——5+体育台独家体育版权的双重优势，将网络媒体社区功能有效地与独家资源优势充分结合，建设具有鲜明央视特色的、多平台多终端一体的面向全网开放的中国专业体育视频社区平台。

CNTV5+体育台的发展策略是以重点赛事、热门体育项目的视频直播报道为导引，以央视著名体育主持人、体育记者和体育明星为号召，先期以微博、线上线下活动等最火的网络社区功能为突破口，开发适用于视频社区的新的社区应用，多点齐进，广聚人气，建立传播手段改变后的新工作机制，形成并复制可保持用户持续活跃度的运作方式。体育视频社区是开放的平台，以国家媒体平台的号召力，以资源聚合的方式，提供相应的奖励机制，给体育机构、体育团体、体育从业人员和体育爱好者建立专属的个性化社区子群，使5+体育视频社区成为网络体育的聚集地。

1. CNTV5+的特色产品线

用户定制的个人电视台：以单一用户为中心，根据后台编目提供给用户个性定制；同时可以聚合同好者形成圈组社区；将视频、收视服务和视频功能整合其中，同时跟踪用户的浏览轨迹，给用户推送相应的视频社区服务。

微博化的边看边聊：是传统边看边聊的一大升级，摆脱了先前匿名留言的方式，社区管理者可以为用户提供更多的针对性个性服务。

开放的视频社区平台：优化技术平台，建立一个开放的社区平台。吸引所有体育机构、体育团体、体育厂商和体育爱好者在中国网络电视台提供的开放平台建立自己的独立社区，在展示自己诉求的同时，为整个社区平台带来多样性的活力。比如，建立各足球俱乐部官方的球迷俱乐部，利用中国网络电视台拥有的意大利超级杯独家视频资源，鼓励球迷将他们的俱乐部落户中国网络电视台的视频社区，在电视直播和网络直播的同时，与官方俱乐部的球迷互动，带官方俱乐部的球迷近距离观看球队的训练和比赛，给球迷带来真正的实惠。依此为范本，所有的球迷俱乐部、其他组织都可以以这种方式落户。

2. CNTV5+开放平台

CNTV5+不仅是新媒体、门户、社区，更是开放平台（见图 8-23）。CNTV5+开放平台是垂直开放平台，由核心的新媒体资源（视频应用为主）、SNS 社区以及海量的第三方应用组成，它还拥有打通这一切服务的用户中心，包括类似账号服务、关系链服务、分享服务、支付服务等互联网基础服务。

3. CNTV5+的社区功能

微博：建立专业的指向明确的微博（赛事微博、体育项目微博，如"CNTV 羽毛球"），名人微博、栏目微博得到网友认可后形成微群，形成社区；边看边聊、微访谈是微博的其他延伸功能。目前，微博是社区功能最好的切入点，CNTV 羽毛球在一周内增加3 万多粉丝，这些粉丝目的专一、明确，网友可以通过 CNTV5+的微博将苏迪曼杯的视频、明星评球、现场报道与球队互动等需求，都通过这个微博得到满足，网友通过 CNTV5+的微博，也与其他同好者形成了互动。目前，央视体育栏目均在新浪微博开设了栏目微博，成为电视节目预告和收集网友反馈的标配工具。体育视频社区要将这些已经建立的垂直微博社区进行再聚合，为观众和栏目产生更多的互动空间。

活动：结合赛事、栏目和大活动的进行的线上线下视频社区活动，是体育视频社区的特色项目，电视、网络、移动终端的多重推广将视频社区的原创活动推广，产生更大的影响力。围绕世界游泳锦标赛、世界大学生运动会、2012 年伦敦奥运会，举办系列的线上线下活动为体育视频社区造势，在这些活动中紧紧围绕社区功能进行活动的组织实施。

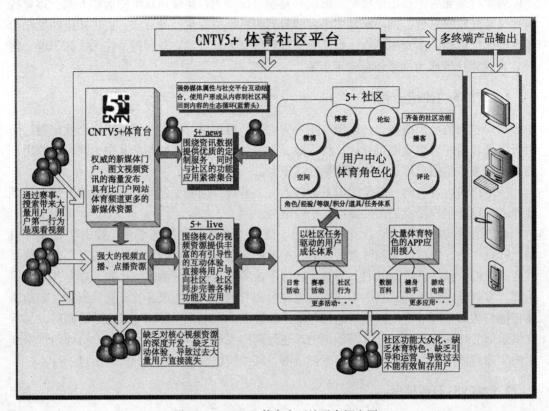

图 8-23　CNTV5+体育台开放平台概念图

游戏：网络体育游戏、竞猜、调查是提升社区人气的另一个方式。根据赛事、项目采取合作或自主开发的方式，进行体育游戏的开发。目前，合作方式的 NBA 篮球经理已经上线，与游戏台共享的网页体育游戏也在探讨实施的细则，这样在赛事和非赛事期间，都可以吸引体育视频社区的用户参与。

商城：央视体育频道和中国网络电视台体育台巨大的影响力，使体育视频社区的体育类的衍生产品具有非常大的市场潜力，设计、制作和销售独家的纪念品，也具有强大的网络号召力，建立体育商城，也是重要的推广手段。

积分：建立完整的社区积分体系，跟踪记录用户的所有行为（浏览时长、微博、游戏、商城、活动参与），形成有效的积分，并根据用户的积分，为用户分级，提供差异化的服务。

俱乐部及 VIP 俱乐部：群组的另一种表现形式，体育视频社区的管理者是俱乐部的领袖，作为俱乐部的发起者和组织者，组织社区用户进行各类线上线下活动，为用户提供特色的服务。为高端用户服务，建立 VIP 俱乐部。

4. 三条应用产品线

CNTV5+是覆盖 WEB、PC 客户端、Pad 及手机等移动终端的跨平台产品，为完善体育中心应用产品布局，最大化地传播内容、拓展市场，不断满足广大用户对高品质体育新媒体产品的需要，推出了 CNTV5+体育客户端、5+VIP 客户端和 5+直播大全客户端三条全终端产品矩阵，全面覆盖高、中、低端用户。多终端的产品虽然根据用户的阅读使用特点会有不同，但都基于同一个用户中心及应用聚合平台，网民可以一个账户使用所有的终端及应用。

CNTV5+体育客户端有桌面版（Win&Mac）、Pad 客户端、手机客户端，提供用户项目、栏目定制功能，每个用户都有自己个性化的首页。CNTV5+客户端桌面版拥有免下载网页和客户端软件下载两种进入方式。CNTV5+客户端的特色功能有：（1）创新性使用类移动终端应用型结构，用户可定制桌面、8 个功能应用、18 个赛事应用、29 个栏目应用、30 个项目应用，网友登录后，可根据自己的需求定制桌面。（2）首次实现赛事直播跨终端"预约提醒"。（3）"一云多屏"多终端内容呈现。（4）用户可根据自己的兴趣爱好组成不同的体育圈组，在观看直播时分享看法，并邀请好友开设专属直播间。CNTV5+奥运平台和 CNTV5+PC 客户端各页面如图 8-24 至图 8-27 所示。

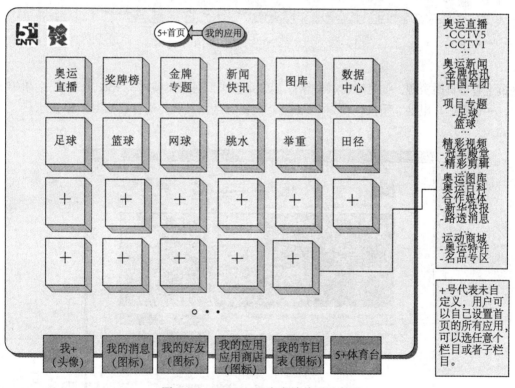

图 8-24　CNTV5+PC 客户端首页示意图

CNTV 5+VIP 直播独有高清画质、多屏模式、事件标注功能，为受众提供了全新的交互式观赛体验。目前，CNTV 5+VIP 的内容包括足球、篮球、网球、台球、高尔夫球五个体育项目。其客户端首页如图 8-28 所示。

CNTV5+直播大全旨在成为互联网最全面、最权威的体育赛事直播工具类产品，实现全

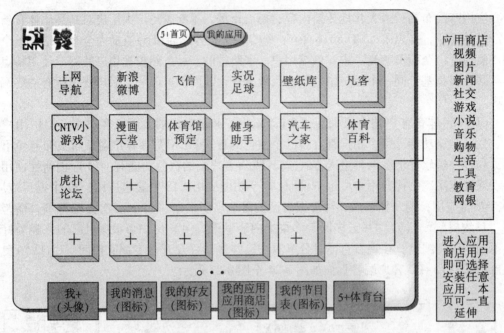

图 8-25　CNTV5+PC 客户端应用页示意图

网黄金赛事直播资源，如奥运会、世界杯、欧洲足球、网球大满贯、NBA、CBA、中超等节目，一键直达；电脑、手机、Pad 同步观看，一键预约。其客户端首页如图 8-29 所示。

图 8-26　CNTV5+WEB 客户端首页示意图

图 8-27 CNTV5+WEB 客户端应用页示意图

图 8-28 CNTV 5+VIP PC 客户端首页示意图

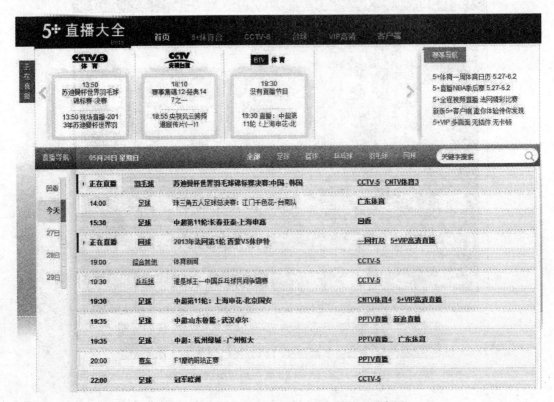

图 8-29　CNTV 5+直播大全 PC 客户端首页示意图

⋙ 8.5.4　其他

1. CNTV "榜样拍客" 培育基地

CNTV "榜样拍客" 培育基地由国家互联网信息办公室指导,中国网络电视台承建,2012 年 10 月 31 日正式挂牌成立,是目前国内唯一一家具有官方认证并指导的专业拍客平台。该平台秉承 "展现拍客风采,树立榜样力量" 的原则,系统拓展、培训、规范化管理全国拍客用户,走基层、接地气,深入推进社会主义核心价值体系建设。成立以来,开展了学习 "十八大" 精神系列征集展播活动、"榜样拍客走基层" 福建行活动,以及 "榜样拍客寻找 13 亿人的感动　推进中国道德建设" 等专项活动。目前,"榜样拍客" 培育基地拥有会员 3000 多人,广泛覆盖全国 32 个省市自治区,自上而下建立了相对稳固的用户组织结构,在各类大型互动宣传报道活动中获得良好的社会反响。

2. CNTV "凡人善举" 品牌栏目

自 2011 年开始,中国网络电视台充分发挥播客互动分享平台优势,建设 "凡人善举"品牌栏目，旨在展现发生在广大民众身边的点滴善事，弘扬真善美、传递社会正能量。2011年9月，CNTV推出《DV·凡人善事》专栏，开展系列线上征集展播与线下交流互动活动，累计收到网民上传视频素材6000多条，展示典型人物及事例500多个，得到共青团中央、各地政府、各大企事业单位等的广泛关注和热烈响应。

在此基础上，2012年8月至10月，由国家互联网信息办公室主办，中国网络电视台承办了"迎十八大'拍凡人善举，树榜样拍客'微视频网络征集展播"大型活动，覆盖全国30个地市，征集并展播网民拍摄制作的微视频千余条。国信办充分肯定本次活动凸显的时代性、群众性特色，称赞CNTV切实发挥网络精神文明阵地作用，以新媒体化运作，激发广大民众与社会正义和温暖的共鸣，是一次以网络力量传递社会正能量的成功运作。

9 / 网络视频服务的市场现状与发展趋势

9.1 网络视频服务的市场现状

▶▶ 9.1.1 美国网络视频市场现状

谈及美国的网络视频市场现状，首当其冲的便是全球网络视频的领军网站 YouTube，它扮演着网络视频市场中重磅炸弹的角色。据《纽约时报》载文，从 2006 年 7 月 12 日开始，YouTube 每天的浏览量突破了 1 亿大关，这一里程碑式的事件充分标志着互联网视频时代的来临。2006 年 10 月 10 日，YouTube 被 Google 以 16.5 亿美元收购，标志着不仅是 YouTube，全球网络视频市场都迈入了新的发展时期。

2011 年，美国人在线观看视频数创新高，在线观看视频的日均人数超过 1 亿，较上年增长 43%。2011 年 12 月，视频流的数量达到了 435 亿，同比增长 44%。截至 2011 年年底，平均每个美国用户观看了 239 部视频（增长了 37%），其中每部视频的观看时间从 5 分钟增至 5.8 分钟。视频广告在 2011 年继续保持增长，受到更多广告商的青睐，视频广告总数增长到 71 亿，与上年同期相比，增幅达 20%，不过视频广告数占视频总数的份额增幅稍缓，仅从 12.8% 增长到 14.1%。

2012 年 5 月 18 日，comScore 公布了美国网络视频网站按照单个访问者访问量排名，十大访问量最高的网站排名如表 9-1 所示。

表 9-1　　　　　　　　　　**美国最受欢迎十大视频网络供应商**

网络公司	访问量（单位：1000）	视频数（单位：1000）	每分钟访问者数量
所有网络：所有网民量	180 785	36 848 001	1 307.7
Google Sites	157 663	17 022 226	434.8
Yahoo! Sites	53 604	741 995	73.7

续表

网络公司	访问量（单位：1000）	视频数（单位：1000）	每分钟访问者数量
Vevo	49 479	674 183	57.9
Facebook. com	44 298	264 903	27.0
Microsoft Sites	42 833	486 567	42.4
Viacom Digital	41 247	501 100	58.9
AOL, Inc.	38 925	496 400	54.3
Amazon Sites	30 168	104 581	17.4
HULU	28 233	901 060	228.5
News Distribution Network，Inc.	27 005	186 956	75.2

根据上述数据可以看出，YouTube 仍是世界最大视频分享网站，视频观众数为 1.58 亿人。其后，分别为雅虎和 Vevo，视频观众数为 5300 万人和 4900 万人。

在网络视频公司经营模式方面，按照平台运营商种类，美国主流视频服务网站可分为五种类型：以 YouTube 为代表的专业视频分享网站、以 Yahoo 为代表的门户网站、以 HULU 为代表的依托传统广电媒介的高品质视频网站、以 Vevo 为代表的专业音乐视频网站以及以 Facebook 为代表的提供视频服务的社交网站。其中，网络视频门户网站的经营模式与一般门户网站的经营模式大同小异，下面将着重介绍其他四种经营模式。

（1）以 YouTube 为代表的专业视频分享网站。YouTube "分享"视频的概念取代了 "发布"视频的传统概念，迎合了 Web2.0 时代多对多的交流模式，为网民进一步参与提供了广阔的发展空间。YouTube 的用户希望能有人来观看他们的视频，于是会向朋友推荐该网站，新的用户也有一部分会成为视频提供者和上传者，更多的人参与进来，会形成一个滚雪球效应——即所谓的"病毒营销"模式，它描述的是一种基于人际关系的播客信息传递战略：像病毒一样深入网络，通过网络上下的人际网络无限复制，快速传播，覆盖尽可能多的网民。

（2）以 HULU 为代表的依托传统广电媒介的高品质视频网站。与 YouTube 模式不同，HULU 的差异化战略重点在于：强大的内容后盾保证其高质量、专业化的视频供给。正因为有了 NBC 和福克斯这样坚强的后盾，HULU 网站的视频内容不但可以保证数量，更可以保证质量。在迪斯尼集团旗下的美国广播公司（ABC）加盟之后，其所拥有的视频节目内容已是无可匹敌。另外，与索尼、华纳兄弟等数百家内容提供商的合作更是大大丰富了 HULU 网站的视频种类，让其他视频网站望洋兴叹。

（3）以 Vevo 为代表的专业音乐视频网站。专注于音乐及网络视频业务的 Vevo 成立于 2009 年 12 月，由谷歌、环球音乐和索尼音乐合资建立，旨在应对网络音乐视频与传统音乐视频之间不断增长的竞争。该网站由 YouTube 提供视频技术支持，而内容则大多来自索尼、环球和 Abu Dhabi 媒体公司等。成立 5 个月后，Vevo 网站即成为美国网络视频市场的一匹黑马，其观众数量增长迅速，占到美国视频观众的四分之一，成为美国第一音乐视频网站。2012 年 5 月，Vevo 网站更是位列美国视频网站排行榜第三位。

（4）以 Facebook 为代表的提供视频服务的社交网站。作为社交媒体绝对的老大，Facebook 的成功并不意外。2011 年 7 月，Facebook 曾一度跃升为美国第三大在线视频网站，仅次于 Vevo 和 YouTube，将微软、雅虎、维亚康姆甩在身后。业内人士认为，这是 Facebook 平台化、开放化的威力所在。

在盈利模式上，各大视频网站战略各不相同，主要可划分为三种类型：广告主付费模式，以 HULU 与 YouTube 为代表；按次付费，以亚马逊、苹果为代表；会员付费模式，以 Netflix 为代表。

下面主要介绍广告主付费模式及会员付费模式。

（1）广告主付费模式。HULU 是美国网络视频广告市场的大赢家。其在广告经营方面的成功一方面得益于其高品质的视频吸引了固定的观众，广告商因而愿意花巨资投入 HULU。另一方面，HULU 独具匠心，注意到了用户的心理，不强迫用户观看广告，而是让视频观看者自己选择广告，给广告评分，还设计了趣味性强的游戏广告。此外，HULU 网站的广告时长都非常短，通常只有电视广告的四分之一，不会对用户观看视频产生明显的影响，尽量减少广告的存在感。最近，HULU 也推出了付费模式。HULU 网站在 2010 年 11 月推出了 HULUPlus，用户可以在时下风靡全球的苹果 iPad 平板电脑和电视机上观看 HULU 网站的节目，每月价格为 7.99 美元。HULU 网站走向多元盈利模式。

（2）会员付费制。相较于 HULU，Netflix 的会员付费制模式另辟蹊径，成为从传统广电传媒向数字媒体转行的成功典范。2005 年，以电视电影租赁为主营业务的 Netflix 就计划通过互联网推送电影，但是因为当时的带宽原因，直到 2007 年，Netflix 才正式推出在线电影服务，提供多达一千部电影和电视片段，至此，Netflix 的流媒体业务全面发展到电视、手机、游戏设备和移动终端上，实现了真正的三屏合一、三屏联动。与 HULU 不同，Netflix 的一切服务都是会员制、收费制，由于从实体租赁起家，用户的消费意识相当强，所以在流媒体业务的用户转换中 Netflix 并没有流失很多用户，相反，随着终端的覆盖面的扩大，用户数量也在不断扩大，据报道，2011 年一季度 Netflix 净利润 6000 万美元，用户数量达到 2360 万，与一年前的 1800 万相比，几乎翻了一倍。

≫≫ 9.1.2　欧洲视频网站市场现状

根据 2011 年 6 月 14 日 comScore 的统计数据，2011 年 4 月，在法国、德国、意大利、俄罗斯、西班牙、土耳其和英国七国中，德国网络视频的收看量是最高的，其市场规模位居欧洲首位，视频观众量约为 4492.8 万，平均每人收看 186.9 段视频，收看时长达到 19.6 小时。英国市场规模位居第三，4 月平均每人收看 166.4 段视频，收看时长为 17.0 小时，如表 9-2 所示。

表 9-2   **2011 年 4 月欧洲七国网络视频收看情况**

国家	每人收看视频数	每人收看视频时长	观众量（单位：1000）
德国	186.9	19.6	44 928
土耳其	168.6	18.7	20 732
英国	166.4	17.0	32 954
西班牙	150.9	18.4	18 902
法国	131.2	12.8	38 568
意大利	114.8	12.8	18 690
俄罗斯	86.8	9.7	39 840

根据该份报告，除了土耳其以外，得益于 YouTube 推动的 Google Sites 在上述六大欧洲国家中位居网络视频点击排行榜首位，Facebook 是土耳其网络视频市场的领跑者。Facebook 在大部分欧洲市场增长迅速，在上述七个欧洲国家中的五个国家位居前三。各国国内网络视频网站也分别在其国内市场前三位中占有一席之地，如德国的 ProSiebenSat 1 Sites、英国的 BBC Sites、法国的 DailyMotion.com、俄罗斯的 Mail.ru Group。而 Vevo 提供的视频也经由 YouTube 风靡欧洲市场。

欧洲七国排名前三的网络视频供应商如表 9-3 所示。

表 9-3   **2011 年 4 月欧洲七国最受欢迎的三大网络视频供应商**

国家	三大最受欢迎视频网站		
法国	Google Sites	DailyMotion.com	Facebook.com
德国	Google Sites	ProSiebenSat 1 Sites	Facebook.com
意大利	Google Sites	Facebook.com	Vevo
俄罗斯	Google Sites	Mail.ru Group	Gazprom Media
西班牙	Google Sites	Vevo	Facebook.com
土耳其	Facebook.com	Google Sites	DailyMotion.com
英国	Google Sites	BBC Sites	Vevo

2009 年 8 月，Google Sites 占据德国网络视频市场第一的位置，环球音乐集团位居第二，德国的 ProSiebenSat 1 和 RTL Group Sites 分别位居第三、第四。2012 年 3 月，Facebook 后来居上，成为德国第四大网络视频网站，而 RTL Group Sites 则退居第五，其位置被 United-Internet Sites 所取代。DailyMotion、Vevo 等视频网站也跻身德国最受欢迎的视频网站前十的位置。

法国、英国的网络视频市场状况同德国类似，英法两国最强大的电视集团都在网络视频市场上站稳了脚跟。在法国，Google Sites 雄踞榜首，法国本土的 DailyMotion 次之，

Vevo 位列第三，而法国电视一台 Group TF1 居第四位，Facebook 位居第五。

在欧洲主流网络视频网站经营模式方面，主要有三种类型：以 YouTube 和 DailyMotion 为代表的视频分享模式；以 Facebook 为代表的社交类视频网站；以 BBC iPlayer 和第四频道为代表的在线正版电视节目视频网站。

除了国际化的 Facebook 外，欧洲本土视频网站中，法国的 DailyMotion 和英国的 BBC iPlayer 较具特色。DailyMotion 是一家视频分享网站，总部位于法国巴黎。DailyMotion 最广为人知的特点之一就是提供支援开放格式的视频，和同类型的其他 Flash 视频分享网站相比，DailyMotion 以其短片具有高清晰画质而闻名。DailyMotion 的口号就是"Regarder，Publier，Partager"（观赏，发布，分享）。DailyMotion 新近开发出 DailyMotion Cloud 服务（网络视频云服务），为公众提供个人视频的存储、播放服务，按视频播放每小时 0.1 欧元收取服务费，视频的编码、存储、整合进个人网站的再加工等包含在服务之中，其中视频编码能够满足多种数字终端的存储、播放格式。另外，DailyMotion Cloud 还提供监测视频反应的服务。

在欧洲，BBC iPlayer 和第四频道点播是在线电视节目的巨头。BBC iPlayer，通常简称为 iPlayer，是一个网络电视和网络电台平台，可以直播、回放电视或电台节目。BBC iPlayer 于 2007 年 12 月 25 日正式上线，2011 年 2 月改版，提供收看多个电视台的节目的链接，例如独立电视台第四频道（Channel 4）和第五频道（Channel 5）。BBC 电视节目由电视授权费用和第三方许可费提供资金。因此，所有的 BBC iPlayer 电视节目只能从英国 IP 地址收看。节目的在线访问与下载数相比，在 2008 年 1 月是 8：1，2009 年 10 月上升到 97：3，其中电视节目占了播放总量的三分之二，其余是广播节目。电视节目多数为回放节目，电台则多是直播。85% 的访问来源于电脑，其余来自 iPod、iPhone 和 PS3 等 15 种平台。2010 年 5 月，BBC iPlayer 创下了 1.23 亿的月播放纪录。2011 年 7 月 28 日，国际版本的 BBC iPlayer 开放至 11 个欧洲国家。国际版本的 BBC iPlayer 以 iPad 应用的形式出现，免费提供有限的内容，会先加载广告和赞助商，但是观看大部分节目需要订阅。开始时，有 1500 小时的节目内容，其中 60% 是由 BBC 出品并播出，同时有 30% 的节目是独立出品，另外 10% 则完全是非 BBC 内容。

9.1.3 亚洲视频网站市场现状

1. 日本网络视频市场

同欧美市场一样，YouTube 在日本占据龙头老大的位置，日本本土公司如 Niconico、Gyao！、ShowTime 分割了剩余主要领地，另外美国的 HULU 也打入日本网络视频市场，并已经开展同日本手机移动领域的领导者 NTT 集团的合作，但与日本国内的几家主要网络 VOD（视频点播）推送服务网站还有相当差距。

Niconico 成立于 2006 年 12 月，是日本第二大视频分享网站，隶属 Dwango 公司，是 YouTube 在日本最大的网络视频竞争对手。根据媒体报道，该公司先于 YouTube 实现盈利。Niconico 动画的主要收入来自两个部分：高级会员（付费会员）、广告（特别是篮球广告）。Niconico 有两种类型的注册账户：免费会员和高级会员，据统计，大约有百分之四的用户属于付费用户。高级会员费是每月 525 日元（约合 6 美元），高级用户享有上传和下载视频的优先权，可以更快地享受站点的实时视频流媒体服务。

在运营方式上，根据网络视频调查研究公司 Reelse 的研究，日本市场对版权的保护较中国、韩国更加严格，传统的付费形式在日本接受度更高。另外，就网络视频发展方向而言，根据艾瑞咨询（iResearch）的调查报告，"2016 年日本智能手机视频用户将达到 3836 万人，是目前用户人数的 3 倍，市场规模预计达到 601 亿日元。2011 年日本智能手机视频用户总人数为 1225 万人，其中付费用户占 26%，为 260 万人"。

2. 韩国网络视频市场

目前，韩国主流的视频分享网站有 Pandora、Freechal、Mncast、Mgoon 等。

潘多拉 TV（Pandora）是韩国代表性的 UGC 视频分享网站，建立于 1999 年 2 月 4 日，初名 Lettee. com，2004 年正式改称"潘多拉 TV"而正式上线营运，提供无限的上传储存空间，并自 2008 年 4 月开始提供四种语言服务，潘多拉 TV 通过 H. 264 的压缩技术，能够提供高画质的影像。

目前，潘多拉 TV 的营收来源主要包括企业的品牌营销频道、横幅广告（Banner）、影像广告（iCF）、装备品目（Item）销售等。最近，潘多拉 TV 宣布，开始对该网站视频内容的下载服务进行收费。广告播放模式方面，潘多拉 TV 推出了整点报时特卖广告，每天整点播出特定厂商商品特卖信息，消费者的反应十分热烈。2007 年，韩国总统大选，潘多拉 TV 推出了"2007 年总统大选影像 UCC 大展"活动，让使用者上传与各个候选人相关的影像 UCC 档案，成为各个候选人阵营拼人气的另一个战场。由此可见潘多拉 TV 的社会影响力之大。

3. 亚太地区网络视频市场

根据 comScore 统计数据，2010 年 1 月，亚太地区超过 80% 的网络用户浏览过网络视频，中国内地视频浏览人数居首（见图 9-1），日本次之，不过日本浏览时长最高，1 月人均收看时长为 12.5 小时，澳大利亚网络视频市场规模位居亚太地区第三位。新加坡和我国香港地区网民收看网络视频的比率最高，分别达到 87.6% 和 87.4%。除中国内地外，YouTube 所属的 Google Sites 雄霸整个亚太地区市场。中国位居前三的网络视频运营商分别为优酷、土豆和 56. com，日本则为 Google Sites、Dwango Co. , Ltd 和 NTT Group。Facebook 在马来西亚、澳大利亚和新加坡都进入前三位，而土豆则在我国香港地区和新加坡占据了第二的位置（见表 9-4）。

表 9-4　　　　　　　　　　　亚太地区各国位居前三位的网络视频运营商

国家及地区	三大最受欢迎网站		
中国内地	优酷	土豆	56. com
日本	Google Sites	Dwango Co. ,Ltd	NTT Group

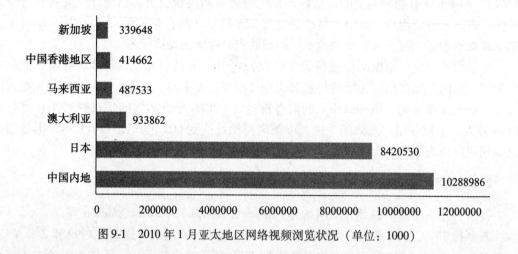

图 9-1　2010 年 1 月亚太地区网络视频浏览状况（单位：1000）

续表

国家及地区	三大最受欢迎网站		
澳大利亚	Google Sites	Microsoft Sites	Facebook. com
马来西亚	Google Sites	Facebook. com	Metacafe. com
中国香港地区	Google Sites	土豆	优酷
新加坡	Google Sites	土豆	Facebook. com

　　据行业人士估计，整个亚太地区的视频广告将高速增长。全球范围内，互联网广告同样将持续增长，一些观察机构预测，到 2017 年，全球网络广告市场规模可能达到 848 亿美元，而这些增长主要得益于手机、网络视频和社交网站的推动，这意味着整个网络视频市场相当乐观。

≫≫ 9.1.4　国内网络视频市场现状

1. 中国网络视频市场竞争格局

　　中国视频行业自 2009 年就开始了新一轮洗牌。目前，中国网络视频市场竞争格局大体上可分为两个竞争单元：（1）以门户网站为代表，如搜狐、腾讯、百度、新浪等，都开始进军网络视频这一领域，这些网站实力雄厚，在资金、终端入口、技术等方面都占有极大优势。（2）拥有强大的资源、资本优势的传统广播电视集团，如中央电视台、新华社、湖南广电、上海文广，它们的"参战"使得市场竞争更加激烈。

　　具体来看，在 2009 年年末，央视网打造的国家网络电视台正式上线，进入网络视频行业；同样在 2009 年，湖南广电旗下网络电视芒果 TV 获得集团旗下 11 个电视频道的网络视频直播、点播授权。而此时的土豆、优酷、迅雷等网络视频公司正面临激烈的反盗版斗争，搜狐、激动网等110家企业和机构组建的"中国网络视频反盗版联盟"（以下简称"反盗版联盟"）宣布将陆续对所有的侵权网站提起诉讼，酷6、优酷、土豆等网站被迫大举删掉盗版剧，付费模式开始在阵痛中运行，视频分享网站开始面临严峻的资金、盈利方面的挑战。

2012年2月，优酷、土豆宣布结盟，正式推出"网络视频联播模式"并很快合并为一家。动作虽大，但前景并不容乐观。中国网络视频两大巨头之间的合并实为无奈之举，其根本原因在于其盈利能力低下。土豆网站经营状况不理想，上市后融资连续几个季度大幅亏损，资金严重吃紧，盈利之路漫长。土豆、优酷的合并反映出我国垂直类视频网站的困境与合纵连横的策略，新一轮的竞争整合开始加速。

综上所述，按照不同类别的视频网站，我国网络视频市场竞争格局如下：

（1）视频分享市场

第一集团：以土豆、酷6、优酷为代表，特点都是垂直视频分享网站，在技术、内容、营销等方面已经形成了专业性特色；都获得了风险投资，在资金、技术、产品、品牌等方面具有竞争优势；访问量居于国内领先地位，影响力高。

第二集团：包括新浪播客、搜狐视频、QQ播客、网易播吧，特点是都有门户网站背景，尽管目前影响力稍逊于A集团，但是依靠门户网站的品牌、用户、资金等优势，未来发展潜力较大。

第三集团：其他垂直视频分享网站。这些网站大约有300家，属于中小视频分享网站。它们的特点是影响力有限，访问量、用户规模等与第一、二集团中的网站相比存在较大的差距，大部分网站都将面临严峻的生存考验。

（2）视频点播直播网站

第一集团：中国网络电视台、东方宽频、凤凰宽频、激动网。其特点是背后都有强大的传媒集团支持，有全面、深厚的内容资源（含新闻、娱乐、体育、音乐、电影、传媒等各种频道）。

第二集团：华奥星空、九州梦网。其特点是产品涵盖电影、电视剧、音乐、教育、综艺等较为全面的影视内容，产品类型不断垂直深入；拥有丰富的运营经验、较庞大的忠实用户群，是国内宽带娱乐运营领域的开拓者和领跑者；是拥有非常完备运营资质的非官方宽频运营网站。

（3）P2P播放平台

第一集团：PPLive、QQLive、迅雷、风行、PPStream，其技术架构已经很成熟，拥有最广大的用户群体，可以拓展无线和网吧业务，强化覆盖优势。

第二集团：PPmate、Mysee、光芒国际等。

2. 中国网络视频市场主要问题

根据中国互联网络信息中心的统计报告，目前中国网络视频市场主要存在三大问题：

（1）用户忠诚度低

用户收看视频时主要使用的网站数量平均为4.54个，有34.6%的用户主要使用的视频网站数量达到6个甚至更多，网站使用忠诚度较低。超过三分之一（37.4%）的用户通过搜索引擎搜索视频然后选择收看网站，而 12.4% 的用户没有形成常用的收看方式，这表明相当一部分用户在视频网站或客户端的选择上没有形成忠诚度。根据 2012 年 DCCI《中国网络视频蓝皮书》的数据，51.3% 的网络视频用户是内容导向者，超过了网站忠诚者占比。

（2）网站同质化严重

使用习惯、播放流畅度、清晰度和广告时间长短是影响视频用户形成使用忠诚度的重要因素，其中约四成用户表示因为播放流畅、速度较快而形成了对特定网站的忠诚度。另外，独家首播内容对于用户忠诚度的影响力并不大，主要原因在于在目前的中国网络视频运营模式下，单个网站往往难以真正做到独家首播。2012 年 DCCI 对网络视频用户调查数据显示，仅有 31.4% 的视频用户一定会看热播剧，但没有热播剧并不会导致很多用户放弃视频网站。对视频用户而言，高清、快速、流畅等用户观看体验因素仍是影响用户选择或放弃视频网站的关键原因。

（3）用户付费意愿低、网站盈利能力堪忧

同西方、日本网络视频用户相比，目前中国视频用户付费的比例非常低，有比较稳定付费习惯的用户只占约 1.5%，对付费视频接受度较高的用户群体集中于青少年等低收入群体，但是这类人群消费能力有限，因而其实际付费的情况并不理想。在未来可能会考虑付费的潜在用户中，75.5% 的人表示会在内容吸引人的情况下付费，可见内容是吸引用户的最重要的因素。

国内主流视频网站目前主要采用版权内容点播模式，内容同质化、各大网站特色和品牌形象不突出、用户忠诚度不高，而为了获取尽可能多的热播版权内容以获得用户流量，使版权内容价格持续走高，而单一的广告营收模式无法支撑起高昂的内容和带宽的支出。因此，当前视频网站在影视剧的营销上还难以短时间收回版权购买的成本并实现盈利。联合采购与版权分销对媒体而言会有收入上的提升，但并不利于网站的差异化发展与核心竞争力的打造。差异化内容优势、优化用户体验、增加网络视频用户黏性与忠诚度仍是视频网站要解决的核心问题。

3. 中国网络视频盈利模式

任何一个视频网站的盈利模式都不会是单一的，同一视频网站各种盈利模式的相互渗透组合就形成了自己独有的盈利模式体系，目前国内的网络视频盈利模式主要分为以下几种：

（1）付费点播（在线观看）版权节目盈利模式

这种盈利模式主要依靠网友通过各种支付平台点播节目，在线观看，形成比较稳定的点播收入，这一部分的收入除去运营成本和版权成本等，就是盈利。除了单点收费，还有大包月、小包月等收费模式。依靠这种盈利模式的视频网站需要注意的是降低版权成本和扩大点播量。然而，因为盗版、非独家版权、网友搜索观看习惯、转码画质等因素，这种模式目前仅在部分影视节目中可以实现盈利。当然，这种模式还有一种收入不容忽视，这就是点播附加值收入，比如通过手机付费，在提示收费等环节中加入广告成分或者会员服务，使附加值大幅提升。

很多依靠盗版影视节目的网站依靠这种盈利模式赚足了第一桶金，与此同时也成就了互联星空等正版品牌的崛起。国家实行视频网站牌照制，可以有效遏制盗版网站；但愿不要让 C2C 网站有此盈利模式，否则，盗版还将削弱一些网站领导者的版权意识。

（2）下载收费盈利模式

这种模式依靠用户下载观看收费。该盈利模式下的用户，一般是将视频下载到自己的计算机或移动试听装置上再观看，包括主动精准下载、软件植入自动推荐下载等。

下载收费模式同样有附加值收入，而且种类较点播在线观看要丰富得多，可以依靠下载界面、软件和网页等进行广告营销，广告到达率一般比流媒体在线观看要高许多。但是，在这一盈利模式下，视频网站需要做的是降低版权成本、扩大下载量、提高下载速度和进行广告创意营销。该模式盈利的关键，除了模式基础下载成本的控制和下载量的品牌营销，就是要生成足够的创意策划收入。

（3）客户端软件盈利模式，又叫技术植入盈利模式

此种模式由于其产品进入用户桌面，广告价值极大，被一些视频网站和聚合运营商等广泛采用，其竞争形式逐渐白热化，收益总值预期看好，但是这还要看营销策划和广告的运作能力以及附加值影响下的利益分配方式。

以"暴风影音 2008"这个客户端软件为例，它涵盖本地播放、在线直播、在线点播、高清点播等视频播放服务形式，主要依靠广告盈利。艾瑞调查数据显示，截至 2008 年 6 月，暴风影音的视频覆盖人数超过 1 亿，日均覆盖人数超过 2200 万，月用户使用总时长达到 2.27 亿小时。可见，这种模式的优势在于，从长期看，成本完全可以忽略。

（4）版权换广告盈利模式

该盈利模式即免费点播在线观看或下载观看版权节目，主要依靠广告实现盈利。广告是非常好的收益模式，做互联网无非就是把流量转换成收入，90% 的互联网公司都是在把流量转换成广告收入。

一些网站用网站联盟来买流量，也有的和百度、网易、新浪、搜狐等巨型网站进行战略合作，增长流量和大幅度提高用户数。带动流量的合作，都是有商业价值的，但是视频网站更应注重实际的互动点播量或者观看总时长。

该盈利模式的关键是广告种类的开发、营销策划和营销，以及降低版权成本并使内容具有竞争力。

（5）社区盈利模式

该盈利模式的形式是免费点播在线观看或下载观看网友上传节目，其互动性较强，但现在一般是与版权节目混合使用，以增强其内容吸引力和逻辑性。它主要依靠广告盈利，内容差异化也是决定成败的关键，因此，开拓多个行业以及多种形式的广告，已经成了此类网站的一种营销目标。

一般认为，这种盈利模式主要是要解决海量带宽和服务器等成本问题。带宽是任何一家视频网站都面临的问题，但是毕竟有很多带宽提供商在那里，通过它们的平台去发布，能得到可观的收益。有超级平台就会有超级用户，六间房把编辑本身也定义为用户，而且是超级用户。他是社区编辑而不是内容编辑，他要挖掘的是深层用户而不是内容。做一个以用户为中心的社区不能挑剔用户，而且要用一整套的流程发掘有潜质的作者，对他们进

行资助。

酷6网曾提出的有钱一起赚，就是网友上传自己的作品到酷6网，网站就会在视频作品里面加入广告，根据广告的播放次数与作者分享广告收入。原创作者为了使自己的视频收益更多，会进行转载贴发，通过多渠道来点击作品，在推广自己作品的同时，对网站也起到了推广作用。这对酷6网早期内容的产生和流量增长起到了特别大的作用。在其网站上还可以看到一个收益排行榜，前十位的收入全都超过了万元。

爆米花网董事长吴根良提出"视频社交化"，强调黏度而不是流量。他们分析出所有的视频分享网站实际上都是DV网站，基本上就是四类自然创作来源，第一类是家庭给小孩子拍摄，第二类是出门旅游的录像，第三类是爱美的女孩子的自拍，第四类是在校学生，于是他们就把这几类人群划分开来，用社区的交互来增加黏性，给群体、个体都提供非常完善的空间。

这种模式的盈利，关键是品牌、内容竞争力和营销团队的合力。其点播量、点播时长、用户数等都左右它的规模，核心和归宿是品牌的植入。

（6）直播盈利模式

视频网站很少把直播作为主要产品形态，但是一些国外网络电视台却把直播也作为其拳头产品。因此，以直播为主干的点播业态，也有很好的盈利模式。

之所以说很多国外的视频网站将直播作为主要盈利模式，是因为具有直播功能更容易被大家看成是一个视频媒体，独家内容的发布、传播和多种媒介可以转用共享也是必不可少的。

（7）多终端和跨行业盈利模式

多终端盈利模式就是通过不同格式、不同码流的转制，通过一定营销策划，在包括但不限于电脑、电视、手机等终端播出，产生多种盈利渠道。例如优酷与中国移动、百代唱片等有一些彩铃业务的分成。

跨行业合作盈利模式是指以视频网站为主导的与其他行业的深度合作。这其中包括跨媒体合作等。媒体具有跨行业合作的基础。例如央视与奥委会合作买断网络播出权，然后进行推广性合作：除了央视网本身内部核算，共有搜狐、新浪、网易、腾讯、悠视、PPLive、PPS tream以及酷6网八家网站获得了授权进行奥运视频转播。

不过，它们为此的投入也是巨大的。比如，PPS tream投入奥运转播的相关成本高达3500万元。搜狐、新浪、腾讯、网易4家门户网站拿下的是点播加直播授权，代价则为5000万~6000万元，另外的视频类互联网以保守的3000万元价格计算，仅互联网视频播放授权一项，央视将获得至少4亿元的收益。瑞士信贷分析师对此表示，所有门户网站所获广告收入都无法弥补视频授权费用。

（8）技术服务盈利模式

这种盈利模式的关键是创立行业标准或者把握行业必备技术资源，将其转化为利润。其与客户端软件盈利模式不同之处在于，技术服务盈利模式是指整合行业精英的模式，比如乐视网依靠带宽欲整合行业，互联星空依靠支付手段（技术行业应用）成为行业领跑者。

此前，很多中小企业希望借助视频内容在网站上推广自己的企业形象，但苦于受到带宽的限制，无法提供清晰流畅的视频节目。如果能够解决这些中小企业的视频服务要求，则能够成功地获得用户的支持，使技术服务成为广告之外的另一个盈利渠道。

9.2 网络视频服务的发展趋势

≫ 9.2.1 美国网络视频的发展趋势

网络视频市场的发展趋势可以从两个方面进行阐述。第一，利润永远是一个市场永葆青春的源泉，追逐更多的利润始终是企业的目标，所以如何保证网络视频市场拥有符合时代规律的盈利方式，是判断该市场发展趋势的重要的环节。第二，市场经济建立在竞争的基础上，自由竞争是保证市场良性发展的根基，因此，竞争对手之间的博弈也是我们判断这个市场发展趋势的重要依据。

一方面，视频付费点播将成为网络视频行业盈利的重要方式。根据通信信息报 2012 年 3 月 28 日的报道，市场研究公司 IHS iSuppli 报告预计 2012 年美国付费网络电影的播放次数将达到 34 亿次，较之 2011 年的 14 亿次增长了 135%，超过 DVD 等实体媒介的 24 亿次（2011 年为 26 亿次）。网络视频付费模式悄然成型，视频付费点播将成为未来的趋势。而移动终端普及、社交网站的兴起，也给视频网站带来新的盈利模式。

另一方面，根据 comScore 公司 2012 年 5 月 18 日公布的数据，视频广告已覆盖 51.7% 的美国互联网用户。在视频广告播放方面，HULU 排名第一，4 月共播放了 16 亿条视频广告，略低于 3 月的 17.5 亿条。谷歌排名第二，播放了 13 亿条视频广告，然后是 BrightRoll 和 Adap.tv。视频广告的增长将是持续和稳定的。整体而言，视频行业的盈利模式仍处在探索中。

在市场竞争方面，新一轮洗牌即将开始，谷歌、苹果、Facebook 和亚马逊等在视频领域展开了激烈竞争，而美国广播电视系统的四大制作公司 NBC、CBS、FOX、ABC 也在同这些新兴网络视频公司的合纵连横中寻找契机，新、旧视频服务运营商的合作不可避免。

目前，YouTube 仍牢牢占据第一宝座，但未来美国网络视频服务产业的兼并重组活动将加剧，可以预期的是移动媒体的加入将使竞争更加激烈，并有可能产生新的网络视频运营模式。此外，以 Facebook 为代表的社交网络的兴起，代表着新的视频平台的诞生。

≫ 9.2.2 欧洲网络视频的发展趋势

根据 comScore 的观察数据，2011 年 7 月到 12 月，意大利网络视频市场在欧洲五国（法国、德国、意大利、西班牙、英国）中增长最快。法国收看视频的网民比例最高，达到 86.7%，西班牙次之，达到 86.5%，而德国网络视频观众数最多，达到 4300 万，增长率为 1.1%。五国中，英国人收看视频时间最长，12 月平均收看时长达到 30.2 小时。而 2011 年 3 月到 9 月，欧洲市场上视频收看时间增长了 33%。

Facebook 是 2011 年英国发展最为迅速的视频网站。据 comScore 的最新数据显示，2012 年 2 月，Facebook 英国网站被浏览的视频数达 4300 万个，比 2011 年同期增长 205%，2011 年 2 月，该网站被观看的视频数仅为 1400 万。

在过去 12 个月中，英国在线视频总体浏览量增长了 37%，2012 年 2 月的浏览视频总量达 55 亿。以 YouTube 为首的谷歌旗下各视频网站仍然最受欢迎，2012 年 2 月的总浏览量达 25 亿，年比增长 17%。英国广播公司（BBC）网站位居第二，同期被浏览视频数达 1.4 亿，其次是 Megavideo 网站，达 5300 万。Facebook 位居第四，微软网站群紧随其后。第四频道位居第六，同期被浏览视频数达 3900 万，同比增长 76%。英国独立电视台位居第八，被浏览视频量达 2900 万，同比增长 134%。

从上述列举出的数据可知，2012 年欧洲网络视频市场的发展速度减缓，网络视频的市场渗透率已经非常之高，视频的收看时长越来越长。

另外，英国的传统广电媒体运营商在网络视频市场竞争中占据了有利位置，有别于美国网络视频市场由新兴网络运营商一统天下的局面。

最后，Facebook 在欧洲国家广受追捧，发展迅速，也表明社交媒体的网络视频服务发展是未来重要发展趋势。

主要致力于流媒体服务于教育的欧洲公司 Streaming Media 认为，一方面，目前欧洲网络视频需要解决的技术与商业模式问题就在于攻克三大问题：工作、移动、家庭；另一方面，视频云编码服务已经成为许多网络数字公司新的发展方向，主要内容是为用户（私人、公司）提供视频编码、传播服务，如视频网站 DailyMotion。

⟫⟫⟫ 9.2.3 亚洲视频网站的发展趋势

YouTube 作为视频网站的翘楚，一直领军全球的网络视频，但它远没有征服世界——在亚太地区，网络用户都倾向于"本土出产"，其影响力远远落后于本土视频网站。例如，在中国有优酷、搜狐、QQLive 等，在韩国有潘多拉 TV、Freechal、Mncast、Mgoon等，这些本土视频网站占据并分割了国内主要领地。显然，在亚洲视频网站的发展更倾向于采取"本土化"战略。

在视频网站营销方面，日本视频网站的营销模式一般采取两种策略：基于视频通信服务的互动营销和基于视频指引网络购物的搜索营销。与日本相比，韩国视频网站的营销模式则显得多样化，一般采取四种方式：（1）正版营销：旧媒体新宠儿。（2）搜索营销：利益多方共享。（3）反向营销：内容资源深度开发。（4）整合营销：多平台媒体互动。随着全球经济一体化格局的进一步深化，网络视频与移动网络、社交网络的融合，整个亚太地区的视频网络必将趋于整合各种媒体渠道，搭建立体营销平台；整合各平台节目资源，最大化内容价值；整合电子商务渠道，开辟新盈利空间。换句话说，亚洲视频网站的盈利模式必将更加多元化和差异化，视频广告必将随着全球趋势高速增长，其市场规模也可能跃上新的台阶，这意味着整个网络视频市场非常乐观。

➤➤➤ 9.2.4 中国网络视频的发展趋势

2012 年 5 月 24 日，中国互联网络信息中心发布了《2011 年中国网民网络视频应用研究报告》。根据报告，截至 2011 年末，中国网络视频用户规模为 3.25 亿，在网民中的渗透率为 63.4%。总体而言，目前中国居民收看电视的比例（高于 80%）远高于网络视频收看比例，只有 19～24 岁人群使用比例较高，达到 70.7%，略微高于电视。此外，网络视频收看比例呈现出学历越高、使用率越高的趋势。在中国一、二、三线城市的部分高收入、高学历人群中，上网收看视频的比例同电视收看比例相近。

2012 年 6 月，DCCI 互联网数据中心发布了《中国网络视频蓝皮书》，针对目前中国网络视频行业现状、市场格局、未来趋向等做了深度分析。报告显示出两大趋势：

第一，预计 2012 年中国网络视频广告规模将超过 62 亿元，增长速度加快，2015 年或超过综合门户，主要形式为网络视频前贴片广告。

第二，中国网络视频用户的终端接触开始分散，扩展到了电脑、电视、智能手机和平板电脑。电脑视频用户开始流失，向移动端分流，新的四屏格局形成。尽管 PC 电脑目前仍然是用户观看网络视频的主要终端，但是报告预计近 3 成用户未来可能不再通过 PC 观看网络视频，而 3 成以上视频用户会通过智能手机或平板电脑来观看网络视频。

在收看喜好方面，根据中商情报网的报道，2011 年中国网络视频用户经常收看的网络视频主要有：影视剧类（11.0%）、新闻资讯类（10.9%）、电视节目直播（9.0%）、综艺类（7.9%）、电视节目点播（6.5%），科普知识类（6.3%）、纪录片类（6.0%）、军事类（5.7%）、对话访谈类（5.6%）、历史人文类（5.4%）、财经类（4.9%）、体育类（4.3%）、学习培训类（4.1%）、动漫类（4.0%）、网民原创类（3.6%）等。由此可见，网民对视频类别的选择偏好并不明显。

9.3 网络视频服务的竞争态势

➤➤➤ 9.3.1 市场定位差异化

整体而言，欧美网络视频市场不同服务商之间的市场定位较之中国众多网络视频网站更加清晰，例如 YouTube 主打社区分享的市场定位。不过，从 2009 年开始，在激烈的市场竞争和相应法规逐渐出台的情况下，中国网络视频网站的差异化市场定位策略被各服务商纳入议事日程。

目前，中外网络视频定位大致可分为：视频分享类；影视点播类；传统广播电视媒体类；社交网络视频类等。视频分享类的首推 YouTube，法国的 DailyMotion，我国的优酷、土豆等；影视点播类如美国的 HULU，中国的 PPLive 等；传统广播电视媒体类如英国的 BBC iPlayer，中国的 CNTV 等；社交网络视频如 Facebook；专题视频网站如美国音乐视频网站 Vevo 等。

在社交网络视频类的分类中，YouTube 是目前世界上最大的视频分享网站，它的成功从运营理念层面可以归因于"体验共享、同类相聚、自由交流"。作为一个视频短片的分享平台，它通过视频上传、下载和搜索功能使网民在分享视频短片的过程中充分展现个性、自由释放激情，这种模式放大了草根的参与和原创精神，把自由、开放、平等、分享的互联网精神提升到一个新的高度，YouTube 创造了一个视频服务社区。而目前，号称视频分享网站的土豆、优酷等国内网站的社区建设尚不成熟。

随着技术的进步，各类网站之间的技术服务差异几乎已经消失，我国的优酷、土豆、搜狐视频、乐视网同 PPLive、迅雷等 P2P 服务商提供内容的差异也越来越小。不过，优酷、土豆近年来致力于打造草根文化，为网友提供原创空间，形成了一定的特色。

例如，优酷的 PK 擂台板块里提供各种视频比赛活动，会员之间可以相互比拼，社区气氛非常活跃。而 CNTV 等传统广播电视媒体旗下的视频网站则具有原创视频新闻的采编、播出权，能够播出各类热点新闻，这一点国内其他视频网站无法做到。而央视 CNTV 还开通了"爱西柚"板块，为网民提供原创视频播出平台。

≫≫ 9.3.2 视频内容多极化

1. 内容源方面的差异

从全球范围来看，网民个人制作的视频内容已经成为网络视频内容的极其重要的来源之一。以 YouTube、DailyMotion 为代表的国外视频分享网站利用这一策略发展起来，但国内试图模仿这一模式的土豆、优酷、56 网等实际上并不是以视频分享在中国网络视频市场上争得一席之地的。

美国付费正版视频网站 HULU 则采取了另一种发展策略，并且大获成功。HULU 依赖传统广播电视、电影内容生产商（美国国家广播环球公司、福克斯广播公司、索尼、米高梅、华纳兄弟等 80 多家内容生产商）为其网站提供正版视频，并依赖用户订阅费盈利。同时，HULU 已经开始同大的内容生产商共同制作节目。

相比之下，目前中国视频网站的正版付费视频业务并不成熟，但视频的正版化已经成为一种不可逆转的发展趋势。面对正版化浪潮和传统媒体内容生产商的竞争（中国传统广播电视媒体在三网融合推动下大举进军网络视频市场，并具有资本、内容生产牌照等优势），乐视网、优酷、土豆等国内视频网站都开始提供网站原创节目，创作的范围涉及影视（包括微电影）、综艺节目、体育节目、游戏动漫等。值得一提的是，优酷原创专区的网络电影频道为低成本的网络电影提供了一个展示平台，目前该平台已有近 300 部网络电影上线，这些电影大多以百姓生活中的小事为素材，影视内容十分贴近生活。优酷原创专区还开辟了动画专区，提供超过 200 部原创动画的点播。

因此，就内容生产方面而言，一方面，中国网络视频网站并没有在"视频分享"模式上获得真正成功，这与中、外网民网络使用习惯相关；另一方面，在缺乏付费用户有力支撑的情况下，视频网站购买正版视频力不从心，采用发展原创节目的策略是必然选择，这种策略已经为大多数中国网络视频网站所采纳。综合上述两点可以看出，中国网络视频网站正在与"分享视频"这一已经被国外众多视频网站证实过的有效的网络视频发展模式或概念，进行着一场旷日持久的博弈！

2. 内容供给机制方面的差异

对很多网民而言，通过网络视频收看其不能通过电视等传统渠道收看的节目是网络视频的吸引力所在。据调查，视频用户在网上观看最多的内容便是台湾偶像剧、港台综艺节目、美剧、韩剧甚至法剧、泰剧等。有数据显示，每月约有 3 亿中国网民在网络上观看日本、韩国、美国等国家的电影与电视剧。

这直接影响了中国网络视频供应商的策略。例如，PPLive 通过专门的客服了解到，海外内容一直是 PPLive 用户关注的热点，PPLive 同海外的合作因此非常紧密。搜狐视频、奇艺视频、土豆网正在加速购置海外版权剧。

与此相对应的是，中国影视剧走出国门之路并不顺利。以美国市场为例，土豆网 CEO 王微曾表示："中国网民的视频需求和美国网民并不一样。美国观众只想看美国的节目，几家媒体可以提供绝大多数的美国观众想看的内容，而中国观众想看到美国、韩国、日本等各个国家和地区的内容。"

可见国内外视频网站在提供内容的渠道建设上，面临着来自本土市场的巨大差异，国内的受众渴望更多地了解世界，因为世界在他们眼中和他们正在经历的有极大的不同；但是西方发达国家受众的需求则能由其所处国家的视频网站充分供给。

≫≫ 9.3.3　市场营销多元化

目前网络视频的营销策略主要在于节目销售、广告经营、活动营销、增值互动，等等。

1. 节目销售

有些网络视频通过在线点播或下载等方式出售内容并获得利润，美国的 HULU、Netflix 等已经在付费节目上取得了相当大的成功。亚洲地区的日本网络视频观众对付费视频的接受度也较高。

相比之下，免费播放和下载依然主导着中国网络市场，不过一批观众的付费习惯也已逐渐养成。

2. 广告经营

在全球范围内，广告依然是当仁不让的网络视频经营的主要方式，网络视频主要依赖广告收入进行价值补偿。网络广告的形式非常之多，其中，缓冲广告和贴片广告最为重要，它为网络电视运营商带来了巨大的收益，目前利润仍在不断增长。

EnfoDesk 易观智库近期发布的《2012 年第一季度中国网络视频市场季度监测》的数据显示，2012 年第一季度中国网络视频市场整体收入为 21.043 亿元人民币，与上年同期相比增幅达到 218.1%，环比增长 24.7%。其中，广告收入、版权分销和用户付费分别占到 67.2%、27.4% 和 5.4%。

在广告经营领域也有个例，比如 HULU 能在广告营销方面取得巨大成功，主要就是得益于其非凡的营销策略。首先，HULU 的视频广告时长远远低于电视广告；其次，用户对广告拥有一定控制权，在某些视频中可以根据自己的喜好选择相应的广告，或者选择在开头看一段电影预告片来抵消广告。事实也充分证明，HULU 的广告效果非常好，HULU 运营第一年即开始盈利，2009 年的广告收入达 1 亿美元，同时，HULU 以 1% 的视频流量夺取了 33% 的美国视频广告市场。

在中国，广告营销是网络视频企业最主要的盈利手段，其对广告的依赖性要强于美国企业。

3. 活动营销

除了传统的广告形式，利用自身的品牌影响力及网络媒体的互动特点来搞活动营销是网络视频的另一种赢利模式。现在，土豆、优酷、PPLive 和 UUSee 都先后开始了活动营销。

YouTube 是在美国大选期间进行互动营销的大赢家，奥巴马两次总统竞选活动都通过 YouTube 与美国公众互动，对于政治人物和 YouTube 而言，这都是一种重要的营销手段。在韩国总统选举中，其国内重要的网络视频网站潘多拉 TV 也利用了相同的活动营销策略，邀请总统候选人同公众互动，在互动中大大提高了网站知名度。相比之下，中国网络视频对这一策略的运用稍逊一筹。

4. 增值互动

增值互动是网络视频比较新的一种赢利模式，网友评论、网友投票、短信互动、虚拟物品及虚拟货币销售等都是增值互动的内容。例如，土豆与诺基亚合作推出 WIDGET 软件，以此规划和推动网站跨地区、跨行业、跨媒体综合发展；PPLive 曾联合凤凰制作团队共同打造首部网络互动剧。中国网络视频公司在这一方面进行了积极的探索。

美国视频网站同样开发出一系列互动增值服务，例如，NBC 网站就特别设置了观众评价反馈专栏，植入了隐性广告、与栏目内容互动的游戏、节目衍生产品的 B2C 网络购物服务、纯商业广告等商业目的较强的增值服务。

≫≫ 9.3.4 受众体验个性化

网络视频观众体验需求，主要包括信息需求、娱乐需求、社交需求、自我完善的需求四大部分。

信息需求是大众传播时代受众最基本的需求。受众在欣赏网络视频的过程中，能同时获取视频所指涉的相关信息，填补大脑中的信息"盲区"。

满足娱乐需求主要是满足受众消遣和娱乐的需求，帮助受众暂时"逃避"或缓解现实压力，带来情绪上的解放感。

人是社会化的动物，在相互交流中获得自我认同与社会认同，从而获得群体归属感。这就构成了网络视频中的社交需求。

最后是自我完善的需求，公众通过观看、参与、分享视频活动，获得对自我的提升。

中国网民众多且复杂，视频网站要根据用户需要和用户类型进行内容定位。同时从用户的需要出发，不断优化网站技术和服务，使网站服务和用户需求有效对接，从而营造良好的用户体验环境。互联网的竞争，说到底在于用户的竞争，真正抓住了用户，就掌握了未来。

《2008年视频网站用户使用体验研究报告》对国内五家视频网站（优酷、土豆、酷6、六间房、我乐）进行深入调研，该报告显示：优酷的用户体验表现整体上较为领先。具体指标包括视频质量、播放等待时间、站内搜索、视频上传速度、评论等交互活动等。根据报告结果，相对而言，用户体验差异差距并不大，整体而言，我国视频服务网站的服务质量还有待提高。以评论匿名率为例，四大网站（除优酷外）评论匿名率均超过50%，分别为土豆68.2%、酷6 78.8%、六间房83.7%和我乐53.7%，这表明用户忠诚度、互动率不高，意味着社区、社交的用户服务并不令人满意。

插图索引

表格索引